철근콘크리트구조

강문명 이호 최열 정환목 공저

기문당

머리말

우리나라의 철근콘크리트 구조물에 대한 설계법은 1972년 제정된 허용응력설계법(Working Stress Design)으로 이루어져 왔으나 1988년 건교부의 극한강도설계법(Ultimate Stress Design)에 관한 규정이 제정되어 허용응력설계법과 극한강도설계법을 병용하였으며, 현재는 극한강도설계법을 적용한 철근콘크리트 구조설계가 주류를 이루고 있다.

따라서 이러한 흐름에 맞게 철근콘크리트를 공부하는 학생 및 실무에 종사하는 건축기술자들이 보다 알기 쉽게 이해할 수 있도록 집필에 노력하였다. 본 서는 대한건축학회의 극한강도설계법에 의한 철근콘크리트 구조설계 계산 규준 및 해설을 근거로 하였으며, 본 서의 내용은 12장으로 구성하였고, 철근콘크리트 구조설계에 필요한 각종 기본 자료들을 부록에 실었다. 한편 국제단위 SI 단위계의 사용에 따라 모든 단위를 수정하였다.

그리고 본 서에 미흡한 점이 있다면 계속 수정할 것을 다짐하오니 독자 여러분의 아낌없는 지도 편달을 바랍니다.

끝으로 이 책의 출판에 힘써 주신 기문당 강혜작 사장님과 편집부 여러분, 그리고 원고 정리를 도와준 경북대학교 대학원생 박화정, 김진기, 학부생 김주영에게 진심으로 감사를 표하는 바입니다.

2008년 3월

저자 일동

차 례

제 1 장 개 설

1-1 철근(鐵筋)콘크리트의 정의 ······ 13
1-2 철근(鐵筋)콘크리트구조의 발달 ······ 13
1-3 철근콘크리트구조의 특징 ······ 15
  1-3-1 장점(長點) ······ 15
  1-3-2 단점(短點) ······ 16
1-4 구조설계(構造設計) ······ 16
  1-4-1 구조설계에 대한 주의 ······ 17

제 2 장 재료(材料)

2-1 일반사항 ······ 19
2-2 콘크리트(Concrete) ······ 19
  2-2-1 물-시멘트비 ······ 19
  2-2-2 설계기준 압축강도(Specified compressive strength, f_{ck}) ······ 20
  2-2-3 인장강도(Tensile strength) ······ 21
  2-2-4 응력-변형률 관계(Stress-strain relationship) ······ 22
  2-2-5 탄성계수(Modulus of elasticity, Young's modulus) ······ 23
  2-2-6 콘크리트의 전단탄성계수(Shear modulus of elasticity) ······ 24
  2-2-7 콘크리트의 푸아송비(Poisson's ratio) ······ 25
  2-2-8 압축과 온도변화(溫度變化) ······ 25
  2-2-9 크리프(Creep) ······ 26
  2-2-10 콘크리트의 최소 피복두께(Cover thickness) ······ 27
2-3 철근(Steel) ······ 28

2-3-1 강재의 응력-변형률 관계(Stress-strain relationships) ······ 28
2-3-2 철근의 압축 및 인장항복점 ······ 28
2-3-3 철근의 종류와 치수 ······ 29
2-3-4 수축 · 온도철근(Shrinkage and temperature reinforcement) 30

제 3 장 설계하중 및 하중조합

3-1 하중의 종류 ······ 33
3-1-1 하중의 구분 ······ 33
3-1-2 하중의 계산 ······ 33
3-2 강도(Strength) ······ 34
3-2-1 일반사항 ······ 34
3-2-2 소요강도(所要强度) ······ 34
3-2-3 설계강도(設計强度) ······ 36
3-2-4 철근의 설계기준항복강도 ······ 36

제 4 장 사용성 및 내구성

4-1 균열 ······ 37
4-1-1 허용균열폭 ······ 37
4-1-2 균열의 검토 ······ 38
4-2 처짐 ······ 39
4-2-1 탄성처짐 ······ 39
4-2-2 장기처짐 ······ 43
4-2-3 처짐의 제한 ······ 44
4-3 피로 ······ 46
4-3-1 적용범위 ······ 46
4-3-2 피로에 대한 안정성 검토 ······ 47
4-4 내구성 설계 ······ 47
4-4-1 내구성 설계기준 ······ 47
4-4-2 내구성 허용기준 ······ 48

제 5 장 보(Girder) 해석 및 설계

5-1 개요 …… 57
5-2 균열 모멘트(Cracking moment) …… 57
5-3 보의 휨응력(Bending stresses) …… 59
5-4 단근 직사각형 보 설계 …… 62
  5-4-1 개요 …… 62
  5-4-2 보의 응력도(Stress diagram) …… 63
  5-4-3 단근 직사각형 보의 공칭휨강도(Nominal strength) …… 64
  5-4-4 단근 직사각형 보의 균형철근비(Balanced reinforcement ratio) …… 65
  5-4-5 보의 최대철근비(Maximum reinforcement ratio) …… 66
  5-4-6 최소철근비(Minimum reinforcement ratio) …… 67
  5-4-7 단근직사각형 보의 설계 …… 68
5-5 복근 직사각형 보 설계 …… 74
  5-5-1 공칭 휨모멘트(Nominal flexural moment) …… 74
  5-5-2 균형철근비 …… 76
  5-5-3 최대철근비 …… 76
  5-5-4 복근 직사각형 보 설계 …… 76
5-6 단근 T형 보 설계 …… 80
  5-6-1 공칭 휨모멘트 …… 80
  5-6-2 균형 철근비 …… 82
  5-6-3 최대 철근비 …… 82
  5-6-4 T형 보의 설계 …… 82

제 6 장 전단 및 비틀림의 설계

6-1 전단강도(Shear strength) …… 87
  6-1-1 콘크리트에 의한 전단강도 (V_c) …… 88
  6-1-2 전단철근에 의한 전단강도 (V_s) …… 89
  6-1-3 최소 전단철근량 …… 90
6-2 전단설계 절차 …… 91

6-3 스트럿-타이(Strut-tie) 모델을 이용한 전단설계 ······ 96
6-3-1 용어 정의 ······ 96
6-3-2 스트럿-타이 모델을 이용한 설계 과정 ······ 97
6-3-3 스트럿(Strut) 강도 ······ 97
6-3-4 타이(Tie) 강도 ······ 98
6-4 비틀림의 설계 ······ 99
6-4-1 비틀림이 고려되지 않아도 되는 경우 ······ 99
6-4-2 계수비틀림모멘트의 계산 ······ 100
6-4-3 비틀림 철근량의 계산 ······ 100
6-4-4 비틀림이 작용하는 경우 단면치수의 제한 ······ 101
6-4-5 최소 비틀림 철근량 ······ 102
6-4-6 비틀림 철근의 상세 ······ 102

제 7 장 철근의 정착 및 이음

7-1 철근의 정착 ······ 107
7-1-1 일반사항 ······ 107
7-1-2 인장 이형철근 및 이형철선의 정착 ······ 107
7-1-3 압축 이형철근의 정착 ······ 109
7-1-4 다발철근의 정착 ······ 110
7-1-5 표준갈고리를 갖는 인장 이형철근의 정착 ······ 110
7-1-6 기계적 정착 ······ 111
7-2 정착철근의 상세 ······ 112
7-2-1 휨철근의 정착 ······ 112
7-2-2 정철근의 정착 ······ 113
7-2-3 부철근의 정착 ······ 114
7-2-4 복부철근의 정착 ······ 114
7-3 철근의 이음 ······ 115
7-3-1 일반사항 ······ 115
7-3-2 인장 이형철근 및 이형철선의 이음 ······ 116
7-3-3 압축 이형철근의 이음 ······ 117
7-4 기둥철근 이음에 관한 특별규정 ······ 118

제 8 장 기둥(Column)의 설계

8-1 일반사항 ······ 125

8-2 구조제한 ······ 126

8-3 중심 축하중을 받는 단주 설계 ······ 127

8-3-1 최대 축하중강도 ······ 127

8-3-2 기둥단면의 산정 ······ 128

8-4 축하중과 휨모멘트를 받는 단주 설계 ······ 130

8-4-1 축하중과 휨모멘트를 받는 단주의 강도 ······ 131

8-4-2 강도 감소계수의 산정 ······ 140

8-4-3 하중-모멘트(P-M) 상관곡선에 의한 단주의 설계 ······ 141

8-5 2축 휨을 받는 압축재 ······ 144

8-5-1 브레슬러 상반하중법 ······ 145

8-5-2 브레슬러 등하중선법 ······ 145

8-5-3 PCA 등하중선법 ······ 146

8-5-4 실용적 설계과정 ······ 148

8-6 장주의 설계 ······ 150

8-6-1 기둥의 유효길이 Kl_u(Effective column length) ······ 151

8-6-2 Alignment Charts ······ 152

8-6-3 세장비의 제한 ······ 154

8-6-4 모멘트 증가법 ······ 154

제 9 장 슬래브(Slab)의 설계

9-1 1-방향 슬래브의 설계 ······ 159

9-1-1 1-방향 슬래브의 최소 두께와 최대 허용처짐 ······ 159

9-1-2 1-방향 슬래브의 실용해법 ······ 160

9-1-3 1-방향 슬래브의 구조제한 ······ 161

9-2 2-방향 슬래브의 설계 ······ 169

9-2-1 2-방향 슬래브의 최소두께규정 ······ 169

9-2-2 2-방향 슬래브의 철근 ······ 171

9-2-3 계수법에 의한 슬래브의 계산 ······ 172

제 10 장 벽체(Wall)의 설계

10-1 내력벽과 전단벽 ······ 185
10-1-1 전단벽(Shear wall) ······ 185
10-1-2 내력벽(Bearing wall) ······ 185
10-2 실용 설계법 ······ 186
10-3 압축재 설계법 ······ 187
10-4 내력벽의 설계 ······ 187
10-4-1 내력벽의 설계요령 ······ 187
10-4-2 내력벽 벽체의 최소 두께 ······ 189
10-5 휨과 축하중을 받는 내력벽 ······ 194
10-5-1 편심거리 e와 등가장방형응력 블록 a의 관계 ······ 194
10-5-2 내력벽의 설계요령 ······ 194
10-6 내력벽의 전단강도와 전단보강설계 ······ 196

제 11 장 기초(Foundation) 설계

11-1 일반사항 ······ 201
11-2 기초의 종류 ······ 202
11-3 기초의 설계 ······ 204
11-3-1 기초의 면적 ······ 204
11-3-2 설계용 하중과 지반반력 ······ 204
11-3-3 기초판의 깊이 결정 및 전단내력 검토 ······ 205
11-3-4 기초판의 휨모멘트 계산과 휨철근 산정 ······ 208

제 12 장 옹벽(Retaining wall)의 설계

12-1 옹벽의 종류 ········· 223
12-2 옹벽에 작용하는 토압 ········· 223
　12-2-1 땅 표면 하중이 없을 때 토압 ········· 223
　12-2-2 땅 표면 하중이 있을 때 토압 ········· 224
12-3 옹벽의 안전검토 ········· 224
　12-3-1 안전율 ········· 224
　12-3-2 전도(Overturning)에 대한 기초판 폭 검토 ········· 224

부 록

부록 1 하중(Load)표 ········· 239
　1-1 하중의 조합 ········· 239
　1-2 고정하중(Dead Load) ········· 239
　1-3 적재하중(Live Load) ········· 241
　　1-3-1 실의 종류별 적재하중(건축법 시행령 제82조) ········· 241
　　1-3-2 창고의 적재하중 ········· 243
　1-4 적설하중(건축물의 구조기준 등에 관한 규칙 제12조) ········· 245
　1-5 풍하중 ········· 247
부록 2 철근에 대한 제수표 ········· 255
　2-1 철근의 단면적 · 주장 및 정척표 ········· 255
　2-2 철근대수와 보 및 기둥의 폭 최소한도의 관계표 ········· 257
　2-3 이형철근과 보 및 기둥의 폭 최소한도의 관계표 ········· 258
부록 3 직사각형보의 공칭모멘트 계수 ········· 261
부록 4 직사각형 기둥의 강도 상관곡선 ········· 265

◈ 참고문헌 ········· 277

Chapter 01 개 설

1-1 철근(鐵筋)콘크리트의 정의

콘크리트는 자갈, 쇄석, 모래 혹은 기타 골재들이 물과 시멘트 페이스트의 결합에 의해서 바위처럼 단단하게 결속된 복합구조물 재료이다. 때로는 특별한 콘크리트의 특성을 얻기 위하여 하나 혹은 그 이상의 혼화물질을 사용하여 보다 향상된 성능을 가지는 콘크리트를 만들기도 한다. 그러나 콘크리트는 압축력에 대해서는 매우 강하지만 인장력에는 매우 약한 특성을 나타낸다. 이러한 콘크리트에 부족한 인장력 보강을 위하여 철근 혹은 기타 재료들로 보강한 것을 보강콘크리트(Reinforced concrete, stahlbeton, béton armé)라 부른다. 보강재료나 보강방법에 대해 명확한 정의는 없지만, 종래 보강재료로서 철근(Steel reinforcement)이 많이 쓰여 왔기 때문에 철근콘크리트(Reinforced concrete)라 불려지고 있다.

또한, 하중으로 인하여 콘크리트에 생기는 인장응력을 없앨 목적으로 긴장재(strand)를 이용하여 계획적으로 콘크리트 부재에 압축응력이 생기도록 하는 방법도 있다. 이것을 프리스트레스트 콘크리트(Prestressed concrete)라 한다.

1-2 철근(鐵筋)콘크리트구조의 발달

철근콘크리트구조의 기원은 시멘트의 발명으로부터 시작된다. 고고학자들은 시멘트의 기원을 B.C. 50000~100000년으로 추정하고 있으나 확실한 것은 아니다. B.C. 약 3000년경 소석고와 석회를 혼합하여 이집트의 피라미드가 만들어졌으며, B.C. 약 150년경에는 소석회(Pozzolan)와 석회를 혼합한 포졸란 시멘트를 사용하여 고대 그리스·로마시대의 건축물과 도로 등이 만들어졌다. 그러나 오늘날의 시멘트와 같이 석회석과 점토를 구워서 인공적으로 수

경성 결합재를 얻게 된 것은 훨씬 뒤의 일이다. 1756년에 영국인 J. Smeaton 씨는 점토성분을 포함하고 있는 석회석을 구워서 수경성 석회석을 만들었고, 이를 사용하여 등대를 축조했으며, 같은 영국인 J. Parker 씨는 같은 방법으로 1795년에 로만 시멘트(Roman cement)를 발명하였다. 또 1824년에는 영국인 Joseph Aspidin 씨가 석회석과 점토를 조합 소성하여 이것을 포틀랜드 시멘트(Portland cement)라 이름지어 처음 특허를 얻게 되었다. 그리고 1844년에는 역시 영국인 I. C. Johnson 씨가 Aspidin 씨의 방법을 개량하여 양질의 수경성 시멘트를 만들었다. 따라서 오늘날의 시멘트는 Aspidin 씨의 포틀랜드 시멘트의 발명이 그 시발점이 되었다고 보아야 할 것 같다. 이와 같이 시멘트의 제조진보에 따라 콘크리트의 응용도 발달되었다.

철근콘크리트는 1850년에 프랑스인 J. L. Lambot 씨가 보강재료로서 철망을 넣어 두께 약 3.6cm의 측벽으로 제작된 소형선박을 1855년 파리의 박람회에 출품함으로써 탄생케 된 것이다. 또 프랑스인 J. Monier 씨는 철망을 넣은 시멘트 모르타르로 식목화분을 만들었고, 1861년에 이 공법을 수조에 응용하는 데 성공하였다. 그 후 개량을 거듭하여 의자모양으로 배근하여 상판을 만들어 1897년에 특허권을 획득하였다. 그 해 오스트리아인 Coignet 씨는 보, 아치, 관 등의 배근 제조방법을 발표하였다. 이들 부재의 역학적인 성질은 주로 독일에서 연구되어, 독일인 G. A. Wayess 씨는 Monier 방식의 특허권을 사들여 실물실험과 철근의 부착에 대한 실험 등을 실시 발표하였으며, 1875년에는 미국인 W. E. Ward 씨가 포트체스터에 미국 최초의 철근콘크리트 건물을 세웠다. 그런데 독일인 M. Könen 씨는 철근콘크리트 보에 있어서 철근이 인장응력, 콘크리트는 압축응력을 받도록 양 재료를 배치하는 데 착안하여, 1887년 철근콘크리트 보의 이론적인 해석방법을 발표함으로써 현재의 철근콘크리트 보응력설계의 기초가 되었다. 그 해 역시 독일인 J. Bauschinger 씨는 Monier방식의 판을 만들어 1892년 콘크리트에 묻힌 철근을 조사했을 때 녹슬지 않았음을 확인하였다. 또 프랑스인 Francios Hennebique 씨는 스터럽과 벤트 철근의 사용에 관한 특허를 받아 철근콘크리트 부재의 전단보강에 응용하도록 하는 데 공헌하였다. 이와 같이 19세기 중반 이후부터 철망이나 철근을 콘크리트 속에 넣어 보강된 철근콘크리트조로서의 제1보를 내딛게 된 것이다.

이웃 일본에서는 비교적 빠르게 20세기 초에 구조법이 소개되어 곧 철근콘크리트조 건축물의 제1호로서 좌세보의 펌프실과 기계실이 탄생되었다. 우리나라의 건물 중에도 현재의 부산세관(벽돌 2층, 연건평 308평, 1910. 11 준공) 건물의 기초에 철근콘크리트를 썼는데 그것이 철근콘크리트 사용 건물의 최초가 아닌가 한다. 그 뒤 현 중앙청(1916.6~1926.10 준공), 서울대학교 의학부(1926.5~1928.6 준공) 등이 철근콘크리트 건물로서 오래된 것이다.

철근콘크리트 구조설계를 위한 방법으로 1970년대 초반부터 구미선진국에서는 기존의 허용응력설계법을 탈퇴하여 미국에서는 극한강도설계법(Ultimate Strength Design Method)을,

그리고 유럽 등지에서는 한계상태설계법(Limit state design method)을 사용하고 있다. 이는 구조재료의 성능을 탄성에서 비탄성까지 확대하여 재료의 효율적 이용과 더불어 보다 확률론적 접근방법을 시도한 결과로 보인다.

콘크리트의 비선형적인 응력-변형률을 고려한 극한강도설계법의 기본개념은 그 부재의 강도가 계수하중을 지지할 수 있는 강도 이상이 되도록 설계하는 방법으로써 허용응력설계법과 비교할 때 그 부재의 실제거동에 가깝다고 볼 수 있다. 우리나라에서는 1988년 12월에 건축학회에서 강도설계법에 의한 철근콘크리트 구조계산규준 및 해설이 제정되어 현재 사용하고 있다.

그림 1-1 J. Monier

그림 1-2 M. Könen

1-3 철근콘크리트구조의 특징

1-3-1 장점(長點)

(1) 일체성(一體性)

이 구조법은 철근과 콘크리트재료로서의 강도가 클 뿐 아니라 목조, 조적조, 철골구조 등과 달리 일체식 구조법이기 때문에 다른 구조법에서는 어려운 접합부의 설계가 용이하고, 더욱 외력에 대하여 일체가 되어 저항하며, 전체 구조물로서의 강성이 매우 크고 내진성도 좋다.

(2) 적합성(適合性)

이 구조법은 철근과 콘크리트가 서로의 결점을 보완하고 있다. 즉 콘크리트가 압축에는 강하나 인장에는 약한 결점을 인장이 강한 철근이 저항하도록 하고, 또한 부재에 끈기를 주며, 반대로 불이나 녹 또는 좌굴에 약한 철근을 콘크리트로 피복 보호하여 내화성 · 내구성 등을 높이고 있다. 이외에도 이 두 재료가 이질이면서도 열에 대한 선팽창계수는 일반적으로 철근이

1.2×10^{-5}/℃이고, 콘크리트는 1.0~1.3×10^{-5}/℃로서 거의 같다는 성질 등이 있다.

(3) 자유성(自由性)

구조물의 크기나 모양을 매우 자유롭게 설계할 수 있고, 또 일체식 구조이므로 라멘식 구조 및 평판을 이용한 벽식구조, 곡면을 이용한 셸구조(Shell structures) 등에도 이용되고 있다.

(4) 저항성(底抗性)

철근콘크리트 구조는 충분한 콘크리트 피복두께를 확보할 경우, 화재시 보강된 철근에 심각한 피해를 주지 않으므로 화재에 대한 높은 저항성을 가지며, 아울러 물에 대한 저항성도 높다.

1-3-2 단점(短點)

(1) 콘크리트의 단위하중(Unit weight)에 대한 강도가 비교적 낮으므로 부재의 치수를 크게 해야 하며, 장스팬(Long span) 구조물의 경우에는 구조물의 사하중(Dead weight)이 커지게 되므로 자중에 의한 큰 휨모멘트를 발생시키게 된다.

(2) 시공상 콘크리트의 경화를 기다리면서 단계적으로 건축해야 하기 때문에 공기가 길어지며 또 시공의 부실이 강도에 큰 영향을 주기 쉽다.

(3) 건축물의 부분적인 개수나 해체가 용이하지 않다.

(4) 일체식 구조이기 때문에 기둥·보·슬래브 등의 모든 부재가 구조상으로 서로 관련을 갖고 있어 일반적으로 구조계산이 용이하지 않다. 모든 조건을 명확히 한 후 순서에 따라 구조계산을 진행할 필요가 있다.

1-4 구조설계(構造設計)

건축물의 구조계획은 그 건축물이 요구하는 전 요소에 대하여 기능적, 평면적 혹은 입체적인 모든 문제의 해결을 주목적으로 하는 건축계획과 그들이 요구하는 공간을 구조적인 면으로부터 계획하는 구조계획과의 공동작업으로 형성된다. 구조설계로서 해야 할 임무는 먼저 설계시 처음부터 건축설계자와 협의하여 그 공간을 라멘형식으로 할 것인가 혹은 벽식 등 어떠한 구조형식으로 할 것인가를 정해야 하며, 더욱 건물 전체의 힘의 균형이나 원활한 힘의 흐름을 기본으로 하는 구조계획을 세워야 할 것이다. 그리하여 적절한 구조계산, 즉 하중 · 응력 · 단면산정 및 도면화의 작업에 들어간다. 이것을 일반적으로 건축물의 구조설계라 한다.

1-4-1 구조설계에 대한 주의

구조설계를 세울 때 특히 주의해야 할 몇 가지 점을 들어보자.

(1) 지반(地盤)

건축기초구조설계에 있어 가능한 한 토질의 상태, 지내력 등의 지반조사를 정확히 해야 한다. 건축물 자체를 아무리 튼튼하게 축조하였다고 하더라도 지반이 나빠 기초작업을 적합하게 하지 못했다면 건물은 침하되어 전도 또는 붕괴될 수도 있다. 더욱이 건물이 부분적으로 침하하는 소위 부동침하는 건물에 매우 큰 손상을 가져오게 한다.

그림 1-3은 부동침하가 일어나기 쉬운 예로, 이런 경우는 가능한 한 피해야 하며, 도저히 피할 수 없는 경우에는 부동침하가 일어나지 않도록 구조적인 대책을 강구해 둘 필요가 있다.

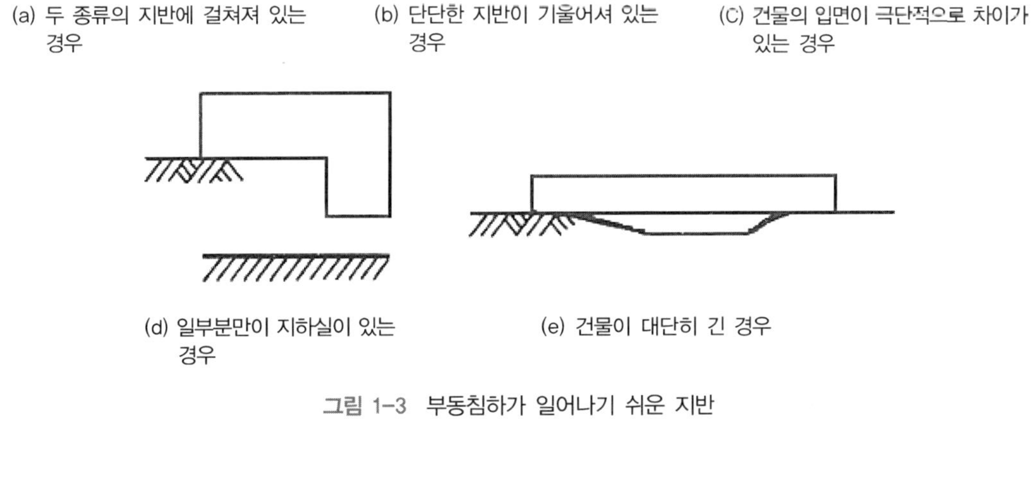

(a) 두 종류의 지반에 걸쳐져 있는 경우

(b) 단단한 지반이 기울어서 있는 경우

(C) 건물의 입면이 극단적으로 차이가 있는 경우

(d) 일부분만이 지하실이 있는 경우

(e) 건물이 대단히 긴 경우

그림 1-3 부동침하가 일어나기 쉬운 지반

(2) 지진(地震)

최근에는 우리나라도 유례없이 지진이 자주 일어나고 있어 구조설계에 지진을 고려하고 있다. 1978년 10월 7일 하오 6시 20분에 홍성읍 일원에 진도 4 정도의 지진이 14초간(여진시간계 3분 9초) 일어났고, 1981년 4월 15일 오전 11시 45분에도 포항 일원에 진도 3~4 정도의 지진이 17초간(여진 3분 정도) 일어났다. 최근에 관측된 진도 3~4 정도의 우리나라 지진 발생 현상은 2004년도 약 40회, 2005년도에 약 40회 정도 일어난 것으로 나타내고 있다. 지진이 없었으면 하는 마음은 간절하나 인력으로는 불가항력이므로 그 대책을 강구할 수밖에 없다.

이웃 일본은 세계 유수의 지진국인 데다가, 철근콘크리트조가 타 재료에 비해 자중이 대단히 크기 때문에 개개의 부재에 대하여 응력을 산정하기 전에 건물 전체의 내진적인 계획을 특별히 세우고 있다.

① 평면(平面)과 입면(立面) : 그림 1-4에서 (a)보다 (b)쪽이 넘어지기 쉽다는 것을 알 수 있다. 또 그림 1-5의 경우 평면의 모양으로 같은 높이의 경우에 대하여 생각할 때 (a)보다 (b), (b)보다 (c)~(f)가 수평력에 대하여 튼튼할 것이다.

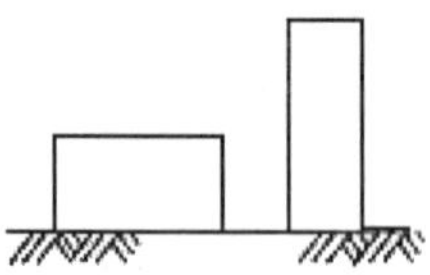

(a) (b)

그림 1-4 입면도

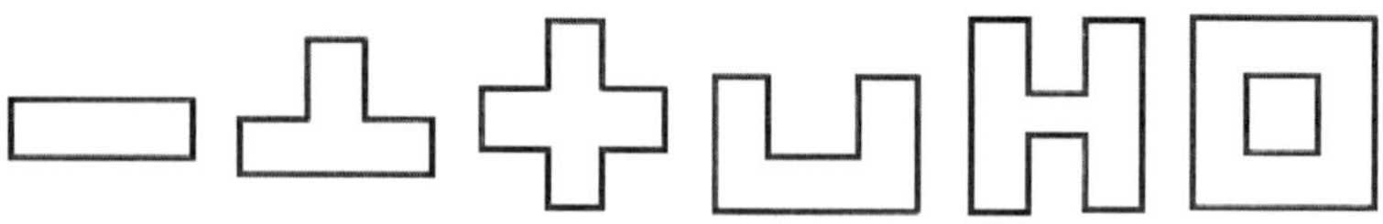

(a) (b) (c) (d) (e) (f)

그림 1-5 평면도

② 내진벽 : 건물에는 수평 지진력의 저항력이 큰 내진벽(Shear wall)을 가능한 한 많이 그리고 또 건물의 중심과 도심이 가능한 한 일치하도록 배치하는 것이 내진계획상 유효하다. 즉 그림 1-6의 평면과 같이 내진벽의 교점이 1개이면 그 점은 중심으로 회전하기 쉽기 때문에 지진벽의 수를 3개 이상 만들어 2대 이상의 교점이 생기도록 배치하는 것이 좋다.

입면적으로는 그림 1-7과 같이 내진벽에 인접하는 보가 약하면 한 쪽 끝에서부터 차례로 겹쳐 넘어지기 쉽기 때문에 각 큰보와 특히 연결보를 설치할 필요가 있다.

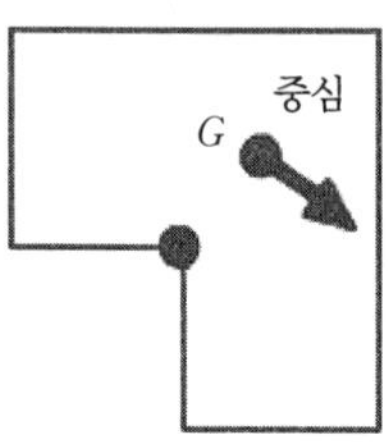

그림 1-6 평면도

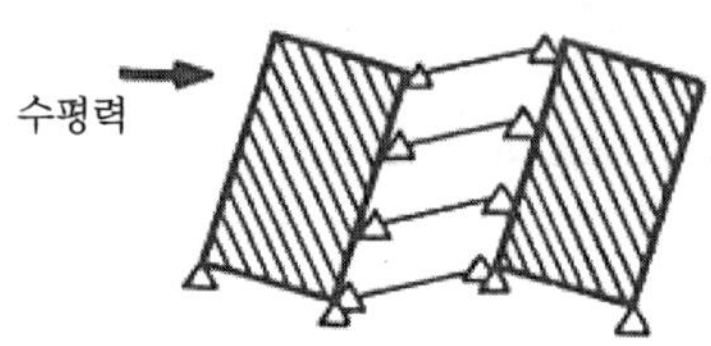

그림 1-7 입면도

02 Chapter 재 료(材料)

2-1 일반사항

철근콘크리트는 콘크리트가 주로 압축(Compression)에 대하여 유효하고, 철근(Steel bar)은 주로 인장(Tension)에 대하여 유효하게 작용하는 양자의 특성을 살려서 이론적인 구조체를 구성한 것으로써 콘크리트는 경화되어 내부에 삽입된 철근과 견고히 부착되어 철근을 피복하고, 철근의 내화성(耐火性)과 내부식성(耐腐蝕性)을 높여 준다. 콘크리트와 철은 열에 대하여 팽창(Expansion), 수축(Contraction)률이 일치하므로 온도변화에 대해서도 그 사이에 무리가 생기지 않는 이상적인 구조인 것이다.

2-2 콘크리트(Concrete)

2-2-1 물-시멘트비

콘크리트는 모래, 자갈, 시멘트 및 물을 일정한 비율로 배합하여 만든다.

시멘트와 물을 갠 것을 시멘트풀(Cement paste)이라 하는데, 이때 물-시멘트 비(Water-cement ratio)는 콘크리트의 강도(Strength)를 좌우하는 근본적인 역할을 한다. 시멘트는 물과 반응하여 경화하는데, 경화에 필요한 물의 무게는 대체로 시멘트무게의 20%~25% 정도이고, 이것에 다시 10%~15%의 물이 있어야 시멘트풀 안에서 물이 유동되어 시멘트 입자에 물이 들어가게 되고 시멘트를 경화시킬 수 있다. 따라서 최소한 물의 양은 무게비로 시멘트의 30%~40% 정도가 필요하다. 이것보다 적은 양의 물로 콘크리트를 만들면 수경반응이 일어나지 못하여 콘크리트의 강도가 제대로 나오지 못할 뿐만 아니라, 너무 많은 양의 물을 주어도 콘크리트 경화에 필요 이상의 물이 시멘트풀 내에 있게 되어 결국 콘크리트 강도가 저하된다. 그리고 콘크리트 경화 때 최대의 적은 동결이며, 동결은 건물도괴의 원인으로 작용할 수도 있다.

그림 2-1은 물-시멘트비에 대한 콘크리트의 강도를 나타낸 것으로써 휨강도(Bending strength)와 인장강도(Tensile strength)는 물-시멘트비의 증가에 따라 감소는 하지만 그 정도가 압축강도(Compressive strength)처럼 심하지 않다는 것을 알 수 있다.

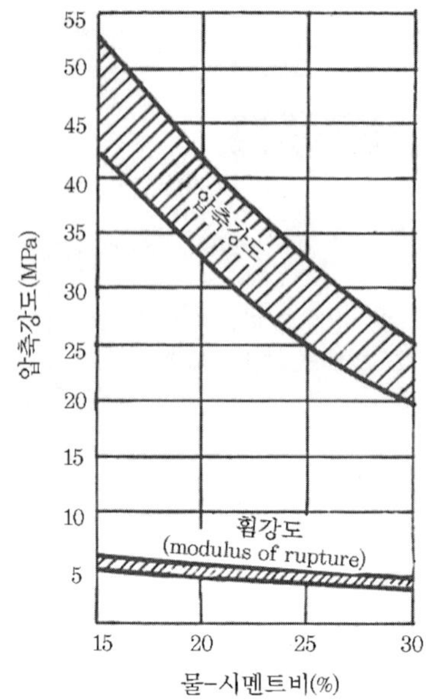

그림 2-1 물-시멘트비에 대한 28일 압축강도 및 휨강도와의 관계

2-2-2 설계기준 압축강도 (Specified compressive strength, f_{ck})

콘크리트의 강도 중에서 압축강도가 가장 크므로 압축강도를 역학적 상태의 기본으로 한다.

콘크리트의 강도는 재료의 품질, 조합, 시공방법, 재령 및 보양 등에 영향을 받고, 이와 같은 조건을 동일하게 한 경우에도 강도를 조사하기 위하여 만든 시험체의 치수 및 형상 등이 달라지면 강도가 다르게 측정되므로 콘크리트의 강도를 조사하기 위해서는 시험체의 치수 및 형상 등을 통일시킬 필요가 있다.

그러므로 각 국에서는 표준시험체를 각각 규정하고 있다.

우리나라 기준에서는 재령 28일의 직경 150mm, 높이 300mm인 원주 공시체(KS F 2405)에 대한 압축강도 시험방법에 따라 콘크리트의 강도를 평가한다.

그리고 콘크리트의 압축강도는 재령의 증가에 따라 그림 2-2와 같이 낮은 속도로 상승하고 있다는 것을 알 수 있다.

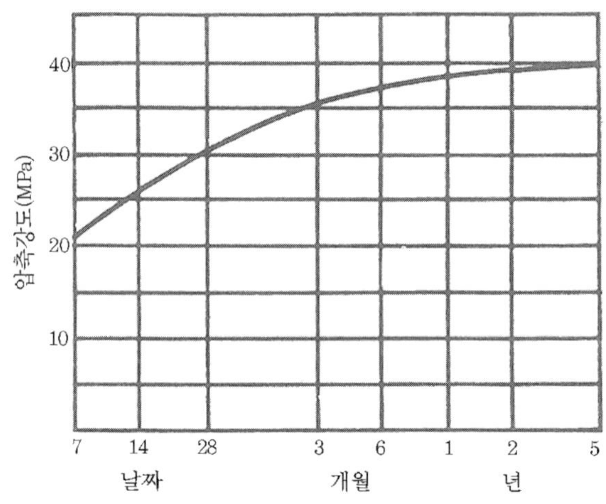

그림 2-2 재령과 압축강도와의 관계

2-2-3 인장강도(Tensile strength)

콘크리트 단면에 등분포의 인장응력이 작용하여 파괴될 때의 최대하중을 단면적으로 나눈 값을 인장강도라 하고, 직접인장강도시험과 간접인장강도시험을 통하여 구한다. 한편 직접인장강도시험은 공시체의 형상, 적절한 양단에서의 맞물림 장치의 설치가 곤란하기 때문에 일반적으로 간접인장강도시험을 통하여 구한다. 대표적인 간접인장강도시험으로는 휨강도(Flexural strength)시험 및 할렬인장강도(Splitting tensile strength)시험 등이 있다. 우리나라에서는 일반적으로 할렬인장강도시험이 사용되며, 이에 의해서 얻어진 인장강도는 순인장강도와 비슷한 값을 나타낸다.

할렬인장강도시험은 압축강도 시험용과 똑같은 콘크리트 공시체를 수평으로 눕혀 그 단면이 축에 대해 수직으로 되게 하고, 공시체에 급격한 하중이 가해지지 않도록 일정한 비율로 재하속도를 가하여 공시체의 할렬파단 시에 얻어지는 파괴하중 P(N)를 측정하여 다음 식으로 구한다.

$$f_{sp} = \frac{2P}{\pi DL} \tag{2-1}$$

여기서, f_{sp} : 할렬인장강도 (MPa)

P : 할렬시 파괴하중 (N, newton)

D : 공시체 직경 (mm)

L : 공시체 길이 (mm)

일반적으로 인장강도는 압축강도의 1/10 정도이므로 철근콘크리트의 설계에서는 무시하는 경우가 많다. 그러나 철근콘크리트 보의 휨인장측에서 생기는 크랙(Crack)은 콘크리트의 인장강도와 깊은 관계가 있으므로 무시할 수는 없다.

그림 2-3은 콘크리트의 인장강도와 압축강도의 관계에 대한 미국의 포틀랜드시멘트협회의 시험결과이다.

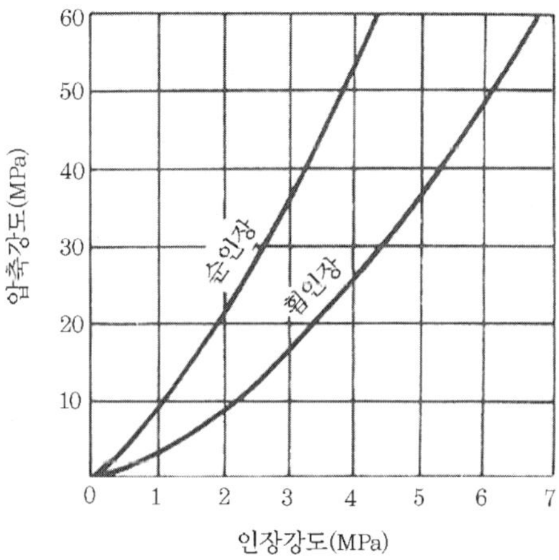

그림 2-3 압축강도와 인장강도의 관계

2-2-4 응력-변형률 관계(Stress-strain relationship)

콘크리트는 주로 압축재(Compressive member)로 이용되기 때문에 콘크리트가 압축력(Compressive force)을 받을 때 응력-변형률의 관계는 매우 중요한 것이다.

그림 2-4는 재령 28일의 여러 종류의 콘크리트 설계기준강도(設計基準强度) f_{ck}의 시험체에 보통 속도로 압축력을 수직방향으로 가하였을 때의 응력-변형률 곡선(Stress-strain curve)들이다.

이들 곡선이 처음에는 응력과 변형률이 거의 비례하다가 차차 곡선이 수평으로 기울어지며 변형률 0.002에 이르면 최대 응력도에 이르고, 그 후에는 하향하는 비슷한 성질을 가지고 있다. 그리고 허용응력설계에서 최대변형률은 0.002이고, 극한강도설계에서 최대변형률은 0.003이다.

비록 같은 콘크리트라도 재하속도에 따라 응력-변형률 곡선은 많은 차이를 나타낸다. 그림 2-5는 0.01%의 변형률을 4개의 종류의 재하속도에 대한 응력-변형률 곡선들로써 빨리 재하한 경우가 더욱 현저한 하향을 한 것을 알 수 있다.

이것은 재하속도가 빠르기 때문에 콘크리트의 내부조직이 초기에 분산되기 때문일 것이다. 또 곡선의 정상점, 즉 최대압축강도는 저속으로 가압된 경우 약간 내리는 것을 알 수 있다.

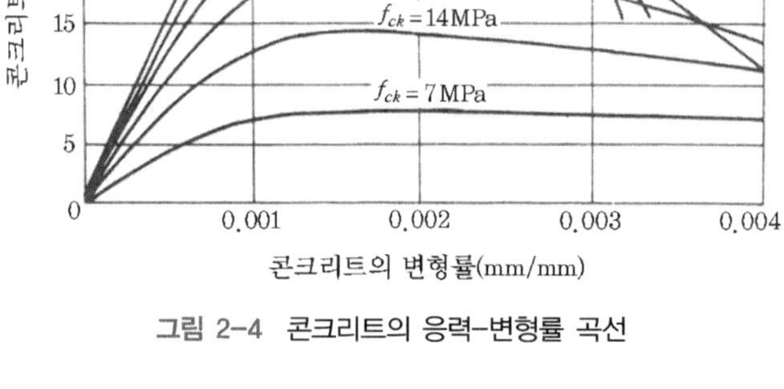

그림 2-4 콘크리트의 응력-변형률 곡선

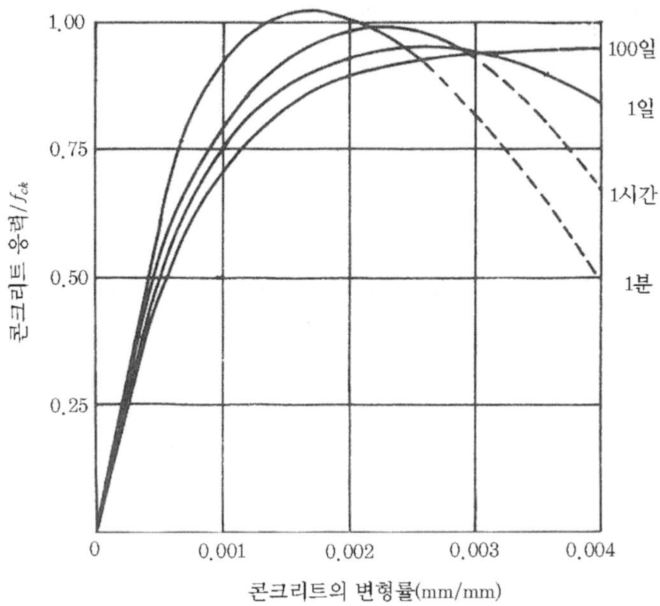

그림 2-5 중심압축시의 여러 가지 변형률 속도에 대한 콘크리트의 응력－변형률 곡선

2-2-5 탄성계수(Modulus of elasticity, Young's modulus)

콘크리트의 탄성계수(彈性係數) E_c는 다음과 같이 계산하여야 한다.

(1) 콘크리트의 압축강도가 30 MPa 이하($f_{ck} \le 30$ MPa)이고, 단위중량 ω_c의 값이 1,450~2,500 kg/m^{3}인 콘크리트의 경우 식 (2-2)에 따라 계산하여야 한다.

$$E_c = 0.043\, \omega_c^{1.5} \sqrt{f_{ck}} \text{ (MPa)} \tag{2-2}$$

다만, 보통골재를 사용한 콘크리트($\omega_c = 2,300$ kg/m^3)의 경우는 식 (2-3)을 이용할 수 있다.

$$E_c = 4,700 \sqrt{f_{ck}} \text{ (MPa)} \tag{2-3}$$

(2) 콘크리트의 압축강도가 30 MPa를 초과($f_{ck} > 30$ MPa)한 경우로서 단위중량 ω_c의 값이 1,450~2,500 kg/m^{3}인 콘크리트의 경우 식 (2-4)에 따라 계산할 수 있다.

$$E_c = 0.030\, w_c^{1.5} \sqrt{f_{ck}} + 7,700 \text{ (MPa)} \tag{2-4}$$

다만, 보통골재를 사용한 콘크리트($\omega_c = 2,300$ kg/m^3)의 경우 다음 식 (2-5)을 사용할 수 있다.

$$E_c = 3,300 \sqrt{f_{ck}} + 7,700 \text{ (MPa)} \tag{2-5}$$

(3) 철근의 탄성계수는 다음 값을 표준으로 하여야 한다.

$$E_s = 200,000(\mathrm{MPa})$$

(4) 형강의 탄성계수는 다음 값을 표준으로 하여야 한다.

$$E_s = 210,000(\mathrm{MPa})$$

2-2-6 콘크리트의 전단탄성계수(Shear modulus of elasticity)

외부의 힘에 의해서 모양은 변하지만 부피(체적)는 변하지 않는 경우에 모양이 변하는 비율을 나타낸다. 따라서 외부의 힘에 의해 물체의 모양이 변하기 어려운 정도를 나타내는 것으로, 물질에 따라 고유한 값을 가지며, 이 값이 작은 것일수록 같은 힘에 대해 큰 변형이 나타난다. 콘크리트의 전단탄성계수(剪斷彈性係數) G는 일반 탄성이론에서 알려진 다음 식으로 구할 수 있고, 계산결과는 표 2-1과 같다.

$$G_c = \frac{E_c}{2(1+\nu)} \qquad (2\text{-}6)$$

여기서, G_c : 콘크리트의 전단탄성계수

ν : 콘크리트의 푸아송비 $(=\frac{1}{6})$

예제 2-1 **콘크리트의 설계기준강도 $f_{ck}=28\,\mathrm{MPa}$이고, $\omega_c=2,500\,\mathrm{kg/m^3}$일 때 콘크리트의 탄성계수 E_c의 값을 구하시오. 또한 G_c의 값은 얼마인지를 구하시오. 단, 콘크리트의 푸아송비의 값은 0.187이다.**

풀 이 주어진 방정식 (2-2)에 의해서 콘크리트의 탄성계수를 구하면,

$$\begin{aligned} E_c &= 0.043 w_c^{1.5}\sqrt{f_{ck}} \\ &= 0.043(2,500)^{1.5}\sqrt{28} \\ &= 28,442\,\mathrm{MPa} \end{aligned}$$

주어진 방정식 (2-6)에 의해서 콘크리트의 전단탄성계수를 구하면,

$$\begin{aligned} G_c &= \frac{E_c}{2(1+v)} \\ &= \frac{28,442}{2(1+0.187)} = 11,980\,\mathrm{MPa} \end{aligned}$$

표 2-1 콘크리트의 탄성계수 E_c와 전단탄성계수 G(상단은 E_c, 하단은 G, 단위는 10^4 MPa임)

w_c(kg/m³) \ f_{ck}(MPa)	15	18	21	24	27	30
2,300	1.82 0.78	1.99 0.85	2.15 0.92	2.30 0.99	2.44 1.05	2.57 1.10
2,200	1.70 0.73	1.86 0.80	2.01 0.86	2.15 0.92	2.28 0.98	2.41 1.03
2,100	1.59 0.68	1.74 0.74	1.88 0.80	2.01 0.86	2.13 0.91	2.24 0.96
2,000	1.47 0.63	1.61 0.69	1.74 0.75	1.87 0.80	1.98 0.85	2.09 0.89
1,900	1.37 0.59	1.50 0.64	1.62 0.69	1.73 0.74	1.83 0.78	1.93 0.83
1,800	1.26 0.54	1.38 0.59	1.49 0.64	1.59 0.68	1.69 0.72	1.78 0.76
1,700	1.16 0.50	1.27 0.54	1.37 0.59	1.46 0.63	1.55 0.66	1.63 0.70
1,600	1.05 0.45	1.16 0.50	1.25 0.53	1.33 0.57	1.42 0.61	1.49 0.64
1,500	0.96 0.41	1.05 0.45	1.13 0.49	1.21 0.52	1.28 0.55	1.35 0.58

주 : 보통콘크리트의 기건 단위용적중량의 대략 범위는 2,200~2,350 kg/m³이다.

2-2-7 콘크리트의 푸아송비(Poisson's ratio)

재료에 축방향으로 하중을 가하면 축변형과 횡변형이 발생한다. 이 경우에 탄성한도 이내에서는 축변형률 ε와 횡변형률 ε'와의 비는 일정치를 가지고 있다. 이 비를 푸아송비(Poisson's ratio)라 하고 v로 표시한다. 또 푸아송비의 역수를 푸아송수(Poisson's number)라 한다. 푸아송비 v는 1보다 작은 수이므로 역수인 푸아송수는 1보다 큰 수를 갖는다.

콘크리트의 종류, 조합, 재령 및 강도 등에 의하여 약간 다르지만 일반적으로 콘크리트의 푸아송비는 1/6로 한다.

2-2-8 압축과 온도변화(溫度變化)

콘크리트는 하중작용 없이도 수축과 온도변화를 한다.

(1) 수축(Shrinkage)

콘크리트의 수축(收縮)에 영향을 주는 결정적인 요인은 콘크리트를 비빌 때 사용한 물의 양이다. 콘크리트가 경화된 후 공기 중에 방출되면 여분의 수분이 증발하여 콘크리트 내에 공극이 생기며 그 체적이 수축된다.

수축은 그 자재의 구성에 따라 감소되는 속도로 수개월간 진행되고, 과대한 수축으로 슬래브나 벽체에 크랙이 생기게 되며, 부정정 구조물에는 유해한 응력을 발생시킨다.

보통콘크리트의 수축량은 사용한 물의 양, 외기조건 및 골재의 성질에 따라 대략 0.02% ~0.07% 정도이다.

그림 2-6은 콘크리트를 비빌 때 사용한 물의 양과 수축량의 관계를 나타낸 것이다.

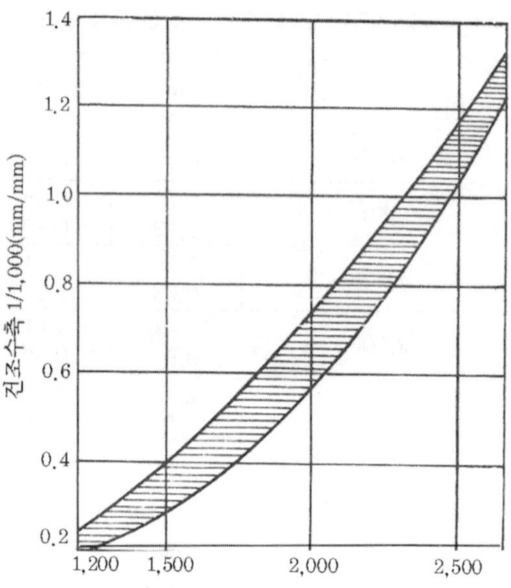

그림 2-6 비빌 때 사용하는 수량과 콘크리트 건조수축량의 관계

(2) 온도변화

온도가 1℃ 변화할 때 재료의 단위길이당 길이의 변화이다. 고체의 길이가 온도에 따라 변화하는 것을 말한다. 선팽창계수가 크다는 것은 온도가 변할 경우 재료의 크기가 심하게 변한다는 의미이므로 재료선택 등 소재를 선택할 때 중요한 항목이다. 콘크리트는 온도에 따라 팽창 수축한다.

콘크리트의 선팽창 계수(Coefficient of linear expansion)로서 보통콘크리트는 1.1~1.3 $\times 10^{-5}$/℃이고, 경량콘크리트는 0.9~1.0× 10^{-5}/℃이다. 따라서 보통콘크리트의 선팽창계수는 일반적으로 1.2$\times 10^{-5}$/℃로 보면 된다.

2-2-9 크리프(Creep)

콘크리트는 경화수축하지만 탄성계수의 변화에 따라 생기는 변형 외에 응력도의 변화가 없으나 온습도를 일정하게 하고 일정한 하중 또는 응력도를 장기간 가함으로써 하중의 증가 없이도 시간의 경과에 따라 변형이 계속 증대되는 현상을 크리프라 한다.

그림 2-7은 콘크리트의 크리프 과정을 나타낸 그림으로서 크리프 변형률은 초기에는 커지고 시간이 경과함에 따라 점점 작아진다. 일반적으로 극한 크리프의 1/4는 재하의 최초 1개월 내에 생기고, 1/2는 1년 이내에 생긴다.

그리고 크리프에 의한 소성변형은 탄성변형의 약 3배가 된다. 만약 하중을 제거하면 그림 2-7과 같이 탄성변형은 즉시 회복되고, 또 약간의 크리프 회복이 생기고, 비회복성 변형만 남는다.

이러한 크리프 변형은 시멘트의 성질, 콘크리트의 배합, 재하시의 재령, 응력 및 부재의 크기, 특히 물-시멘트비에 큰 영향을 받는다.

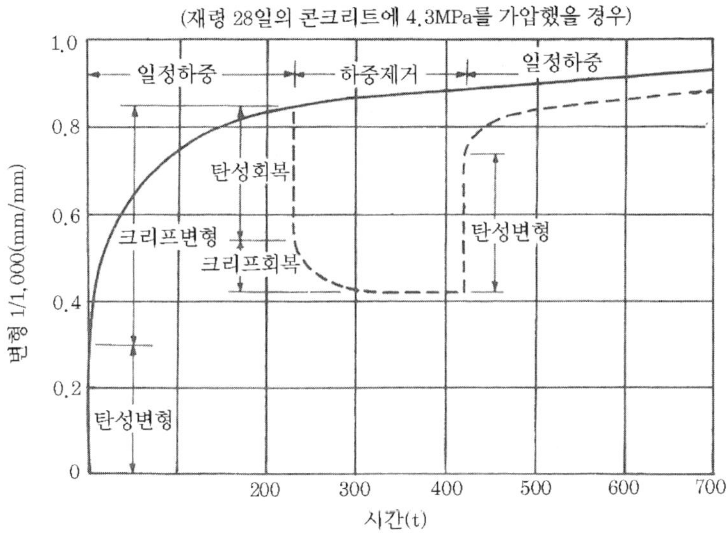

그림 2-7 콘크리트의 크리프 곡선

2-2-10 콘크리트의 최소 피복두께(Cover thickness)

콘크리트의 피복두께라 함은 가장 바깥쪽 철근의 중심으로부터 콘크리트 표면까지의 거리이다. 현장치기 콘크리트 설계기준은 다음과 같다.

(1) 수중에서 타설하는 콘크리트 ········ 100mm

(2) 흙에 접하여 콘크리트를 친 후 영구히 흙에 묻혀 있는 콘크리트 ········ 80mm

(3) 흙에 접하여 옥외의 공기에 직접 노출되는 경우

① D29 이상 철근 ········ 60mm

② D25 이하 철근 ········ 50mm

③ D16 이하의 철근, 지름 16mm 이하의 철선 ········ 40mm

(4) 옥외의 공기나 흙에 직접 접하지 않는 콘크리트

① 슬래브, 벽체, 장선

가) D35 초과하는 철근 ………… 40mm

나) D35 이하인 철근 ………… 20mm

② 보, 기둥 ………… 40mm

이 경우 콘크리트의 설계기준강도 f_{ck}가 40MPa 이상인 경우 규정된 값에서 10mm 저감시킬 수 있다.

③ 쉘, 절판부재 ………… 20mm

2-3 철근(Steel)

2-3-1 강재의 응력-변형률 관계(Stress-strain relationships)

콘크리트에 비해서 철근은 고강도 물질이다. 보통철근의 압축항복점은 콘크리트 압축강도의 10배이고, 철근의 인장항복점은 콘크리트 인장강도의 100여 배나 된다.

2-3-2 철근의 압축 및 인장항복점

그림 2-8과 같은 철근의 응력-변형률 곡선은 응력과 변형이 거의 비례하는 탄성역(Elastic region)(CE구간)의 3구역으로 나누어진다.

OA구간에서는 응력과 변형이 비례하고, Hook의 법칙이 성립되는 범위로서 A점을 비례한도(Proportional limit)점이라 한다.

B점에 도달하면 응력은 약간 저하하며 B′점부터는 불안정한 응력상태를 나타내면서 변형이 급증하여 C점까지 도달하여 중지한다. 이때 B점을 상항복점(Upper yield point), B′점을 하항복점(Lower yield point)이라

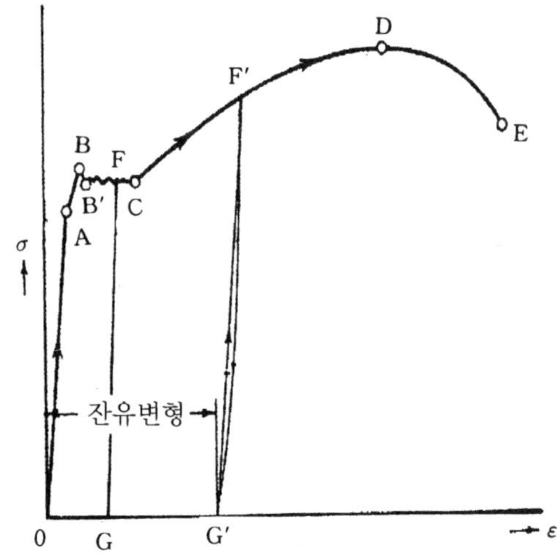

그림 2-8 강재의 응력-변형률 곡선

한다.

B점은 불안정한 성질을 가지고 있으므로 일반적으로 기준으로 삼고 있는 항복점은 하항복점인 B′점을 의미한다.

항복중지점인 C점을 넘으면 다시 응력과 변형이 증가하여 최고강도 D점에 도달하였다가 하중이 급격히 저하되며 단면의 일부가 늘어나 가늘어지면서 결국 파괴된다.

이 때의 최대하중을 최초의 단면적으로 나눈 D점의 응력도가 인장강도가 된다.

또 응력-변형률에서 하중을 하항복점 B′ 이후까지 작용시키면 변형은 탄성변형과 소성변형이 생기며, 즉 F점에서 작용하중을 제거하였다고 하면 탄성변형은 해소되고 소성변형만 남아서 $\overline{OA}$와 대체로 평행하게 그은 점선 $\overline{FG}$에 의하여 $\overline{OG}$만큼의 잔류변형(Residual strain)이 생기게 되며, 같은 경로를 거쳐 $\overline{OG'}$ 만큼의 잔류변형이 생긴다. 이러한 성질을 강재의 소성적 성질이라 한다.

철근의 비례한도 이하의 응력에 대한 설계를 탄성설계(Elastic design)라 하고, 항복점에 도달하는 것을 허용하는 설계법이 있는데, 이러한 설계법을 소성설계 또는 강도설계(Plastic design or strength design)라 한다.

강재의 탄성계수는 우리나라 건축학회 기준에서는 단면의 산정 및 응력도의 계산에 있어서 철근의 탄성계수로 다음과 같이 정한다.

$$E_s = 2.0\times10^5 \text{ (MPa)} \tag{2-7}$$

2-3-3 철근의 종류와 치수

철근의 역학적 성질은 인장시험을 통한 응력-변형도 곡선을 작성하여 항복강도 및 인장강도를 얻어서 결정한다. 철근의 재질은 항복점 또는 항복강도를 기준으로 하여 나타낸다.

항복강도철근의 품질, 형상 및 치수는 우리나라 공업규격 KS D 3054의 규격품이라야 하고, 철근콘크리트에 사용되는 철근을 형태에 따라 크게 나누면 원형철근(Round bar)과 이형철근(Deformed bar)이 있다.

원형철근은 이형철근에 비해서 부착력이 낮기 때문에 주로 이형철근이 사용된다. 이형철근의 호칭은 D10, D13과 같이 D자 뒤에 숫자가 있는데 이 숫자는 직경의 근사치이다. 현재 규격화되고 있는 이형철근은 표 2-2와 같으며, 슬래브는 보통 D10~D13, 보는 D16~D25, 기둥은 D16~D32가 주로 사용되고 있다.

표 2-2 철근의 종류 및 성질

철근 형태	종류기호	항복강도 [MPa]	인장강도 [MPa]	연신율[퍼센트]	
				D25 미만	D25 이상
원형 철근	SR 24	235 이상	382~520	20 이상	24 이상
	SR 30	294 이상	441~598	18 이상	20 이상
이형 철근	SD 30 A	294 이상	441~598	16 이상	18 이상
	SD 30 B	294~392	441 이상	16 이상	18 이상
	SD 35	343~441	490 이상	18 이상	20 이상
	SD 40	392~510	559 이상	16 이상	18 이상
	SD 50	490~628	618 이상	12 이상	14 이상

표 2-3 이형철근의 종류와 치수

호 칭	단위중량 (w) (N/m)	공칭직경 (d) (mm)	공칭단면적 (a) (mm^2)	공칭주장 (l) (mm)	마디의 허용한도		
					마디의 평균 간격의 최대치 (mm)	마디의 높이	
						최소치 (mm)	최대치 (mm)
D 6	2.490	6.35	31.67	20	4.4	0.3	최소직경의 2배
D10	5.600	9.53	71.33	30	6.7	0.4	
D13	9.950	12.7	126.7	40	8.9	0.5	
D16	15.60	15.9	198.6	50	11.1	0.7	
D19	22.50	19.1	286.5	60	13.4	1.0	
D22	30.40	22.2	387.1	70	15.5	1.1	
D25	39.80	25.4	506.7	80	17.8	1.3	
D29	50.40	28.6	642.4	90	20.0	1.4	
D32	62.30	31.8	794.2	100	22.3	1.6	
D35	75.10	34.9	956.6	110	24.4	1.7	
D38	89.50	38.1	1,140	120	26.7	1.9	
D41	105.00	41.3	1,340	130	28.9	2.1	

2-3-4 수축 · 온도철근(Shrinkage and temperature reinforcement)

슬래브에서 휨철근 1-방향으로만 배근되는 경우 이 휨철근에 직각방향으로 수축 · 온도철근을 배근하여야 하고, 수축 · 온도철근은 다음 규정에 따라야 한다.

(1) 수축 · 온도철근으로 배근되는 이형철근은 다음의 철근비 이상으로 하여야 한다. 그러나 어떤 경우에 있어서도 철근비는 0.0014 이상이어야 한다. 여기서 철근비는 콘크리트 전체 단

면적에 대한 수축 · 온도철근 단면적의 비를 나타낸다.

① 설계기준항복강도가 400MPa 이하인 이형철근을 사용한 슬래브 ············· 0.0020

② 0.0035의 항복변형률에서 측정한 철근의 설계기준항복강도가 400MPa를 초과한 슬래브 ··············· $0.0020 \times \dfrac{400}{f_y}$

(2) 수축 · 온도철근의 간격은 슬래브 두께의 5배 이하, 또한 400mm 이하로 하여야 한다.

(3) 수축 · 온도철근은 설계기준항복강도(f_y)를 발휘할 수 있도록 정착되어야 한다.

위와 같이 규정된 수축 · 온도 철근량은 건조수축 및 온도변화에 대한 변형이 심하게 구속되지 않은 부재에 적용되는 최소 철근량이므로 심하게 구속된 부재에 대해서는 그 영향을 고려하여 최소 철근량을 증가시켜야 한다.

03 Chapter 설계하중 및 하중조합

3-1 하중의 종류

3-1-1 하중의 구분

일반적으로 건물에 작용하는 하중의 종류는 여러 가지 형태로 분류할 수 있으며, 대표적으로 하중의 작용형태에 따라서 고정하중 및 적재하중으로 분류한다.

(1) 고정하중 (Dead Load)

고정하중은 사하중이라고도 하며, 건물에 영구히 작용하는 하중이고 조적조나 콘크리트 구조물의 자중이라고 하며, 건축물의 슬래브, 기둥, 보와 같은 구조부재의 하중을 포함한다.

(2) 적재하중 (Live Loads)

적재하중은 활하중이라고도 하며, 고정하중외 건축구조물에 영향을 미치는 모든 하중을 포함하고 있다. 즉 사람, 가구, 설비 및 비영구적인 하중을 말한다. 또한 눈이 많이 오는 지방은 적설량에 따라 적설하중도 포함하며, 지진이 많은 지역에서는 지진하중도 포함한다고 생각된다.

3-1-2 하중의 계산

구조계산에 적용되는 하중과 외력은 해당 구조물의 설계시 적용되는 기준을 따라야 한다.

3-2 강도(Strength)

3-2-1 일반사항

(1) 구조물 및 구조부재는 모든 단면에서 이 기준에서 정한 하중과 힘의 조합에 의하여 계산한 소요강도(Required strength) 이상의 설계강도(Design strength)를 갖도록 설계하여야 한다. 따라서 극한강도설계법의 기본적인 요구조건은 다음과 같이 표현할 수 있다.

설계강도(Design strength) ≥ 소요강도(Required strength)

보다 구체적으로 나타내면,

$\Phi P_n \geq P_u$ (압축)

$\Phi M_n \geq M_u$ (휨모멘트)

$\Phi V_n \geq V_u$ (전단력)

(2) 구조부재는 사용하중(Service load)에 대해서 충분한 기능을 확보할 수 있도록 이 기준의 다른 모든 규정에도 적합하여야 한다.

3-2-2 소요강도(所要强度)

(1) 철근콘크리트 구조물을 설계할 때 아래에 제시된 하중계수(Load factor)와 하중조합(Load combination)을 모두 고려하여 해당 구조물에 작용하는 최대 소요강도(Required strength)에 대해여 만족하도록 설계하여야 한다.

(2) 다음 (3)에서 (8)까지 규정에서 나열된 하중조합에서 지하구조물과 같이 고정하중이 지배적인 구조물은 식 중의 $1.4D$항의 D 대신에 $1.1D$를 대입하여야 한다.

(3) 고정하중(D)과 활하중(L)이 작용하는 경우 소요강도(U)는 식 (3-1)에 따라야 한다.

$$U = 1.4D + 1.7L \tag{3-1}$$

(4) 고정하중(D), 활하중(L) 및 풍하중(W)이 작용하는 경우 식 (3-1) 이외에도 식 (3-2)와 식 (3-3)을 고려하여야 한다.

$$U = 0.75(1.4D + 1.7L + 1.7W) \tag{3-2}$$

이 때 활하중(L)은 영(0)일 때도 검토하여야 한다. 그리고 고정하중과 풍하중의 재하 효과가 서로 상쇄되는 경우 다음 하중조합도 고려하여야 한다.

$$U = 0.9D + 1.3W \tag{3-3}$$

(5) 고정하중(D), 활하중(L) 및 지진하중(E)이 작용하는 경우 식 (3-1) 이외에도 식 (3-4)와 식 (3-5)를 고려하여야 한다.

$$U = 0.75(1.4D + 1.7L + 1.8E) \tag{3-4}$$

이 때 활하중(L)은 영(0)일 때도 고려하여야 한다. 그리고 고정하중과 지진하중의 재하 효과가 서로 상쇄되는 경우 다음 하중조합도 고려하여야 한다.

$$U = 0.9D + 1.4E \tag{3-5}$$

(6) 고정하중(D)과 활하중(L), 그리고 횡토압과 횡방향 지하수압(H)이 작용하는 경우 식 (3-1) 이외에도 식 (3-6)과 식 (3-7)을 고려하여야 한다.

$$U = 1.4D + 1.7L + 1.8H \tag{3-6}$$

$$U = 0.9D + 1.7L + 1.8H \tag{3-7}$$

① 활하중(L) 영(0)일 때도 반드시 고려하여 식 (3-6)과 식 (3-7)에 따라 검토하여야 한다.

② 지하구조물 등에서 시공 중 또는 시공 후 횡토압이 실제보다 작게 작용하여 구조물에 불리하게 작용하는 경우 실제 감소된 토압을 계산하여 사용하여야 한다.

③ 지하구조물의 상부 슬래브에 연직으로 작용하는 흙과 지하수 하중에 대해서는 고정하중에 대한 하중계수를 적용한다.

(7) 고정하중(D), 활하중(L) 및 유체압(F)이 작용하는 경우 식 (3-1) 이외에 식 (3-8)과 식 (3-9)에 따라야 하며, 이때 유체압은 밀도와 작용높이가 확실하게 알 수 있는 경우에만 한정적으로 적용할 수 있으며, 지하구조물에 대한 지하수압은 앞의 (6)의 규정에 따라야 한다.

$$U = 1.4D + 1.7L + 1.5F \tag{3-8}$$

$$U = 0.9D + 1.7L + 1.5F \tag{3-9}$$

여기서, 활하중(L)은 영(0)인 경우도 반드시 고려하여 식 (3-8)과 식 (3-9)에 따라 검토하여야 한다.

(8) 고정하중(D)과 활하중(L) 그리고 부동침하, 크리프, 건조수축 또는 온도변화 등이 작용하는 경우 식 (3-1) 이 외에도 식 (3-10)과 식 (3-11)을 검토해야 한다.

$$U = 0.75(1.4D + 1.7L + 1.5T) \tag{3-10}$$

$$U = 1.4D + 1.5T \tag{3-11}$$

3-2-3 설계강도(設計强度)

(1) 구조물의 부재, 부재 간의 연결부 및 각 부재 단면의 휨, 축하중, 전단, 비틀림에 대한 설계강도는 이 기준의 규정과 가정에 따라 정해지는 공칭강도에 강도감소계수 ϕ를 곱한 값으로 하여야 한다.

(2) 강도감소계수(Strength reduction factor)는 표 3-1규정에 따라야 한다. 다만, 품질관리가 철저하게 이루어진 부재와 건물의 각 부재에 대한 아래 (1)의 휨모멘트와 (4)의 전단력과 비틀림 모멘트의 강도감소계수는 아래 규정값 보다 0.05씩 크게 취할 수 있다.

표 3-1 강도감소계수

부재 또는 하중의 종류	ϕ
(1) 휨모멘트 또는 휨모멘트와 축인장력이 동시에 작용	
① 보통철근콘크리트 부재	0.90(0.85)*
② 프리스트레스 콘크리트 부재	0.90(0.85)*
(2) 축인장력	0.85
(3) 축압축력 또는 휨모멘트와 축압력이 동시에 작용	
① 나선철근 규정에 따라 나선철근으로 보강된 철근콘크리트 부재	0.75
② 그 이외의 철근콘크리트 부재	0.70
③ 압축부재의 축하중강도 ϕP_n이 ϕP_b 또는 $0.1 f_{ck} A_g$ 중 작은 값보다 작은 경우, ϕ값은 ① 또는 ②에 해당하는 ϕ값과 $P_n = 0$에 대한 해당 ϕ값 사이에 직선보간법을 적용하여 구할 수 있다.	
(4) 전단력과 비틀림 모멘트	0.85(0.8)*

* 토목구조물의 경우 적용

3-2-4 철근의 설계기준항복강도

철근의 설계기준항복강도(設計基準降伏强度) f_y는 프리스트레싱 긴장재를 제외하고는 550 MPa를 초과하지 않아야 한다. 왜냐하면, 항복강도가 550MPa인 철근의 항복변형률은 압축측 콘크리트의 극한변형률 0.003과 거의 같기 때문이다. 철근, 용접철선, 이형철선(D4 이상)의 기준항복강도가 400MPa 이상인 것은 f_y값을 변형률 0.0035에 상응하는 값으로 사용해야 한다.

04 Chapter 사용성 및 내구성

4-1 균 열

구조물 또는 부재가 사용기간 중 충분한 기능과 성능을 유지하기 위하여 사용하중 하에서 사용성과 내구성을 검토하여야 한다. 구조물의 사용성과 내구성은 주어진 단면의 기하학적 조건과 함께 부재의 처짐, 변형, 변위, 손상, 철근의 부식 정도, 균열, 그리고 콘크리트 표면의 상태에 의해서 결정된다.

4-1-1 허용균열폭

(1) 허용균열폭 ω_a는 구조물의 사용목적, 소요 내구성, 환경조건 및 부재의 조건 등을 고려하여 정하여야 한다.

(2) 강재의 부식에 대한 콘크리트의 허용균열 폭은 일반적으로 피복두께 및 강재의 종류에 따라서 표 4-1에 따라야 한다. 다만, 표 4-1에 적용될 수 있는 피복두께는 100mm 이하를 표준으로 하여야 한다.

(3) 물을 저장하는 수조 등과 같은 수밀성을 요구하는 구조물의 허용균열폭은 0.2mm이다. 다만, 부식성 또는 고부식성 환경에 노출되어 있으면서 수밀성을 요구하는 구조물의 허용균열폭은 0.13mm이다.

표 4-1 허용균열폭 ω_a (mm)

강재의 종류		강재의 부식에 대한 환경조건			
		건조환경	습윤환경	부식성 환경	고부식성 환경
철 근	건 물	0.4mm	0.3mm	0.004 t_c	0.0035 t_c
	기타 구조물	0.006 t_c	0.005 t_c		
프리스트레싱 긴장재		0.005 t_c	0.004 t_c	−	−

여기서, t_c는 최 외단 철근의 표면과 콘크리트 표면사이의 콘크리트 최소 피복두께(mm)

4-1-2 균열의 검토

(1) 휨모멘트 및 축력에 의한 콘크리트의 인장응력이 콘크리트의 설계기준인장강도의 60% 보다 작을 경우에는 휨균열을 검토하지 않아도 된다.

(2) 인장철근의 설계기준항복강도가 300MPa 이상인 경우 사용하중에 의한 휨균열 폭은 식 (4-1)에 의하여 구하고, 표 4-1의 허용균열 폭 ω_a 이하가 되도록 하여야 한다.

$$\omega_{\max} = 1.08\beta_c f_s \sqrt[3]{d_c A} \times 10^{-5}\,(\text{mm}) \qquad (4-1)$$

여기서, $w_{\max}$: 콘크리트 표면의 균열폭

β_c : $(h-c)/(d-c)$: 깊이계수(대략, 보에 대하여 1.2, 슬래브에 대하여 1.35)

d_c : 인장연단으로부터 첫 번째 단 철근중심까지의 피복두께(mm)

f_s : 사용하중상태에서의 인장철근의 응력(MPa), 계산을 할 수 없는 경우는 일반적인 구조에 한하여 $0.6f_y$를 사용할 수 있다.

A : 인장을 받는 콘크리트의 단면적을 철근개수로 나눈 값 (bt/γ_{bc})

여기서, γ_{bc} : 인장측의 철근개수

(3) 전단 균열, 비틀림 균열의 검토가 필요한 경우 적절한 방법에 따라 전단 및 비틀림에 의한 균열을 검토해야 한다.

(4) 부재는 하중에 의한 균열을 제어하는 데 필요한 철근 외에도 필요에 따라 온도변화, 건조수축 등에 의한 균열을 제어하기 위한 추가적인 보강철근은 2-3-6에 따라 배근하여야 한다. 그리고 균열 제어를 위한 철근은 필요로 하는 부재 단면의 주변에 분산시켜 배근해야 하고, 이 경우 철근의 지름과 간격을 가능한 한 작게 하여야 한다.

4-2 처 짐

철근콘크리트 부재의 처짐은 즉각적인 처짐과 장기적인 처짐으로 구분된다. 즉각적인 처짐은 하중이 작용하자마자 발생하는 처짐으로서, 탄성처짐 또는 순간처짐이라 한다.

부재의 처짐은 사용하중 하에서 일어나는 처짐으로 하여야 하며, 사용하중 하에서 부재는 탄성거동을 한다고 볼 수 있으므로 이러한 처짐의 크기는 탄성거동에 기초하여 계산할 수 있다. 장기적인 처짐은 주로 콘크리트의 크리프와 건조수축으로 인하여 시간의 경과와 더불어 진행되는 처짐으로서, 이것을 장기처짐이라고 한다. 장기처짐은 초기에는 많은 양이 생기지만 시간이 지남에 따라 증가율이 둔화된다.

4-2-1 탄성처짐

스팬이 l인 단순보에 등분포하중 ω가 작용할 때, 이 보에 일어나는 최대 처짐은 다음과 같다.

$$\delta = \frac{5\omega l^4}{384EI} \tag{4-2}$$

여기서, E는 콘크리트의 탄성계수, I는 단면2차모멘트이다.

만약 응력이 작아서 인장측 콘크리트에 균열이 발생하지 않으면 전단면이 유효하다고 보고, 전단면에 대한 단면2차모멘트 I_g를 사용하여 계산한다. 인장측 콘크리트에 균열이 발생하기 전에는 인장측 하단의 콘크리트 응력 f_t는 나음 식으로 계산하다.

$$f_t = \frac{M}{I_g} y_t \tag{4-3}$$

여기서, M은 외력에 의한 모멘트이고, y_t는 중립축에서 인장측 하단까지의 거리이다.

f_t가 콘크리트의 파괴계수 f_r을 초과하면 균열이 발생하는데, 이때의 휨모멘트를 균열모멘트 M_{cr}이라 한다. 위의 식 (4-3)에 M_{cr}을 대입하고, $f_t = f_r$로 놓으면 균열모멘트는 다음과 같다.

$$M_{cr} = \frac{f_r I_g}{y_t} \tag{4-4}$$

여기서, I_g : 철근을 무시하고 계산한 콘크리트의 단면2차모멘트

f_r (MPa) : 콘크리트의 파괴계수 $(0.63\sqrt{f_{ck}})$

외력에 의한 휨모멘트 M이 균열모멘트 M_{cr} 보다 커지면, 인장측 콘크리트에 균열이 발생하며, 이때의 처짐은 I_g를 사용하여 계산할 수 없으며, 균열 단면에 대한 단면2차모멘트 I_{cr}을 사용하여야 한다.

그러나 철근콘크리트 보의 실제 처짐은 그림 4-1과 같이 I_{cr}에 의해 계산된 값보다 작다. 이것은 실제의 단면2차모멘트 I가 휨모멘트도의 형상 및 균열의 상태에 따라 변화하기 때문이다. 그러므로 처짐계산을 위하여 유효 단면2차모멘트(Effective Moment of Inertia) I_e를 사용하여야 한다.

$$I_e = \left(\frac{M_{cr}}{M_a}\right)^2 I_g + \left[1-\left(\frac{M_{cr}}{M_a}\right)^3\right] I_{cr} \le I_g \tag{4-5}$$

여기서, M_{cr} : 균열모멘트

M_a : 처짐이 계산되는 단계에서 사용하중에 의해 일어나는 최대 휨모멘트

I_g : 철근을 무시한 콘크리트의 전체 단면2차모멘트

I_{cr} : 균열 단면의 단면2차모멘트

일반적으로 I_e는 다음 범위 내에 있다.

$$I_g > I_e > I_{cr} \tag{4-6}$$

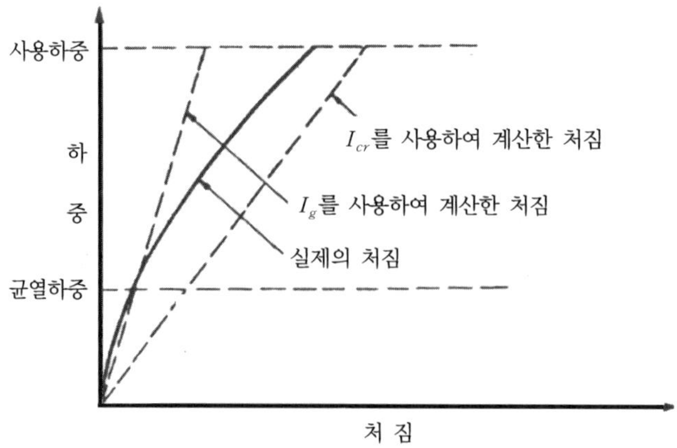

그림 4-1 철근콘크리트 보의 처짐

연속보에 있어서 정(+)모멘트 단면의 I_e와 부(−)모멘트 단면의 I_e를 각각 구하고, 다음 식에 의하여 등가 단면2차모멘트 I_e를 계산하여 처짐을 계산한다.

평균등가 단면2차모멘트 $(I_e)_{avg.}$는 다음과 같다.

$$1\text{단 연속일 경우, } (I_e)_{avg.} = 0.85I_m + 0.15(I_{cont.end}) \quad (4-7)$$

$$\text{양단 연속일 경우, } (I_e)_{avg.} = 0.70I_m + 0.15(I_{e1} + I_{e2}) \quad (4-8)$$

철근콘크리트 구조물은 대개 연속성을 갖도록 시공되므로 이러한 연속성에 의한 처짐의 감소량을 고려하여야 한다.

이때 연속 스팬의 중앙 처짐은 다음과 같은 근사적 방법에 의해 계산한다. 즉 부재 양단이 단순지지된 단순보로 보고 계산한 스팬 중앙의 처짐에서 부재 단부의 모멘트 평균값을 양단에 작용시켜 구한 반대방향의 처짐을 빼는 것이다. 예를 들면 등분포하중을 받는 연속 스팬의 중앙의 탄성처짐은 다음과 같다.

$$\Delta_i = \frac{5\omega l^4}{384EI} - \frac{Ml^2}{8EI} \quad (4-9)$$

여기서, E는 콘크리트의 탄성계수 E_c를 사용하며, I는 정모멘트 단면의 I_e와 부모멘트 단면의 I_e의 평균값이고, M은 부재 단부의 부모멘트의 평균값을 사용한다.

이외에도 캔틸레버나 단순 혹은 연속보에 대한 초기처짐이나 단기처짐 (Δ_i)은 다음과 같은 탄성방정식을 사용할 수 있다. 예를 들어 연속보의 경우, 최대 중앙부 처짐을 위한 약산법은 다음과 같다.

$$\Delta_i = \frac{K(5/48)M_a l^2}{E_c I_e} \quad (4-10)$$

여기서, M_a : 캔틸레버일 경우 지지단 모멘트
단순 또는 연속보일 경우 중앙부 모멘트
K : 처짐계수
등분포하중을 받는 경우에서
가) 캔틸레버 : $K = 12/5 = 2.4$
나) 단순보 : $K = 1.0$
다) 연속보 : $K = 1.2 - 0.2M_o/M_a$ (M_o : 보의 중앙최대 모멘트)
(a) 일단 연속보 $K = 0.8$
(b) 양단 연속보 $K = 0.6$
(c) 일단 연속, 일단 핀 $K = 0.738$

처짐은 최대 정모멘트에 대하여 같은 하중양식을 가지고 연속 스팬에 대하여 계산하기 때문에 식 (4-10)은 처짐계산에 대한 가장 간단한 식으로 볼 수 있다. 더욱이 식 (4-10)은 중앙 스팬의 I_e만을 사용하기 때문에 연속보 처짐계산에서 부모멘트의 계산이 필요 없어 식의 이용이 비교적 쉽다. 단면2차모멘트는 다음과 같이 구한다.

(1) 직사각형 단면

$$B=\frac{b}{nA_s} \quad r=\frac{(n-1)A_s'}{nA_s} \quad I_g=\frac{bh^3}{12}$$

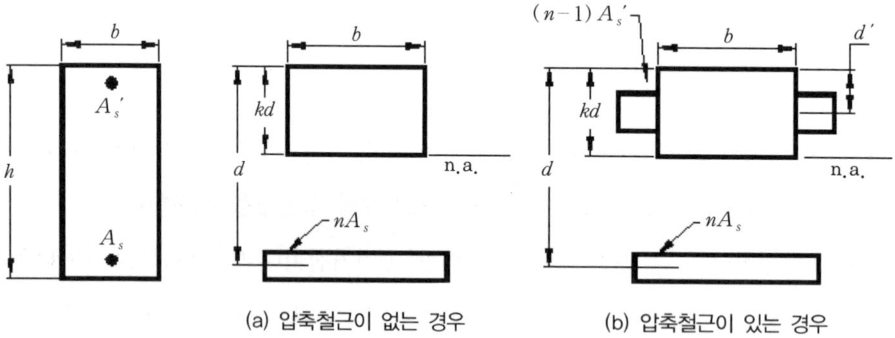

그림 4-2 직사각형 단면의 단면2차모멘트 I_g, 균열 단면2차모멘트 I_{cr}

압축철근이 없는 경우 :

$$kd=(\sqrt{2dB+1}-1)/B$$

$$I_{cr}=\frac{b(kd)^3}{3}+nA_s(d-kd)^2$$

압축철근이 있는 경우 :

$$kd=\left[\sqrt{2dB(1+rd'/d)+(1+r)^2}-(1+r)\right]/B$$

$$I_{cr}=\frac{b(kd)^3}{3}+nA_s(d-kd)^2+(n-1)A_s'(kd-d')^2$$

(2) T형 단면

$$C=\frac{b_w}{nA_s}\,,\quad f=h_f\frac{(b-b_w)}{nA_s}$$

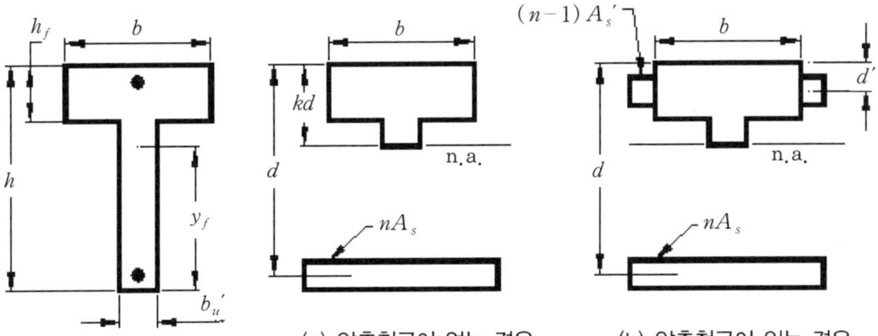

(a) 압축철근이 없는 경우 (b) 압축철근이 있는 경우

그림 4-3 T형 단면의 단면2차모멘트 I_g, 균열 단면2차모멘트 I_{cr}

$$y_t = h - \frac{1}{2}\frac{(b-b_w)(h_f)^2 + (b_w)(h)^2}{(b-b_w)(h_f) + (b_w)(h)}$$

$$I_g = \frac{(b-b_w)(h_f)^3}{12} + \frac{b_w(h)^3}{12} + (b-b_w)h_f\left(h - \frac{h_f}{2} - y_t\right)^2 + b_w h\left(\frac{y_t - h}{2}\right)^2$$

압축철근이 없는 경우 :

$$kd = \left[\sqrt{C(2d + h_f f) + (1+f)^2} - (1+f)\right]/C$$

$$I_{cr} = \frac{(b-b_w)(h_f)^3}{12} + \frac{b_w(kd)^3}{3} + (b-b_w)h_f\left(kd - \frac{h_f}{2}\right)^2 + nA_s(d-kd)^2$$

압축철근이 있는 경우

$$kd = \left[\sqrt{C(2d + h_f f + 2rd') + (f+r+1)^2} - (f+r+1)\right]/C$$

$$I_{cr} = \frac{(b-b_w)(h_f)^3}{12} + \frac{b_w(kd)^3}{3} + (b-b_w)h_f\left(kd - \frac{h_f}{2}\right)^2 + nA_s(d-kd)^2$$
$$+ (n_1)A_s'(kd-d')^2$$

4-2-2 장기처짐

철근콘크리트 보는 탄성처짐 외에 시간의 경과와 더불어 진행되는 장기처짐이 추가된다. 장기 처짐은 주로 콘크리트의 건조수축과 크리프에 의해 일어난다.

콘크리트의 크리프는 자중 및 기타의 지속하중에 의해 진행되는 변형의 시간적 변화이다.

그러므로 장기처짐은 결국 지속하중에 의해 일어나는 것이다. 장기처짐에 영향을 주는 요인들은 온도와 습도, 양생조건, 재하시의 재령과 함수량, 압축철근의 단면적, 지속하중의 크기 및 기타의 요인들이다. 기준에서는 실험에 근거한 다음의 계수를 지속하중에 의한 탄성처짐 (Δ_i)에 곱하여 장기처짐 (Δ_a)을 구하도록 규정하고 있다.

$$\Delta_a = \lambda \Delta_i \tag{4-11}$$

$$\lambda = \frac{\xi}{1+50\rho'} \tag{4-12}$$

여기서, ρ' : $\frac{A_s'}{bd}$ (단순보 및 연속보에서는 스팬 중앙단면의 압축철근비,

캔틸레버에서는 지지단면의 압축철근비이다.)

ξ : 지속하중의 재하기간에 따르는 계수 (표 4-2 참조)

위의 식에서 $1/(50+\rho')$은 장기처짐을 감소시키는 압축철근 A_s'의 영향을 반영한 단면특성이고, ξ는 크리프와 건조수축에 의한 재료특성을 나타내고 있다.

이것은 압축철근이 크리프와 건조수축을 구속하기 때문이며, 압축철근은 장기처짐을 감소시키는데 효과적이다.

장기처짐에서 고정하중은 장기하중이지만, 활하중에 대해서는 구조물의 종류나 재하되는 활하중의 형태에 따라 그 일부만을 장기하중으로 취하여야 한다.

표 4-2 ξ의 값

재령(개월)	1	3	6	12	18	24	36	48	60 이상
ξ	0.5	1.0	1.2	1.4	1.6	1.7	1.8	1.9	2.0

4-2-3 처짐의 제한

(1) 1방향 구조물

기준에서 별도로 처짐계산을 하여 두께를 산정하는 경우를 제외하고는 보통 콘크리트의 1방향 구조물에 대한 처짐계산을 하지 않아도 될 최소 두께 또는 깊이는 보통콘크리트를 사용한 보 또는 1방향 슬래브에서 그 춤이나 두께는 다음 표 4-3의 값 이상으로 한다.

표 4-3 처짐을 계산하지 않는 경우의 보 또는 1방향 슬래브의 최소 두께

<table>
<tr><th rowspan="3">부 재</th><th colspan="4">최소 두께 h</th></tr>
<tr><th>단순지지</th><th>1단 연속</th><th>양단 연속</th><th>캔틸레버</th></tr>
<tr><th colspan="4">큰 처짐에 의해 손상되기 쉬운 칸막이벽이나 기타 구조물을 지지
또는 부착하지 않는 부재</th></tr>
<tr><td>1방향 슬래브</td><td>1/20</td><td>1/24</td><td>1/28</td><td>1/10</td></tr>
<tr><td>보 리브가 있는
1방향 슬래브</td><td>1/16</td><td>1/18.5</td><td>1/21</td><td>1/8</td></tr>
</table>

이 표의 값은 일반 콘크리트($w_c = 2,300\text{kg/m}^3$)와 설계기준항복강도 400MPa의 철근을 사용한 부재에 대한 값이며 다른 조건에 대해서는 그 값을 다음과 같이 수정한다.

① $1,500 \sim 2,000\text{kg/m}^3$ 범위의 단위체적질량을 갖는 구조용 경량콘크리트에 대해서는 계산된 h 값에 $(1.65 - 0.00031 w_c)$를 곱해야 하지만 1.09보다 작지 않아야 한다.

② f_y가 400MPa 이외인 경우는 계산된 h 값에 $(0.43 + f_y/700)$을 곱하여야 한다.

(2) 2방향 구조물

2방향 구조부재의 처짐은 표 4-4의 최소두께의 요구 사항이 만족되면 별도의 계산을 할 필요가 없다. 슬래브 주변에 보가 없거나 보의 강성비 α_m이 0.2 이하인 경우 슬래브의 최소두께는 다음 표 4-4를 만족하여야 한다.

표 4-4 슬래브 시스템에서 테두리보를 제외하고 내부에 보가 없는 슬래브의 최소두께

<table>
<tr><th rowspan="3">설계기준
항복강도
f_y
(MPa)</th><th colspan="3">지판이 없는 경우</th><th colspan="3">지판이 있는 경우</th></tr>
<tr><th colspan="2">외부 슬래브</th><th rowspan="2">내부 슬래브</th><th colspan="2">외부 슬래브</th><th rowspan="2">내부 슬래브</th></tr>
<tr><th>테두리 보가
없는 경우</th><th>테두리 보가
있는 경우</th><th>테두리 보가
없는 경우</th><th>테두리 보가
있는 경우</th></tr>
<tr><td>300</td><td>$l_n/32$</td><td>$l_n/35$</td><td>$l_n/35$</td><td>$l_n/35$</td><td>$l_n/39$</td><td>$l_n/39$</td></tr>
<tr><td>350</td><td>$l_n/31$</td><td>$l_n/34$</td><td>$l_n/34$</td><td>$l_n/34$</td><td>$l_n/37.5$</td><td>$l_n/37.5$</td></tr>
<tr><td>400</td><td>$l_n/30$</td><td>$l_n/33$</td><td>$l_n/33$</td><td>$l_n/33$</td><td>$l_n/36$</td><td>$l_n/36$</td></tr>
</table>

그리고 기준의 규정(슬래브에 관한 규정)에 따라 설계되고 단변스팬에 대한 장변스팬의 비가 2를 초과하지 않는 슬래브 또는 기타 2방향 구조물의 최소 두께는 식 (4-13)과 식 (4-14)를 따른다.

보의 강성비 α_m이 0.2 초과 0.2미만인 경우 다음 식 (4-13)의 값 이상으로 하며 이 값은 120mm 이상이어야 한다.

$$h = \frac{l_m(800 + \frac{f_y}{1.4})}{36,000 + 5,000(\alpha_m - 1.2)} \qquad (4-13)$$

보의 강성비 α_m이 2.0 이상인 경우 다음 식 (4-14)의 값 이상으로 하며 이 값은 90mm 이상이어야 한다.

$$h = \frac{l_m(800 + \frac{f_y}{1.4})}{36,000 + 9,000\beta} \qquad (4-14)$$

그러나 두께는 다음 값 이상으로 한다.

① 보 또는 지판이 없는 슬래브 120mm
② 지판을 가진 슬래브 100mm

보가 없는 슬래브가 지점 중심선에서 양쪽 방향으로 지판을 가질 때, 그 길이가 지점 중심선간 스팬길이의 1/6 이상이고, 슬래브 밑의 지판두께가 슬래브두께의 1/4 이상이며 식 (4-13)과 식 (4-14)에 의한 소요두께를 10%까지 감소시킬 수 있다. 또한 불연속단이 있는 슬래브는 강성비 α의 값이 0.8 이상인 테두리 보를 설치하거나 식 (4-13), 식 (4-14)에서 정한 최소 소요두께를 적어도 10% 이상 증대시킨다.

4-3 피로

4-3-1 적용범위

(1) 이 규정은 하중 중에서 변동하중이 차지하는 비율이 높거나 작용빈도가 크기 때문에 피로에 대한 안전성 검토를 필요로 하는 경우에 적용하여야 한다.

(2) 보 및 슬래브의 피로는 휨 및 전단에 대하여 검토하여야 한다.

(3) 기둥의 피로는 검토하지 않아도 좋다. 다만, 휨모멘트나 축인장력의 영향이 특히 큰 경우 보에 준하여 검토하여야 한다.

4-3-2 피로에 대한 안정성 검토

(1) 피로에 대한 안전성을 검토할 경우, 충격을 포함한 사용 활하중에 의한 철근의 응력범위 및 프리스트레싱 긴장재의 인장응력 변동범위가 표 4-5의 응력 이내에 들면 피로에 대하여 검토할 필요가 없다.

(2) 반복하중에 의한 철근의 응력이 표 4-5의 값을 초과하여 피로의 검토가 필요할 경우는 합리적 방법으로 피로에 대한 안전을 검토하여야 한다.

(3) 피로의 검토가 필요한 구조부재는 높은 응력을 받는 부분에서 철근을 구부리지 않도록 하여야 한다.

표 4-5 피로를 고려하지 않아도 되는 철근과 프리스트레싱 긴장재의 응력범위(MPa)

강재의 종류와 위치		철근의 인장 및 압축응력범위 또는 프리스트레싱 긴장재의 인장응력 변동범위
이형철근	SD 30	130
	SD 35	140
	SD 40	150
프리스트레싱 긴장재	연결부 또는 정착부	140
	기타 부위	160

4-4 내구성 설계

4-4-1 내구성 설계기준

(1) 해풍, 해수, 황산염 및 기타 유해물질에 노출된 콘크리트는 4-4-2의 조건을 만족하고, 설계기준강도 f_{ck}가 30MPa 이상인 콘크리트를 사용하여야 한다.

(2) 설계자는 설계 초기에 소요공용기간을 확보할 수 있는 적절한 설계기법을 결정해야 한다.

(3) 설계 초기단계에서 구조적으로 환경에 민감한 구조배치를 피하고, 유지관리 및 점검을 위하여 접근이 용이한 구조형상을 선정해야 한다.

(4) 구조나 부재의 외측 표면에 있는 콘크리트의 품질이 보장될 수 있도록 해야 한다. 다지기와 양생이 적절하여 밀도가 크고, 강도가 높고, 투수성이 낮은 콘크리트를 시공하고, 피복두께가 확보되어야 한다.

(5) 구조의 모서리나 부재 연결부 등의 건전성 확보를 위한 철근콘크리트 및 프리스트레스트 콘크리트 구조요소의 구조상세가 적절하여야 한다.

(6) 소요공용기간 동안 주어진 환경조건, 철근과 프리스트레싱 긴장재의 지름과 배근 조건 하에서 공칭 균열 폭이 허용균열 폭 내에 있도록 해야 한다.

(7) 고부식성 환경 하에 있는 구조는 표면을 보호하여 내구성을 증진시켜야 한다.

(8) 설계자는 내구성에 관련된 콘크리트 재료, 피복두께, 프리스트레싱 긴장재, 처짐, 균열, 피로 및 기타 사항에 대한 제반 규정을 모두 검토하여야 한다.

4-4-2 내구성 허용기준

(1) 동결, 융해에 대한 저항성 시험은 KS F 2456(급속 동결 융해에 대한 콘크리트의 저항 시험방법)을 따라야 하며, 동결, 융해 및 제빙화학물에 노출되는 일반콘크리트나 경량콘크리트는 표 4-6에 제시한 공기량이 필요하다. 연행 공기량의 허용편차는 ±1.5%이다. 설계기준강도가 35MPa를 초과하는 콘크리트는 표 4-6에 제시된 공기량에서 1% 감소시킬 수 있다.

(2) 수밀 콘크리트나 습한 상태에서 동결, 융해되는 조건하의 콘크리트는 표 4-7의 요건에 맞도록 배합되어야 하고, 제빙화학물에 노출된 경우에는 4-3-2 (6)의 규정도 만족하여야 한다.

표 4-6 동해 저항 콘크리트에 대한 전체 공기량

공칭 최대 골재의 크기(mm)	공 기 량 (%)
10.0	7.5
15.0	7.0
20.0	6.0
25.0	5.0
40.0	4.5
50.0 *	4.0
75.0 *	3.5

* 이 경우의 공기량은 다른 크기의 골재의 경우와 같이 전체 혼합에 적용한다. 그러나 이러한 콘크리트를 시험할 때 40mm 보다 큰 골재는 손이나 체로 걸러 제거하며 공기량은 배합시 40mm 보다 큰 부분을 제거한 후 결정한다. (연행된 공기량에 대한 허용편차는 이 값을 적용한다. 전체 배합의 공기량은 40mm 이상 부분을 제거한 부분에 따라 결정된 값으로부터 계산한다.)

표 4-7 특수 노출상태에 대한 요구사항

노 출 상 태	보통콘크리트 최대 물-결합재비	보통콘크리트와 경량콘크리트의 최소 설계기준강도 f_{ck}(MPa)
물에 노출되며 수밀성이 요구되는 콘크리트	0.50	27
습한 상태에서 동결과 융해에 노출된 콘크리트	0.45	30
제빙화학물, 소금, 낮은 농도 소금물 바닷물에 노출되거나 제빙화학물, 소금, 낮은 농도의 소금물 등이 뿌려진 (철근)콘크리트에 대한 보호	0.40	35

(3) 황산염을 포함한 용액에 노출된 콘크리트는 표 4-8의 조건에 적합하거나 황산염저항 시멘트를 사용하여야 하며, 표 4-8의 최대 물-결합재비나 최소 압축강도를 지닌 콘크리트를 사용하여야 한다. 그러나 혼화제로서 칼슘염화물은 표 4-8에 정의한 것과 같은 심하게 황산염을 포함하는 용액에 노출되는 콘크리트에 사용하지 못한다.

(4) 부식방지를 위해서 콘크리트의 염화물이온량은 원칙적으로 0.3kg/m^3 이하로 하여야 한다. 다만, 책임기술자의 승인을 받는 경우 0.6kg/m^{3}까지 허용될 수 있다. 그리고 염소이온량에 대한 검토가 염소이온농도에 의해 이루어질 경우, 재령 28일에서 42일까지의 콘크리트에서 최대로 물에 융해되는 염소이온 농도는 표 4-9의 한계값에 의해 검토할 수도 있다.

(5) 철근콘크리트가 제빙염, 낮은 농도의 소금물, 바닷물에 노출되거나 이런 종류들이 철근콘크리트에 살포되었을 경우, 표 4-7의 물-결합재비 및 콘크리트강도 조건과 2-2-10의 피복요건을 만족하여야 한다.

(6) 제빙화학제에 노출된 콘크리트에 필요한 혼화재량은 표 4-10의 요건에 적합하도록 하여야 한다. 단, 실리카 퓸의 경우 적절한 시험성적이 있는 경우에는 이 제한 값을 초과할 수 있다.

표 4-8 황산염을 포함한 용액에 노출된 콘크리트에 대한 요구사항

황산염 노출 정도	토양 내의 수용성 황산염(SO_4) 중량비(%)	물속의 황산염 (SO_4)(ppm)	(혼합)시멘트 종류	물-결합재비	최소 설계기준강도 f_{ck} (MPa)
				보통골재 콘크리트[1]	보통골재 또는 경량골재 콘크리트[1]
무시	0.0~0.1	0~150	–	–	–
보통	0.1~0.2	150~1,500	보통포틀랜드시멘트(1종)+포졸란 플라이애시시멘트(KS L 5211) 중용열포틀랜드시멘트(2종)(KS L 5201) 고로슬래그시멘트(KS L 5210)	0.5	27
심함	0.20~2.0	1,500~10,000	내황산염포틀랜드시멘트(KS L 5201)	0.45	30
매우 심함	2.0 초과	10,000초과	내황산염포틀랜드시멘트(5종) (KS L 5201)+포졸란	0.45	30

1) 동결융해 또는 매입물질의 침식에 대한 보호 또는 낮은 침투성을 위해서는 보다 낮은 물-결합재 비나 높은 강도가 요구된다.

표 4-9 부식 방지를 위한 최대 염소이온비율

부재의 종류	콘크리트 속의 최대 수용성 염소이온(Cl^-), 시멘트의 질량에 대한 백분율(%)
프리스트레스트 콘크리트	0.06
염화물에 노출된 철근콘크리트	0.15
건조상태이거나 또는 습기로부터 차단된 철근콘크리트[1]	1.00
기타 철근콘크리트	0.30

1) 외부 대기조건에 노출되지 않고 습기로부터 차단된 건조한 상태의 실내 구조체의 콘크리트

표 4-10 제빙화학제에 노출된 콘크리트 최대 혼화재 비율

결합재	결합재 전중량에 대한 백분율(%)
KS L 5405에 따르는 플라이애시 또는 기타 포졸란	25
KS F 2563에 따르는 고로슬래그 미분말	50
실리카 퓸	10
50실리카 퓸, 고로슬래그 미분말, 플라이애시, 그리고 기타 포졸란 전체	50[1]
실리카 퓸, 플라이애시, 그리고 기타 포졸란 전체	35[1]

1) 플라이애시나 기타 포졸란은 25% 이하, 실리카 퓸은 10% 이하여야 한다.

예제 4-1 **다음 그림과 같은 단순지지 단근직사각형 보의 최대 균열폭을 계산하여라.**
다만, 보의 스팬 = 8m
작용하중 $= 22\ \mathrm{kN/m}$ **(자중 포함)**
$f_{ck} = 24\,\mathrm{MPa}$
$f_y = 400\,\mathrm{MPa}$
$E_s = 2.0\times10^5\,\mathrm{MPa}$

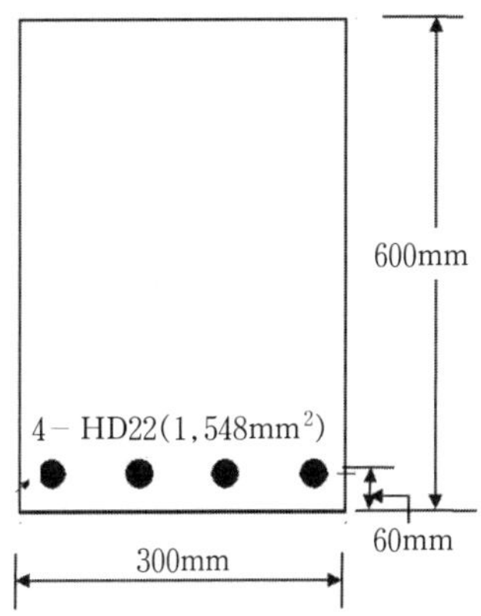

풀 이 ① 실제 철근의 응력을 사용하는 방법 :

A. 전단면2차모멘트 :

$$I_g = \frac{bh^3}{12}$$
$$= \frac{300\,\mathrm{mm}\times 600\,\mathrm{mm}^3}{12} = 5.4\times10^9\ (\mathrm{mm}^4)$$

B. 균열모멘트와 파괴계수 계산 :

$$f_r = 0.63\sqrt{24} = 3.086\,\mathrm{MPa}$$
$$M_{cr} = \frac{I_g}{y_t} f_r$$
$$= \frac{5.4\times10^9\times3.086}{300}\times10^{-6} = 55.55\ (\mathrm{kNm})$$

C 보의 최대휨모멘트 :

$$M_a = \frac{wl_n^2}{8} = \frac{22.0\times8^2}{8} = 176.0\ (\mathrm{kNm})$$

D. 콘크리트의 탄성계수와 탄성계수비 산정 :

$$E_c = 4,700\sqrt{f_{ck}} = 4,700\times\sqrt{24} = 2.30\times10^4\ (\mathrm{MPa})$$
$$n = \frac{E_s}{E_c} = \frac{2.0\times10^5}{2.30\times10^4} = 8.70 \text{이므로}$$

E. 압축연단에서 중립축까지의 거리 (c) 산정 :

$$\frac{bc^2}{2} + nA_s c - nA_s d = 0 \text{에서}$$
$$150c^2 + 8.70\times1,548c - (8.70\times1,548\times540) = 0$$
$$\therefore\ c = 179.83\ (\mathrm{mm})$$

F. 균열 단면2차모멘트 산정 :

$$I_{cr} = \frac{bc^3}{3} + nA_s(d-c)^2$$

$$= \frac{300 \times 179.83^3}{3} + 8.70 \times 1,548 \times (540 - 179.83)^2$$

$$= 2,328,598,944 \ (\text{mm}^4)$$

G. 철근의 응력 산정 :

$$f_s = \frac{M_a}{I_{cr}}(d-c)\,n$$

$$= \frac{176 \times 10^6}{2,328,598,944}(540 - 179.83) \times 8.70$$

$$= 236.83 \ (\text{MPa})$$

$$\beta_c = \frac{h-c}{d-c} = \frac{600 - 179.83}{540 - 179.83} = 1.16$$

$$A = \frac{bt}{\text{철근개수}} = \frac{b(2d_c)}{\gamma_{bc}} = \frac{300 \times (2 \times 60)}{4} = 9,000 \ (\text{mm}^2)$$

H. 최대균열폭 산정 :

$$w_{\max} = 1.08\beta_c f_s \sqrt[3]{d_c A} \times 10^{-5}$$

$$= 1.08 \times 1.16 \times 236.83 \times \sqrt{3} of 60 \times 9,000 \times 10^{-5}$$

$$0.24 \ (\text{mm}) < w_a = 0.4 \ (\text{mm}) \qquad \therefore \text{O.K.}$$

② $f_s = 0.6f_y$를 사용하는 방법으로 최대 균열폭 산정 :

$$f_s = 0.6f_y = 0.6 \times 400 = 240 \ (\text{MPa})$$

$$w_{\max} = 1.08\beta_c f_s \sqrt{3} of d_c A \times 10^{-5}$$

$$= 1.08 \times 1.16 \times 240 \times \sqrt{3} of 60 \times 9,000 \times 10^{-5}$$

$$= 0.245 \ (\text{mm}) < w_a = 0.4 \ (\text{mm}) \qquad \therefore \text{O.K.}$$

예제 4-2 **다음 그림과 같은 직사각형 단순보의 재령 6개월에서의 단기처짐과 재령 5년에서의 장기처짐을 계산하여라. 다만, 고정하중(자중 포함)** $= 4\,\text{kN/m}$, **활하중** $= 4\,\text{kN/m}$ **(50%가 지속하중으로 작용)**

보 스팬 $= 8,000\ \text{mm}$

$f_{ck} = 24\,\text{MPa}$

$f_y = 400\,\text{MPa}$

풀 이

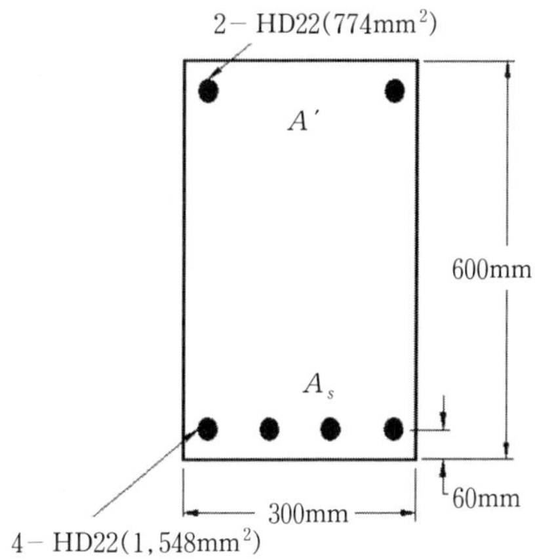

① 보의 최소두께 검토

$$h_{\min} = \left(\frac{l}{16}\right) = \left(\frac{8,000}{16}\right)$$

$$= 500\ (\text{mm}) < h = 600\ (\text{mm})$$

최소춤에 대한 기준의 제한을 만족하고 있음.

② 모멘트 계산 :

$$w_d = 4 + 0.3 \times 0.6 \times 24 = 8.32\ (\text{kN/m})$$

$$M_d = \frac{w_d l^2}{8}$$

$$= \frac{(8.32) \times (8.0)^2}{8} = 66.56\ (\text{kN}\cdot\text{m})$$

$$M_l = \frac{w_l l^2}{8}$$

$$= \frac{(4)(8.0)^2}{8} = 32\ (\text{kN}\cdot\text{m})$$

$$M_{d+l} = 66.56 + 32 = 98.56\ (\text{kN}\cdot\text{m})$$

$$M_{sus} = M_d + 0.50 M_l = 66.56 + (0.5)(32) = 82.56\ (\text{kN}\cdot\text{m})$$

③ 재료의 성질 :

A. 콘크리트의 파괴계수 산정 :

$$f_r = 0.63\sqrt{f_{ck}} = 0.63\sqrt{24} = 3.098\ (\text{MPa})$$

B. 콘크리트의 탄성계수 및 탄성계수비 산정 :

$$n = \frac{E_s}{E_c} = \frac{2.0 \times 10^5}{23,025} = 8.68$$

④ 단면2차모멘트 계산 :

$$I_g = \frac{bh^3}{12} = \frac{(300)(600)^3}{12} = 5.4 \times 10^9\ (\text{mm}^4)$$

$$B = \frac{b}{nA_s} = \frac{300}{(8.68)(154.8)} = 2.25\ (\text{mm})$$

$$r = \frac{(n-1)A_s'}{nA_s} = \frac{(8.68-1) \times 774}{8.68 \times 1,548} = 0.44$$

$$kd=[\sqrt{2dB(1+rd'/d)+(1+r)^2}-(1+r)]/B$$
$$=[\sqrt{(2)(540)(2.25)[1+(0.44)(50)/(540)]+(1+0.44)^2}-(1+0.44)]/2.25$$
$$=168.5\ (\text{mm})$$

$$I_{cr}=\frac{bk^3d^3}{3}+nA_s(d-kd)^2+(n-1)A_s'(kd-d')^2$$
$$=\frac{(300)(168.5)^3}{3}+(8.68)(1,548)(540-168.5)^2$$
$$+(8.68-1)(774)(168.5-50)^2$$
$$=2,402,831,300\ (\text{mm}^4)$$

$$\frac{I_g}{I_{cr}}=\frac{5,400,000,000}{2,402,831,300}=2.25$$

⑤ 유효 단면2차모멘트 계산 :

$$M_{cr}=\frac{f_rI_g}{y_t}$$
$$=\frac{(3.098)(5,400,000,000)}{300}=55.60\ (\text{kN}\cdot\text{m})$$

A. 고정하중만 작용할 경우 :

$$\frac{M_{cr}}{M_d}=\frac{55.60}{32}=1.74>1.0$$

따라서 $(I_e)_d=I_g=5,400,000,000\ (\text{mm}^4)$

B. 지속하중이 작용할 경우 :

$$\left(\frac{M_{cr}}{M_{sus}}\right)^3=\left(\frac{55.60}{48}\right)^3=1.55>1.0$$

따라서 $(I_e)_{sus}=I_g=5,400,000,000\ (\text{mm}^4)$

$$(I_e)_{sus}=\left(\frac{M_{cr}}{M_{sus}}\right)^3I_g+\left[1-\left(\frac{M_{cr}}{M_{sus}}\right)^3\right]I_{cr}\le I_g$$
$$=(0.988)(5,400,000,000)+(1-0.988)(2,402,864,700)$$
$$=5,364,034,400\ (\text{mm}^4)$$

C. 계수하중이 작용할 경우 :

$$\left(\frac{M_{cr}}{M_{d+l}}\right)^3=\left(\frac{55.60}{64}\right)^3=0.663<1.0$$

$$(I_e)_{d+l}=\left(\frac{M_{cr}}{M_{d+l}}\right)^3I_g+\left[1-\left(\frac{M_{cr}}{M_{d+l}}\right)^3\right]I_{cr}\le I_g$$

$$= (0.663)(5,400,000,000) + (1-0.663)(2,402,831,300)$$
$$= 4,389,954,100\ (\text{mm}^4)$$

⑥ 탄성처짐 혹은 단기처짐 산정 :

$$(\Delta_i)_d = \frac{K(5/48)M_d\, l^2}{E_c(I_e)_d}$$
$$= \frac{(1)(5/48)(32\times10^6)(8,000)^2}{(23,025)(5,400,000,000)} = 1.72\ (\text{mm})$$

$$(\Delta_i)_{sus} = \frac{K(5/48)M_{sus}\, l^2}{E_c(I_e)_{sus}}$$
$$= \frac{(1)(5/48)(48\times10^6)(8,000)^2}{(23,025)(5,400,000,000)} = 2.57\ (\text{mm})$$

$$(\Delta_i)_{d+l} = \frac{K(5/48)M_{d+l}\, l^2}{E_c(I_e)_{d+l}}$$
$$= \frac{(1)(5/48)(64\times10^6)(8,000)^2}{(23,025)(4,389,954,100)} = 4.22\ (\text{mm})$$

$$(\Delta_i)_l = (\Delta_i)_{d+l} - (\Delta_i)_d = 4.22 - 1.72 = 2.50\ (\text{mm})$$

⑦ 기준의 처짐제한 규정과 비교 :

처짐에 의해 손상될 우려가 있는 비구조 요소를 지지하는 평지붕에 대해서는

$$(\Delta_i)_l = 2.50\ (\text{mm}) < \frac{l}{180} = \frac{8,000}{180} = 44.44\ (\text{mm}) \qquad \therefore \text{O.K}$$

처짐에 의해 손상될 우려가 있는 비구조 요소를 지지하는 바닥구조에 대해서

$$(\Delta_i)_l = 2.50\ (\text{mm}) < \frac{l}{360} = \frac{8,000}{360} = 22.22\ (\text{mm}) \qquad \therefore \text{O.K}$$

⑧ 재령 6개월과 5년에서의 장기처짐 :

$\rho' = \dfrac{774}{300\times540} = 0.0048$이므로 크리프와 건조수축에 의한 처짐은 아래 표와 같다.

재령		$\lambda = \dfrac{\xi}{1+50\rho'}$	$(\Delta_i)_{sus}$ (mm)	$(\Delta_i)_l$ (mm)	$\Delta_{cp}+\Delta_{sh} = \lambda(\Delta_i)_{sus}$ (mm)	$\Delta_{cp}+\Delta_{sh}+(\Delta_i)_l$ (mm)
5년	2.0	1.613	3.2	2.09	5.16 ξ	7.25
6개월	1.2	0.967	3.2	2.09	3.09	5.18

처짐 제한 규정과 비교

처짐에 의해 손상될 염려가 있는 비구조 요소를 지지하는 바닥구조에 대해서

$$\Delta_{cp}+\Delta_{sh}+(\Delta_i)_l \leq \frac{l}{480}=\frac{8,00}{480}=16.67\ (\mathrm{mm}) \qquad \therefore \text{O.K}$$

처짐에 의해 손상될 우려가 없는 비구조 요소를 지지하는 바닥구조에 대해서

$$\Delta_{cp}+\Delta_{sh}+(\Delta_i)_l \leq \frac{l}{240}=\frac{8,000}{240}=33.33\ (\mathrm{mm}) \qquad \therefore \text{O.K}$$

예제 4-3 **다음 주어진 조건에 대하여 단순지지된 스팬** $l=9,000\,\mathrm{mm}$**의 단순 직사각형 보의 피로에 대한 안전성을 검토하라.**

고정하중에 의한 $M_d=8\times10^4\,\mathrm{kN\cdot mm}$ **활하중에 의한** $M_l=12\times10^4\,\mathrm{kN\cdot mm}$

$f_{ck}=27\ \mathrm{MPa}$, $f_y=400\ \mathrm{MPa}$, $b=300\ \mathrm{mm}$, $d=540\,\mathrm{mm}$, $A_s=2,028\ \mathrm{mm}^2$

풀 이 ① 최대, 최소 설계모멘트 계산

$$M_{\max}=8\times10^4+12\times10^4=20\times10^4\,\mathrm{kN\cdot mm}$$

$$M_{\min}=8\times10^4\,\mathrm{kN\cdot mm}$$

② 철근의 최대, 최소응력 및 응력범위 계산

$n=9,\quad \rho=2,028/(300\times540)=0.0125$

$$a=\frac{A_s f_y}{0.85 f_{ck} b}$$

$$=\frac{2,028\times400}{0.85\times27\times300}=117.8\,\mathrm{mm}$$

$$f_{s\max}=\frac{M_{\max}}{A_s(d-\frac{a}{2})}=\frac{20\times10^4}{2,028\times481.1}=204.99\,\mathrm{MPa}$$

$$f_{s\min}=\frac{M_{\min}}{A_s(d-\frac{a}{2})}=\frac{8\times10^7}{2,028\times481.1}=81.99\,\mathrm{MPa}$$

$$f_{range}=f_{s\max}-f_{s\min}=123\,\mathrm{MPa}<f_s=150\ \mathrm{MPa}$$

따라서 피로에 대한 자세한 검토를 하지 않아도 좋다.

05 보(Girder) 해석 및 설계

Chapter

5-1 개요

철근콘크리트 보의 길이방향에 수직으로 작용하는 하중은 보 부재에 휨과 처짐을 발생시키며, 이러한 연직하중을 점차적으로 증가시키면 보가 파괴 될 때까지 대표적으로 세 가지 단계를 거치게 된다고 가정해 볼 수 있다. 첫째로, 연직하중이 비교적 매우 작을 때 보에 발생하는 인장응력이 연직하중에 의해 발생하는 휨모멘트에 의해서 콘크리트에 균열을 발생시키는 휨 인장력 (휨 파괴계수, modulus of rupture) 보다 작게 되는 단계이다. 이 단계에서는 보의 전단면적이 휨에 저항하게 된다. 둘째로, 하중을 보의 휨 파괴계수 보다 더 증가시키게 되면 보 하부에서 콘크리트의 균열이 시작되는 단계이다, 이때 보 하부의 인장응력이 휨 파괴계수와 같아지게 되는 보의 휨모멘트를 보의 균열 모멘트 (cracking moment)라 한다. 마지막으로 계속해서 하중을 더 증가 시키면, 보 하부의 콘크리트 균열이 중립축 근처로 빠르게 진행되며, 따라서 중립축도 평형을 유지하기 위하여 위쪽으로 이동하게 되는 단계이다. 즉, 하중에 의한 보의 휨모멘트 값이 균열모멘트 값보다 큰 영역에서는 콘크리트 균열이 발생된다. 이러한 보의 균열이 발생한 영역에 있는 콘크리트는 명백히 인장응력에 저항할 수 없으므로 보 하부에 배근된 철근만이 인장응력을 부담하게 된다.

5-2 균열 모멘트(Cracking moment)

철근콘크리트 보에 하중으로 인한 휨모멘트가 M인 보 단면의 중립축에서 y 만큼 떨어진 곳에서의 콘크리트 응력은 전단면적에 대한 단면 2차 모멘트 (I_g)를 포함한 아래의 휨 공식을 이용하여 구한다.

$$f = \frac{My}{I_g} \tag{5-1}$$

콘크리트 기준에 의하면, 콘크리트 보의 균열모멘트 (M_{cr})는 콘크리트의 휨 파괴계수 (f_r)와 보의 도심 (centroid)에서 인장 측 최대 거리 (y_t)의 값으로 계산되어 진다고 기술하였다. 여기서 콘크리트의 휨 파괴계수 값은 $f_r = 0.62\sqrt{f_c}$(MPa)이라 가정한다. 따라서 보의 균열 모멘트 값은 아래의 식으로 표현된다.

$$M_{cr} = \frac{f_r I_g}{y_t} \tag{5-2}$$

예제 5-1 **단근 철근콘크리트보의 폭과 높이가 각각 300×450mm인 단면에 휨모멘트 500 kNm가 작용할 때 보의 균열 모멘트 값을 구하시오. 단, $f_{ck} = 24$ MPa**

풀 이 보에 대한 콘크리트의 휨 파괴계수값과 단면 2차 모멘트값을 계산하면

$$f_r = 0.62\sqrt{f_{ck}} = 3.04 \text{ MPa}$$

$$I_g = \frac{300 \times 450^3}{12} = 2,278,125,000\text{mm}^4$$

보 단면의 최대 인장측에서의 콘크리트의 응력은

$$f = \frac{My}{I_g} = \frac{50,000,000 \times 225}{2,278,125,000}$$

$$= 4.94\text{N/mm}^2 = 4.94 \text{ MPa}$$

따라서 휨모멘트에 의해서 생기는 인장응력이 휨파괴계수보다 크므로 이 보 단면의 하부콘크리트에서 균열이 발생된다.

따라서 이 보의 콘크리트에 대한 균열 모멘트는

$$M_{cr} = \frac{f_r I_g}{y_t} = \frac{3.04 \times 2,278,125,000}{225} = 307.8 \text{ kNm}$$

예제 5-2 **다음과 같은 철근콘크리트 단면에서의 균열모멘트를 계산하여라. 단, $f_{ck} = 30$ MPa**

풀 이 $f_r = 0.62\sqrt{30} = 3.45$ MPa

$$I_g = \frac{1}{12} \times 150 \times 240^3 = 172.8 \times 10^6 \text{ mm}^4$$

$$y_t = 120 \text{ mm}$$

$$\therefore M_{cr} = \frac{3.45 \times 172.8 \times 10^6}{120} = 4.968 \text{ kNm}$$

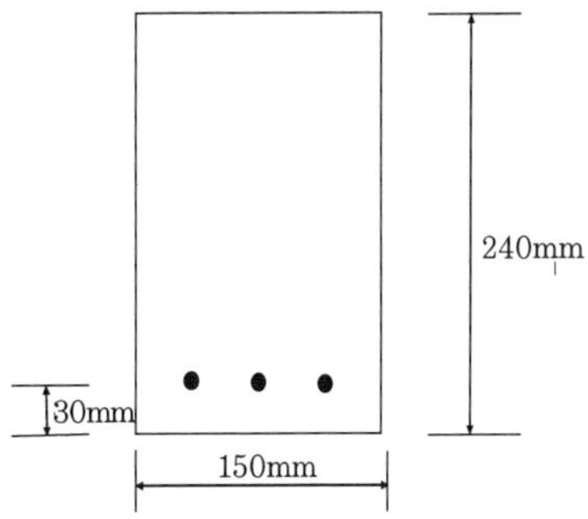

예제 5-3 **다음과 같은 보의 단면에 균열이 일어날지 아닐지를 판별하시오.**
단, $f_{ck} = 30$ MPa, $M = 47$ kNm

풀 이

$$f_r = 0.62\sqrt{f_{ck}}$$

$$= 0.62\sqrt{30} = 3.45 \text{ MPa}$$

다음 조건에 의해서 균열의 발생 여부를 확인하면,

즉 $f_t \geq f_r$: 균열발생 혹은 $M_{cr} \leq M$: 균열발생

$f_t < f_r$: 무균열 $M_{cr} > M$: 무균열

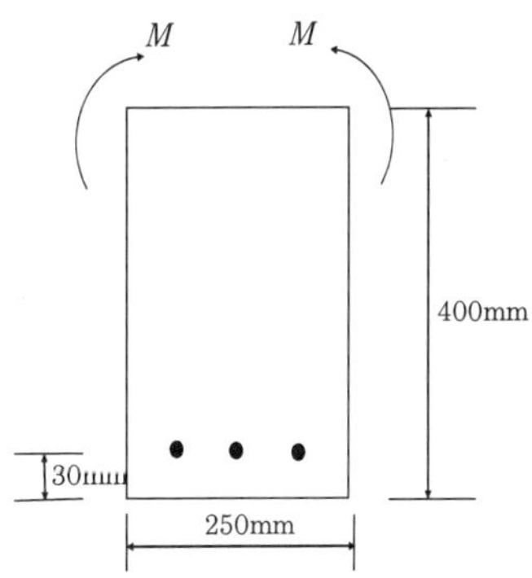

$$I_g = \frac{1}{12} \times 250 \times 400^3 = 1.33 \times 10^9 \text{ mm}^4$$

$$\therefore f_t = \frac{M \cdot y_t}{I_g} = \frac{47 \times 10^6 \times 200}{1.33 \times 10^9}$$

$$= 7.06 \text{ MPa} > f_r : \text{균열발생}$$

또는

$$M_{cr} = \frac{f_r \cdot I_g}{y_t} = \frac{3.45 \times 1.33 \times 10^9}{200} = 22.94 \text{ kNm}$$

$$\therefore M_{cr} < M : \text{균열발생}$$

5-3 보의 휨 응력(Bending stresses)

철근콘크리트 보에 비교적 작은 하중이 작용하면 보의 인장 측 콘크리트에 생기는 인장응력은 휨 파괴응력(Modulus of rupture, f_r)보다 작아서 인장 측 콘크리트에 균열이 발생하지 않으며, 보의 전단면이 휨에 저항하게 된다. 또한 철근콘크리트 보에서 콘크리트와 철근은 완

전하게 결합되어 있다고 가정하며, 중립축에서 같은 거리에 있는 철근의 변형률과 콘크리트의 변형률은 같아지게 된다. 하지만 이들 재료의 탄성계수가 서로 다르므로 같은 지점에서 각 재료가 받는 응력은 서로 같지 않게 된다. 즉 이들의 응력은 이들 재료의 탄성계수의 비에 비례하게 된다. 콘크리트 탄성계수에 대한 철근 탄성계수의 비를 탄성계수비(Modular ratio) n이라 하면, 이 값은 아래 식 (5-3)과 같다.

$$n = \frac{E_s}{E_c} \tag{5-3}$$

즉 특정한 철근콘크리트 보에서 이 탄성계수비가 10 이라면, 중립축에서 같은 거리에 있는 철근이 받는 응력(Stress)은 콘크리트가 받는 응력의 10배가 된다는 것이며, 철근 단면적 1.0mm^2가 받을 수 있는 힘은 콘크리트 10mm^2가 받는 힘과 같다는 것을 의미한다. 보의 휨 해석에서 철근의 단면적을 같은 값(등가)의 가상의 콘크리트(Fictitious concrete, nA_s) 단면적으로 변환하여 철근콘크리트 보의 응력 및 저항모멘트를 구하는데 사용한다. 이러한 변환된 면적을 변환면적(Transformed area)이라고 하며, 인장에 저항한다고 가정한다. 그림 5-1에 변환단면적을 나타내었다. 위에서 나타낸 변환 단면적을 이용하여 철근콘크리트 보 단면에 생기는 응력 및 저항모멘트를 구하는 방법을 제시한다.

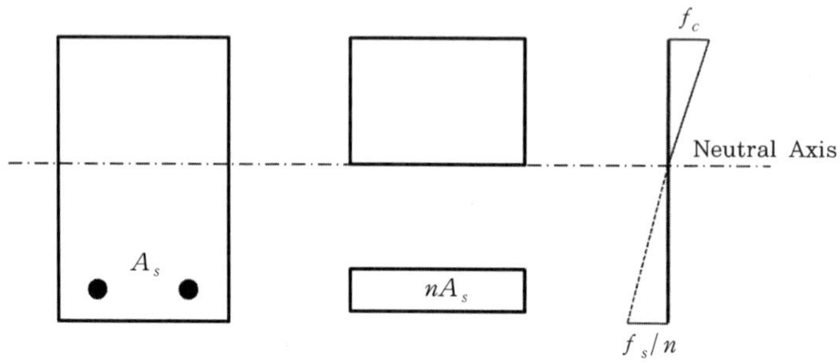

그림 5-1 철근콘크리트 보의 변환 단면적

첫 번째로 철근콘크리트 보 단면에서 중립축의 위치를 구하고자 압축연단에서부터 x만큼 거리에 중립축이 위치한다고 가정하에 중립축에 대한 압축면적 모멘트는 중립축에 대한 인장면적 모멘트와 같다고 하고 2차방정식을 풀면 x값을 구할 수 있다. 중립축 거리를 구한 후, 변환면적에 대한 단면2차모멘트를 구하고, 휨공식을 이용하여 보의 응력을 구한다.

예제 5-4 **아래 그림과 같은 단근 철근콘크리트 보에 휨모멘트** $700\,\mathrm{kNm}$**가 작용할 때 보 단면에 생기는 휨 응력을 구하시오. 단** $n=10$

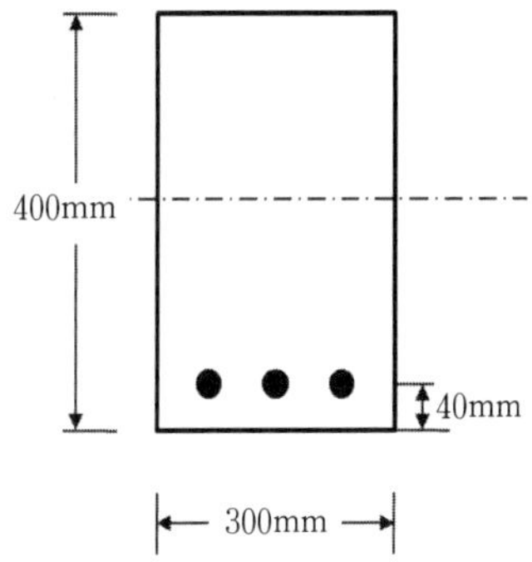

풀 이

① 중립축에 대한 각각의 모멘트가 같다고 하면,

$$(300\times x)(\frac{x}{2})$$

$$=(10)(881)(360-x)3-\mathrm{D}19$$

$$150x^2+8,810x-3,171,600=0$$

2차 방정식을 풀면,

$$x=119\ \mathrm{mm}$$

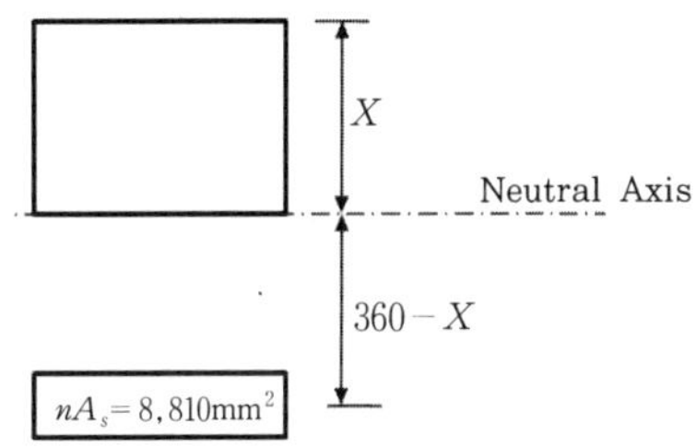

② 단면2차모멘트 값은,

$$I=\frac{(300\times119^3)}{12}$$

$$+(300\times119\times(\frac{119}{2})^2+(8,810\times241^2)$$

$$=680,209,510\mathrm{mm}^4$$

③ 압축 측 콘크리트가 받는 압축응력, f_c

$$f_c=\frac{My}{I}=\frac{(700\times10^6\times119)}{680,209,510}=122.5\ \mathrm{MPa}$$

④ 인장 측 철근이 받는 인장응력, f_s

$$f_s=n\frac{My}{I}=(10)\frac{(700\times10^6\times241)}{680,209,510}=2,480.12\ \mathrm{MPa}$$

예제 5-5 **아래 그림과 같은 복근 철근콘크리트 보에 휨모멘트** $2,000\,\mathrm{kNm}$**가 작용할 때 보 단면에 생기는 휨 응력을 구하시오. 단** $n=10$

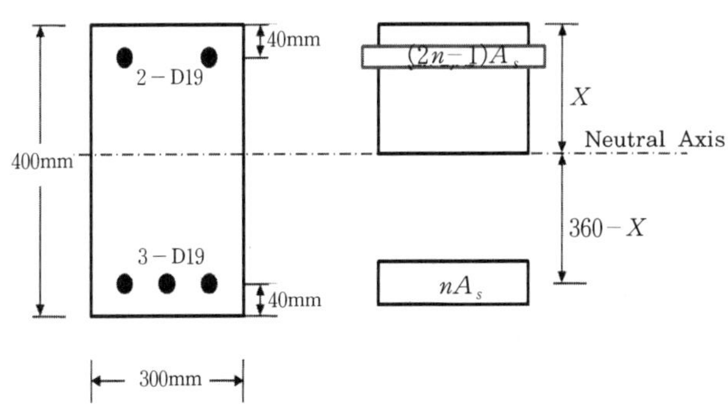

풀 이 중립축에 대한 각각의 모멘트가 같다고 하면,

$$(300\times x)(\frac{x}{2})+(20-1)(574)(x-40)=(10)(881)(360-x)$$

$$150x^2+19,716x-3,607,840=0$$

2차방정식을 풀면

$$x=103\text{ mm}$$

단면2차모멘트 값은

$$I=\frac{(300\times 103^3)}{12}+(300\times 103\times(\frac{103}{2})^2+(10,906\times 63^2)+(10)(8,810)(257^2)$$

$$=5,971,47\,5,514\text{ mm}^4$$

따라서 압축 측 콘크리트가 받는 압축응력, f_c

$$f_c=\frac{My}{I}=\frac{(2,000\times 10^6\times 139)}{5,971,475,514}=34.5\text{ MPa}$$

압축 측 철근이 받는 압축응력, f_s'

$$f_s'=2n\frac{My}{I}=(20)\frac{(2,000\times 10^6\times 63)}{5,971,475,514}=422.0\text{ MPa}$$

인장 측 철근이 받는 인장응력, f_s

$$f_s=n\frac{My}{I}=(10)\frac{(2,000\times 10^6\times 257)}{5,971,475,514}=860.8\text{ MPa}$$

5-4 단근 직사각형 보 설계

5-4-1 개요

직사각형 단면을 가지는 휨재의 설계에서는 강도감소 효과를 고려한 부재의 휨에 대한 저항성능이 재하하중 효과를 고려하여 설계된 부재의 최대 모멘트보다 같거나 커야 한다. 즉

$$\Phi M_n \geq M_u \tag{5-4}$$

식 (5−4)에서 M_u는 하중계수를 적용한 하중에 의한 모멘트, 즉 소요 극한모멘트를 나타낸 것이고, M_n은 규정된 재료강도에서 주어진 단면에 대하여 설계된 공칭휨모멘트(Nominal bending moment) 이고, Φ는 재료강도나 단면의 변화 또는 강도설계의 부정확성 등에 의한 강도감소를 고려한 강도감소계수로서, ΦM_n은 설계모멘트(Design moment) 또는 휨에 대한

설계강도(Design strength)이다. 휨에 대하여 강도감소계수는 $\Phi = 0.90$이다. 보와 같은 휨재의 설계에서는 처짐이나 균열 등 사용성에 관련된 요구조건도 동시에 만족되어야 한다.

(1) 보 이론의 기본가정

철근콘크리트의 보(휨)이론은 다음과 같은 세 가지 가정에 근거를 두고 있다.

① 변형 전에 중립축에 수직한 평면은 변형 후에도 평면이다.

② 철근에 생기는 변형률은 같은 위치의 콘크리트에 생기는 변형률과 같다.

③ 콘크리트와 철근의 응력은 콘크리트와 철근의 응력-변형률 곡선을 이용하여 변형률로부터 계산할 수 있다.

(2) 보 이론의 추가가정

철근콘크리트의 보(휨)이론에서 세 가지 가정은 철근콘크리트 부재의 휨에 의한 거동과 강도를 계산하는 데 충분하지만 휨설계를 위하여 설계이론 및 계산의 편의상 다음과 같은 가정들이 추가로 도입되고 있다.

① 철근콘크리트 부재의 휨강도계산에서 콘크리트의 인장강도는 무시한다.

② 콘크리트는 압축변형률이 특정한계값에 이르렀을 때 파괴된다.

③ 콘크리드의 압축 응력 변형률 관계는 시험결과에 따라 장방형, 사다리꼴 또는 포물선형 등으로 가정할 수 있다.

5-4-2 보의 응력도(Stress diagram)

직사각형 단면을 가지는 보가 휨모멘트를 받을 때 압축측 콘크리트 응력이 $0.5f_{ck}$ 이상이 되면 단면에 발생하는 응력의 변화는 더 이상 선형적이지 않고 그림 5-2(c)와 같이 비선형적으로 변하게 된다.

이러한 비선형 압축응력도는 그림 5-2(d)와 같이 평균응력 $0.85f_{ck}$를 가지는 직사각형 응력도로 나타낸다.

이러한 직사각형 응력도의 깊이 a는 등가압축응력 깊이라 하고, 압축측 연단에서의 중립축까지 거리에 콘크리트 압축강도에 따른 일정한 값을 곱하여 얻어지며, $a = \beta_1 c$로 나타낸다. 여기서 β_1의 값은 아래 식에서 얻어진다.

$$f_{ck} \le 28\,\text{MPa}일\ 때\quad \beta_1 = 0.85$$

$$f_{ck} > 28\,\text{MPa}일\ 때\quad \beta_1 = 0.85 - 0.007(f_{ck} - 28) \ge 0.65 \tag{5-5}$$

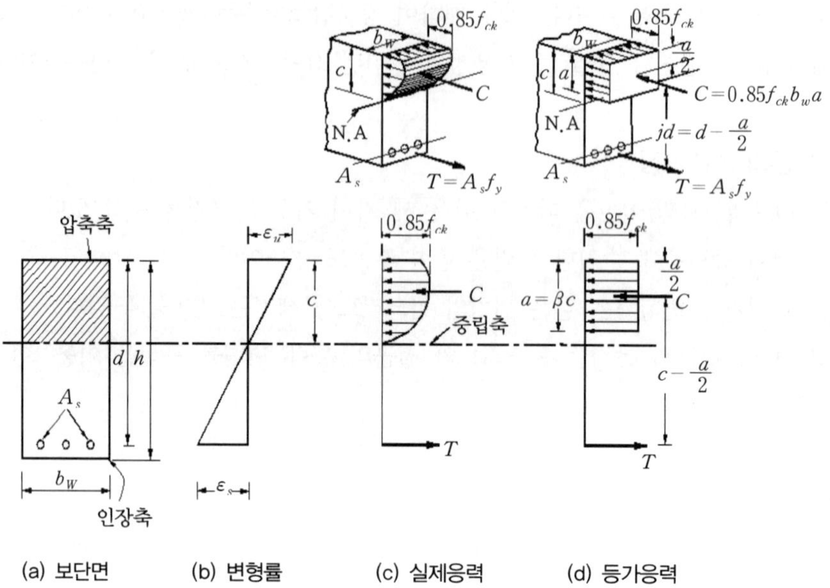

그림 5-2 실제 응력과 등가응력

5-4-3 단근 직사각형 보의 공칭 휨강도(Nominal strength)

단근 직사각형보의 공칭 휨모멘트 (M_n)를 구하기 위하여 보의 압축콘크리트가 파괴(crushed)되기 전에 인장철근의 응력이 항복응력에 먼저 도달한다고 가정한다. 따라서 그림 5-3의 단근 직사각형 보에서 압축력 C와 인장력 T가 같다고 하고, 등가 압축응력깊이 a에 대하여 풀면,

$$0.85f_{ck}ba = A_sf_y \tag{5-6}$$

등가 압축응력깊이 a는

$$a = \frac{A_sf_y}{0.85f_{ck}b} = \frac{\rho f_y d}{0.85f_{ck}} \tag{5-7}$$

여기서, $\rho = \dfrac{A_s}{bd}$

따라서 공칭 휨모멘트는 압축력 (C)와 인장력 (T)에 의한 우력 모멘트와 같으며, 아래식과 같이 표현될 수 있다.

$$\begin{aligned} M &= (T)(d - \frac{a}{2}) = A_sf_y(d - \frac{a}{2}) \\ &= A_sf_y(d - 0.59\frac{A_sf_y}{f_{ck}b}) \end{aligned} \tag{5-8}$$

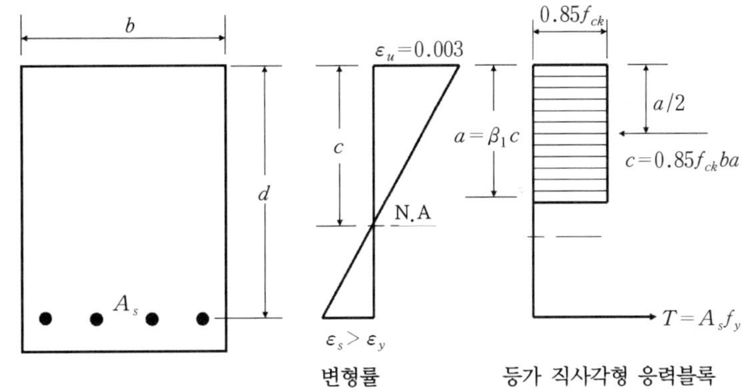

그림 5-3 단근 직사각형보의 응력분포

5-4-4 단근 직사각형 보의 균형철근비(Balanced reinforcement ratio)

직사각형 단면에서 인장철근의 변형률이 항복값에 도달하고, 동시에 압축연단 콘크리트의 최대 변형률이 0.003에 도달하는 균형 철근보(balanced beam)를 고려하면 그림 5-4와 같은 변형률과 응력도를 가진다.

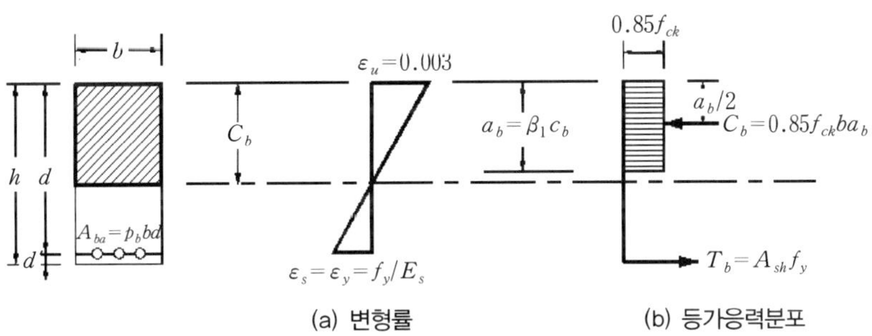

그림 5-4 휨재의 평형변형률 상태

그림 5-4(a)에서 변형률 적합성 조건을 이용하여 중립축 거리 c_b를 계산하면

$$\frac{c_b}{d}=\frac{\varepsilon_u}{\varepsilon_u+\varepsilon_y}$$

$$=\frac{0.003}{0.003+f_y/E_s}=\frac{0.003}{0.003+f_y/200,000}=\frac{600}{600+f_y} \quad (5\text{-}9)$$

$$\therefore\ c_b=\left(\frac{600}{600+f_y}\right)d \quad (5\text{-}10)$$

여기서 철근의 항복강도 단위는 MPa이다. 보 단면의 힘의 평형조건식에서

$$C = T$$

$$0.85 f_{ck} b\, a = A_{sb} f_y$$

$$a = \frac{A_{sb} f_y}{0.85 f_{ck} b}$$, 여기서 $\rho_b = \frac{A_{sb}}{bd}$ 라 두면

$$a = \frac{\rho_b f_y d}{0.85 f_{ck}}$$ 가 되고

$$\therefore c_b = \frac{a}{\beta_1} = \frac{\rho_b f_y d}{0.85 f_{ck} \beta_1} \tag{5-11}$$

따라서 식 (5-11)에 식 (5-10)을 대입하면 균형철근비는 아래 식으로 나타낼 수 있다.

$$\rho_b = (0.85)(\beta_1)\left(\frac{f_{ck}}{f_y}\right) \times \left(\frac{600}{600 + f_y}\right) \tag{5-12}$$

5-4-5 보의 최대철근비(Maximum reinforcement ratio)

만일 실제 배근된 인장철근량 A_s가 균형상태의 철근량 A_{sb} 보다 많다면 압축응력블록의 깊이 a는 증가한다.(즉 중립축거리 c는 균형중립축거리 c_b 보다 커지며 아래쪽으로 내려온다. 그림 5-5 참조) 따라서 압축연단의 콘크리트 변형률이 압축파괴 변형률 $\varepsilon_u = 0.003$에 도달할 때 인장철근의 변형률 ε_s는 항복변형률 ε_y에 아직 도달하지 않을 것이다. 다시 말해서 이러한 휨재는 부과하중이 적재되었을 때 외형상 처짐도 거의 없이 파괴가 임박했음을 나타내는 아무런 조짐도 없이 갑작스런 압축 콘크리트의 파괴로 이어진다.(취성파괴 형태) 이와는 반대로 인장철근량의 A_s가 균형상태의 철근량 A_{sb} 보다 적으면 압축응력블록깊이 a는 감소한다.(즉 중립축거리 c는 균형중립축거리 c_b 보다 작아지며 위쪽으로 이동한다. 그림 5-5 참조)

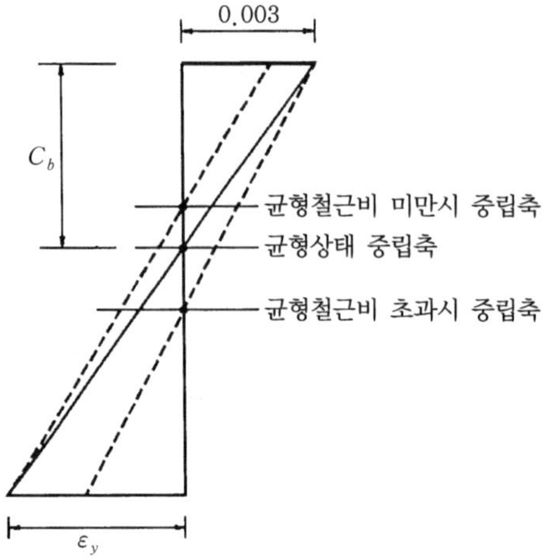

그림 5-5 철근비에 따른 중립축 위치 변화

따라서 압축연단의 콘크리트 변형률 ε_c가 $\varepsilon_u = 0.003$에 도달하기 전에 인장철근의 변형률 ε_s는 항복변형률 ε_y를 훨씬 초과하여 변형할 것이다.

즉 하중이 초과되었을 때 갑작스런 압축콘크리트의 파괴가 일어나기 전에 인장철근이 먼저 항복함으로써 현저한 처짐이 발생하여 사전에 충분한 경고를 주게 된다.(연성파괴 형태)

따라서 커다란 문제가 발생되기 전에 대처할 수 있는 충분한 시간적 여유를 주는 연성파괴(Ductile failure)가 취성파괴(Brittle failure)보다 바람직하다고 할 수 있다.

그러므로 강도설계법 규준에서는 이와 같은 연성파괴형태를 보장하기 위해 보의 인장철근의 최대철근비를 균형철근비의 75%를 넘지 못하도록 다음과 같이 규정하고 있다.

$$\rho_{max} = 0.75\rho_b = 0.75\left(0.85\beta_1 \frac{f_{ck}}{f_y} \times \frac{600}{600 + f_y}\right) \tag{5-13}$$

5-4-6 최소철근비(Minimum reinforcement ratio)

앞에서 언급한 것처럼 파괴형태로써 연성파괴형태가 바람직하기 때문에 철근콘크리트 휨재의 모멘트가 무근 콘크리트 휨재의 모멘트 이상이 되도록 최소철근의 양을 규정할 필요가 있다. 따라서 다음과 같은 관계식이 성립된다.

[철근콘크리드 보의 휨강도, M_n] ≥ [무근 콘크리트 보의 휨강도, M_{cr}]

여기서, 무근 콘크리트 보의 휨 균열모멘트 M_{cr}은 균열모멘트로써 인장연단의 콘크리트가 휨파괴강도 f_r에 도달할 때 얻어지는 강도이다.

따라서

$$M_{cr} - f_r \times \frac{I_g}{y_t}$$

여기서, I_g = 단면2차모멘트

y_t = 중립축에서 인장연단까지의 거리

따라서 폭이 b이고 높이가 h인 직사각형 단면에서

$$M_{cr} = 0.62\sqrt{f_{ck}}\frac{bh^3/12}{h/2} = \frac{0.62\sqrt{f_{ck}}\,bh^2}{6}$$

단근 직사각형 보의 휨강도에서

$$M_n = A_s f_y(d - a/2)$$

$$A_s f_y(d-a/2) \geq \frac{\sqrt{f_{ck}}bh^2}{3}$$

$$\rho bdf_y(d-a/2) \geq \frac{0.63\sqrt{f_{ck}}bh^2}{6}$$

$$\rho \geq \frac{0.63\sqrt{f_{ck}}h^2}{6df_y(d-a/2)}$$

위의 식에서 d와 a의 값을 h에 관한 식으로 적절히 가정하여 콘크리트 강도값에 따른 최소철근비 $\rho_{\min}$을 구할 수 있으며, 규준에서는 이렇게 구한 값보다 다소 안전측의 값으로 다음 두 식에 의해 계산된 값 중 큰 값 이상으로 규정하고 있다.

$$\rho_{\min} \geq \frac{1.4}{f_y} \tag{5-14}$$

$$\rho_{\min} \geq \frac{0.25\sqrt{f_{ck}}}{f_y} \tag{5-15}$$

5-4-7 단근직사각형 보의 설계

일반적으로 보의 설계에는 보의 자중, 단면의 비율, 철근의 크기 및 간격, 피복두께, 처짐 및 균열에 대한 종합적 상황을 고려하여 설계하는 것이 바람직하다.

그림 5-6의 단근 직사각형 보의 변형률 및 응력분포에서 인장철근만 배근된 직사각형 보의 경우 힘의 평형조건식은 다음과 같다.

$$C(\text{콘크리트 압축력}) = T(\text{철근인장력}) \tag{5-16}$$

따라서 공칭휨강도,

$$M_n = (T) \times (d - \frac{a}{2}) \tag{5-17}$$

이고, 인장철근비 ($\rho = A_s/bd$)가 최소 인장철근비와 최대 인장철근비 사이의 값을 가지며 콘크리트의 인장강도는 무시되므로 식 (5-16)은 다음 식과 같다.

$$0.85f_{ck}ba = A_s f_y = \rho bdf_y \tag{5-18}$$

$$a = \beta_1 c = \frac{A_s f_y}{0.85f_{ck}b} \tag{5-19}$$

여기서, a : 등가장방형 응력블록의 춤

c : 압축연단에서 중립축까지의 거리

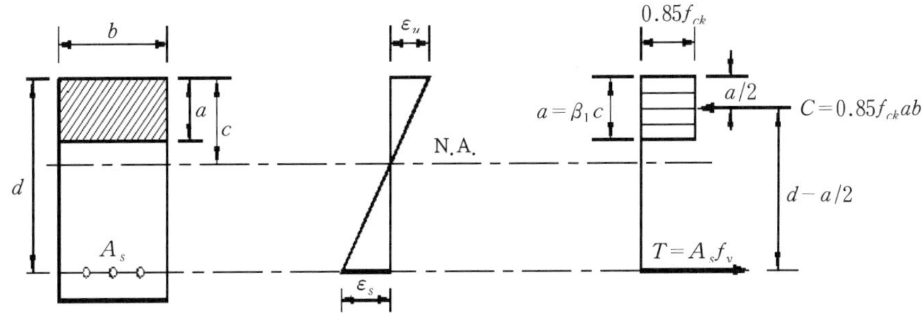

(a) 보 단면 (b) 변형률 (c) 등가응력

그림 5-6 단근 장방형 보의 변형률 및 등가응력

따라서 식 (5-17)은

$$M_n = \rho b d^2 f_y \left(1 - \frac{\rho f_y}{1.7 f_{ck}}\right) \qquad (5\text{-}20)$$

이고, 계수모멘트 M_u식은 다음과 같다.

$$M_u = \Phi M_n = \Phi \rho b d^2 f_y \left(1 - \frac{\rho}{1.7} \times \frac{f_y}{f_{ck}}\right) \; (\Phi = 0.9) \qquad (5\text{-}21)$$

위의 식 (5-20) 또는 식 (5-21)의 양변을 bd^2으로 나눈 값을 공칭강도 저항계수 R_n이라 하며, 다음 식과 같이 주어진다.

$$R_n = \frac{M_n}{bd^2} = \frac{M_u}{\Phi bd^2} = \rho f_y \left(1 - \frac{\rho f_y}{1.7 f_c'}\right) \qquad (5\text{-}22)$$

만일 b와 d가 주어졌다면 식 (5-22)에서 단근 장방형 보의 인장철근비 ρ를 구하는 식은 다음과 같다.

$$\rho = \frac{0.85 f_{ck}}{f_y}\left(1 - \sqrt{1 - \frac{2R_n}{0.85 f_{ck}}}\right) \qquad (5\text{-}23)$$

앞에서 설명한 이론적인 배경을 근거로 단근 직사각형 보의 설계과정을 요약하면 다음과 같다.

(1) 적절한 인장철근비 ρ를 가정한다. 단, $\rho_{\min} < \rho < \rho_{\max}$

또는 $\frac{1.4}{f_y} < \rho < 0.75\rho_b$ ($f_{ck} < 30\,\text{MPa}$ 인 경우)

$\frac{0.25\sqrt{f_{ck}}}{f_{ck}} < \rho < 0.75\rho_b$($f_{ck} \geq 30$ MPa인 경우)를 만족해야 한다.

(2) 식 (5-22)로부터, $bd^2 = \frac{M_n}{R_n} = \frac{M_u}{\phi R_n}$

단, M_u=계수하중에 의한 모멘트

$$R_n = \rho f_y(1 - 0.5\frac{\rho f_y}{0.85 f_y'}),\quad \Phi = 0.9$$

(3) 위에서 구한 bd^2 값에 가깝게 b와 d를 적절히 산정한다.

(4) 철근비 ρ 값을 수정한다.

(5) 필요 철근량 A_s를 산정한다.

즉 A_s=(수정된 ρ) ×(bd)

예제 5-6 **다음 그림과 같은 단근 직사각형 보의 설계 휨모멘트를 구하여라. 다만, $f_{ck} = 24$ MPa, $f_y = 400$ MPa이다.**

풀 이 ① 최소 및 최대철근비 계산

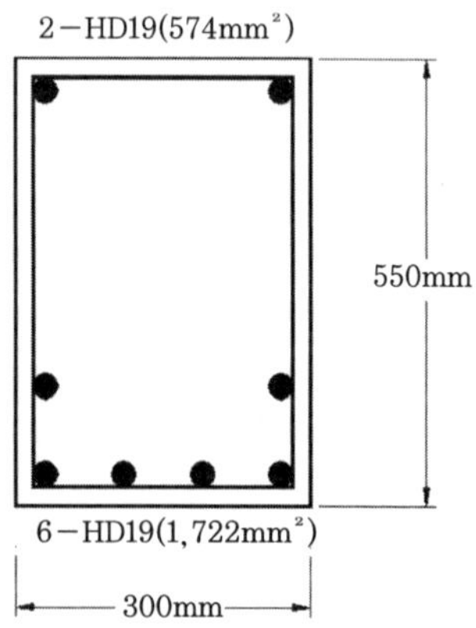

$d = 550 - (40 + 10 + 19/2)$

$= 490.5 \rightarrow 500$ (mm)

$\rho = A_s / bd = 1,722 / (300 \times 500)$

$= 0.0115$

$$\rho_b = 0.85\beta_1 \frac{f_{ck}}{f_y} \times \frac{600}{600 + f_y}$$

$$= 0.85 \times 0.85 \times \frac{24}{400} \times \frac{600}{600 + 400}$$

$= 0.0260$

$\rho_{max} = 0.75\rho_b = 0.75 \times 0.0260 = 0.0195$

$\rho_{min} = \frac{14}{f_y} = \frac{1.4}{400} = 0.0035$

따라서 $\rho_{min} < \rho < \rho_{max}$를 만족한다.

$T = A_s f_y = 1,722 \times 400 \times 10^{-3} = 688.8$ (kN)

$$a = \frac{T}{0.85 f_{ck} b} = \frac{688,800}{0.85 \times 24 \times 300} = 112.55 \text{ mm}$$

따라서 설계 휨모멘트는

$$\Phi M_n = \Phi T (d - a/2)$$
$$= 0.9 \times 688.8 \times (500 - 112.55/2)/1,000$$
$$= 275.1 \text{ (kNm)}$$

예제 5-7 **단근직사각형보가 계수하중에 의한 극한모멘트 $M_u = 300$ kNm를 받을 때 필요 철근량을 구하여라. 다만, $bd = 300$ (mm) × 500 (mm)이고, $f_{ck} = 21$ MPa, $f_y = 400$ MPa이다.**

풀 이

$$R_n = \frac{M_u}{\Phi b d^2} = \frac{300 \times 10^6}{0.9 \times 300 \times 500^2} = 4.44 \text{ (MPa)}$$

$$\rho = \frac{0.85 f_{ck}}{f_y}\left[1 - \sqrt{1 - \frac{2R_n}{0.85 f_{ck}}}\right]$$
$$= \frac{0.85 \times 21}{400} \times \left[1 - \sqrt{1 - \frac{2 \times 4.44}{0.85 \times 21}}\right]$$
$$= 0.013$$

$$\rho_{\min} = \frac{1.4}{f_y} = \frac{1.4}{400} = 0.0035$$

$$\rho_{\max} = 0.75 \rho_b = 0.75 \times 0.85 \beta_1 \frac{f_{ck}}{f_y} \times \frac{600}{600 + f_y}$$
$$= 0.75 \times 0.85 \times 0.85 \times \frac{21}{400} \times \frac{600}{600 + 400}$$
$$= 0.0171$$

그러므로 $\rho_{\min} < \rho < \rho_{\max}$를 만족한다.

$\therefore A_s = \rho b d = 0.013 \times 300 \times 500 = 1,950 \text{ (mm}^2\text{)}$

$\therefore 6 - D22 (2,322 \text{ mm}^2)$

예제 5-8 **소요극한 모멘트 $M_u = 500$ kNm(장기)일 때 단근 직사각형 보의 단면을 설계하라. 다만, $f_{ck} = 21$ MPa, $f_y = 300$ MPa이다.**

풀 이

① $\rho_{\max}$와 $\rho_{\min}$의 범위 안에서 적절히 인장 철근비 ρ를 선택한다.

② 최대철근비 및 최소철근비 계산

$$\rho_b = 0.85\beta_1 \frac{f_{ck}}{f_y} \times \frac{600}{600+f_y}$$

$$= 0.85 \times 0.85 \times \frac{21}{300} \times \frac{600}{600+300}$$

$$= 0.0337$$

따라서 최대 철근비 값은, $\rho_{\max} = 0.75\rho_b = 0.0253$

최소 철근비 값은, $\rho_{\min} = \frac{1.4}{f_y} = \frac{1.4}{300} = 0.0047$

③ b와 d 설계 :

여기서는 $\rho \fallingdotseq \rho_b/2$ 정도로 선택하면,

$$\rho = \frac{0.0337}{2} \fallingdotseq 0.017$$

앞의 식에서,

$$R_n = \rho f_y\left[1-\frac{\rho f_y}{1.7f_{ck}}\right]$$

$$= 0.017 \times 300 \times \left[1-\frac{0.017\times 300}{1.7\times 21}\right]$$

$$= 4.371\ (\mathrm{MPa})$$

$$bd^2 = \frac{M_u}{\phi R_n} = \frac{500\times 10^6}{0.9\times 4.371} = 1.27\times 10^8\ (\mathrm{mm}^3)$$

$b = 300\ (\mathrm{mm})$라 하면

$d = \sqrt{\frac{127,100,333}{300}} = 650.64\ (\mathrm{mm})$이므로 $d = 660\ (\mathrm{mm})$

④ 철근량 A_s

$$R_n = \frac{500\times 10^6}{0.9\times 300\times 660^2} = 4.25\ (\mathrm{MPa})$$

$$\rho = \frac{0.85f_{ck}}{f_y}\left(1-\sqrt{1-\frac{2R_n}{0.85f_{ck}}}\right)$$

$$= \frac{0.85\times 21}{300} \times \left(1-\sqrt{1-\frac{2\times 4.251}{0.85\times 21}}\right)$$

$= 0.01644$ ($\rho_{\min} < \rho < \rho_{\max}$ 만족함)

$A_s = \rho bd = 0.01644 \times 300 \times 660 = 3,255\ (\mathrm{mm}^2)$

$\therefore$ HD25 − 7 (3,549 mm^2)

⑤ 설계휨강도 검토

$$T = A_s f_y = 3,549 \times 300 \times 10^{-3} = 1064.7\ (\text{kN})$$

$$a = \frac{T}{0.85 f_{ck} b} = \frac{1064.70 \times 10^3}{0.85 \times 21 \times 300} = 198.80\ (\text{mm})$$

$$M_n = T(d - a/2)$$

$$= 1064.7 \times (660 - 198.8/2)/1,000$$

$$= 596.9\ (\text{kNm})$$

$$\Phi M_n = 0.9 \times 596.9 = 537.2\ (\text{kNm}) > 500\ (\text{kNm}) \quad \therefore \text{O.K}$$

예제 5-9 **고정하중에 의한 모멘트** 150 kN · m, **활하중에 의한 모멘트** 100 kNm**가 스팬** 8,000 mm**인 단순보에 가해지고 있을 때, 이 보의 단면을 설계하여라.**
단, $f_{ck} = 21$ MPa, $f_y = 400$ MPa**이다.**

풀 이 ① 계수 모멘트 (M_u)를 구하면,

$$M_u = 1.4 \times 150 + 1.7 \times 100 = 380\ (\text{kN.m})$$

$$R_n = \rho f_y \left[1 - 0.59 \frac{\rho f_y}{f_{ck}}\right]$$

$$= 0.0086 \times 400 \times \left(1 - 0.59 \times 0.0086 \times \frac{400}{21}\right)$$

$$= 3.11\ (\text{MPa})$$

② 철근비 ρ가정 : 보의 철근비 ρ는 최대철근비 ρ_b의 1/2로 가정한다.

우선 보의 균형철근비 값을 계산하면,

$$\rho_b = 0.75\ (0.85)\left(\frac{21}{400}\right) \times \left(\frac{600}{600 + 400}\right)$$

$$= 0.0228$$

$$\rho_{min} = \frac{1.4}{f_y} = \frac{1.4}{400} = 0.0035$$

$$\rho_{max} = 0.75\,\overline{\rho_b}$$

$$= 0.75 \times 0.0228 = 0.0171$$

$$\rho = \frac{1}{2} \times 0.0171 = 0.0086$$

$$\rho_{min} = 0.0035 < \rho = 0.0086 < \rho_{max} = 0.0171 \quad \therefore \text{O.K}$$

③ b와 d 산정 :

$$bd^2 = \frac{M_u}{\Phi R_n} = \frac{380,000,000}{0.9\times3.11} = 135,762,772\,(\text{mm}^3)$$

따라서 $b=300$ (mm)로 가정하면,

$$d = \sqrt{\frac{M_u}{\phi b R_n}} = \sqrt{\frac{380,000,000}{0.9\times300\times3.976}} = 672.0\ (\text{mm}) \rightarrow 700\ (\text{mm})$$

이 깊이는 과다 처짐 방지를 위한 최소깊이 $\frac{l}{16} = \frac{8,000}{16} = 500$ (mm) 보다 크므로 처짐량 설계는 하지 않아도 좋다.

④ 철근비 ρ값의 수정 :

$$R_n = \frac{M_u}{\phi b d^2} = \frac{380\times10^6}{0.9\times300\times700^2} = 2.87\ (\text{MPa})$$

$$\rho = \frac{0.85 f_{ck}}{f_y}\left[1-\sqrt{1-\frac{2R_n}{0.85 f_{ck}}}\right]$$

$$= \frac{0.85\times21}{400}\times\left[1-\sqrt{1-\frac{2\times2.87}{0.85\times21}}\right] = 0.01435$$

⑤ 철근량 A_s 산정 :

$$A_s = \rho bd$$

$$= 0.01435\times300\times700$$

$$= 3,013.5\ (\text{mm}^2)$$

$\therefore$ 8 − D22 (3,096 mm^2)

5-5 복근 직사각형 보 설계

5-5-1 공칭 휨모멘트(Nominal flexural moment)

복근 직사각형 보의 해석은 압축철근이 항복하느냐 혹은 항복하지 않느냐에 따라 생각할 수 있다. 만약 압축철근이 항복한다고 하면, 그림 5-7과 같이 압축철근이 공제된 인장철근(A_{s1}) 을 갖는 단근 보와 압축철근과 압축철근에 상당하는 인장철근으로 구성된 보로 나누어 해석한다.

(Case 1) 압축철근이 항복한 경우, 압축철근을 공제한 인장철근과 압축 측 콘크리트 단면이 힘의 평형을 이루는 단근 보의 공칭 휨모멘트값은 그림 5-7(b)로부터 다음과 같다.

$$M_{n1} = A_{s1} f_y (d - \frac{a}{2})$$

여기서 A_{s1}은 인장철근에서 압축철근을 공제한 인장철근 단면적 ($A_s - A_s{}'$), 또한 항복을 한 압축철근을 공제한 인장철근과 압축철근이 힘의 평형을 이루므로 공칭 휨모멘트 값은 그림 5-7(c)로부터 다음과 같다. 이러한 경우에는 압축철근이 이미 항복하였으므로 그림에서 A_{s2}와 $A_s{}'$ 값은 같게 된다.

$$M_{n2} = A_s{}' f_y (d - d')$$

따라서 압축철근이 항복한 경우, 복근 보의 공칭 휨모멘트는 그림 5-7로부터 단근보 부분과 압축철근 부분의 공칭 휨모멘트값을 합하면 복근보의 공칭 휨모멘트값은 식 (5-24)과 같이 나타낼 수 있다.

$$\therefore\ M_n = (A_s - A_s{}') f_y (d - \frac{a}{2}) + A_s{}' f_y (d - d') \qquad (5\text{-}24)$$

단, $a = \dfrac{(A_s - A_s{}') f_y}{0.85 f_{ck} b}$

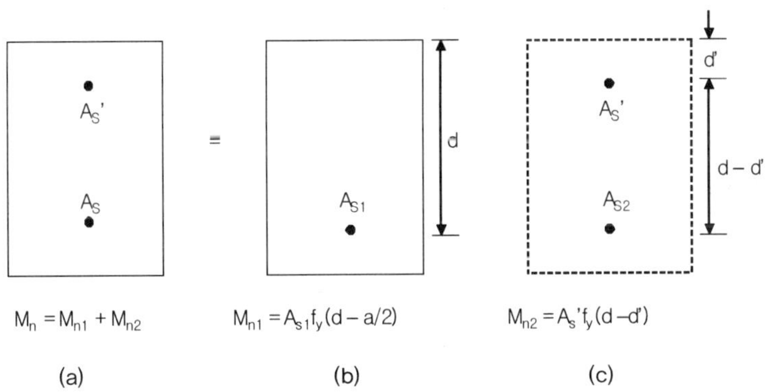

그림 5-7 복근 직사각형보의 공칭강도

(Case 2) 압축철근이 항복하지 않은 경우, 압축철근의 응력을 구하기 위해 다음과 같이 압축철근의 변형률을 계산하여야 한다. 먼저 압축철근이 항복한다는 가정하의 압축응력 블록깊이 a의 값을 구하고,

$$a = \frac{(A_s - A_s{}') f_y}{0.85 f_{ck} b}$$

중립축 위치 및 압축철근의 변형률을 아래 식을 이용하여 구한다.

$$c = \left(\frac{a}{0.85(\beta_1)} \right)$$

$$\varepsilon_s' = 0.003\left(\frac{c-d'}{c}\right), \quad f_s' = f_y\left(\frac{\varepsilon_s'}{\varepsilon_y}\right) \quad (5-25)$$

그러므로 압축철근이 항복하지 않은 복근보의 공칭 휨모멘트는 다음과 같이 나타낼 수 있다.

$$\therefore M_n = (A_s f_y - A_s' f_s') f_y \left(d - \frac{a}{2}\right) + A_s' f_s' (d - d') \quad (5-26)$$

5-5-2 균형철근비

복근 직사각형 보의 균형철근비

$$\rho_b = \overline{\rho_b} + \rho' \frac{f_{sb}'}{f_y} \quad (5-27)$$

여기서, f_{sb}' : 균형변형률 상태에서의 압축철근의 응력

$$= 600 - \frac{d'}{d}(600 + f_y) \le f_y \quad (5-28)$$

$\overline{\rho_b}$: 단근 직사각형 보에서의 균형철근비

ρ' : 압축철근비

5-5-3 최대철근비

$$\rho_{\max} = 0.75\,\overline{\rho_b} + \rho' \frac{f_s'}{f_y} \quad (5-29)$$

여기서, $\overline{\rho_b} = 0.85\,\beta_1 \frac{f_{ck}}{f_y}\left(\frac{600}{600 + f_y}\right)$

5-5-4 복근 직사각형 보 설계

예제 5-10 **그림과 같은 복근 직사각형 보의 공칭 휨모멘트를 구하여라.**
다만, $f_{ck} = 24$ MPa, $f_y = 400$ MPa

① 압축철근이 항복하였다고 가정하면 $A_{s2} = A_s' = 573\text{mm}^2$

$$A_{s1} = A_s - A_{s2} = 2,463\text{mm}^2$$

$$a = \frac{A_{s1} f_y}{0.85 f_{ck} b} = \frac{2,463 \times 400}{0.85 \times 24 \times 350}$$

$$= 137.98\ (\text{mm})$$

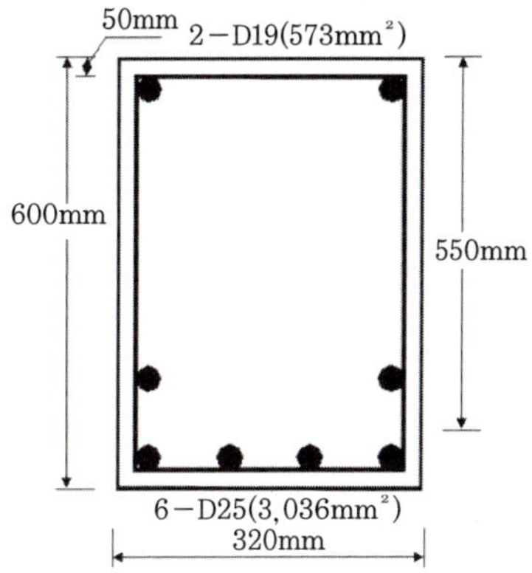

② 중립축 위치 및 압축철근의 변형률

$$c = \frac{a}{\beta_1} = \frac{137.98}{0.85} = 162.33\,(\text{mm})$$

$$\varepsilon_s' = \frac{c - d'}{c} \varepsilon_u = \frac{112.33}{162.33}(0.003)$$

$$= 0.00207 \geq 0.002$$

그러므로 압축철근이 항복하였다.

따라서 복근보의 공칭 휨모멘트값은,

$$\therefore M_n = (A_s - A_s') f_y \left(d - \frac{a}{2}\right) + A_s' f_y (d - d')$$

$$= 2,463 \times 400\left(550 - \frac{137.98}{2}\right) + (573 \times 400)(550 - 50)$$

$$= 588.49\text{kN m}$$

③ 최대 인장 철근량 검토 :

$$\max A_s = 0.75\,\overline{\rho_b} bd + A_s'$$

$$= (0.75)(0.026)(350 \times 550) + 573\text{mm}^2$$

$$= 4,328\text{mm}^2 \geq 3,036\text{mm}^2 \qquad \therefore \text{OK}$$

예제 5-11 **그림과 같은 복근 직사각형 보의 설계휨모멘트강도를 구하여라.**
다만, $f_{ck} = 24$ MPa, $f_y = 400$ MPa

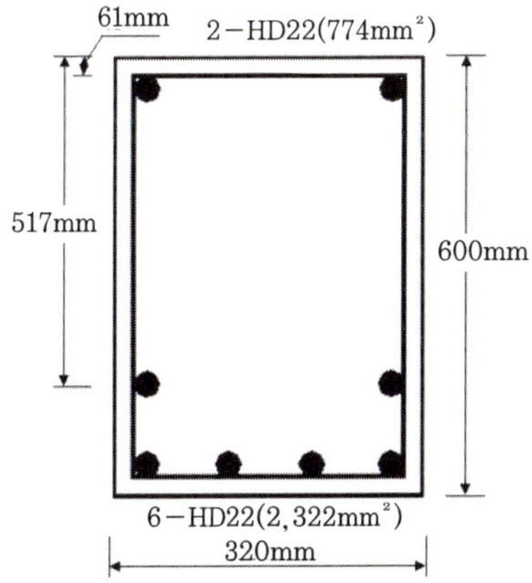

풀 이 ① 압축철근이 항복하였다고 가정하면

$$A_{s2} = A_s' = 774\text{mm}^2$$

$$A_{s1} = A_s - A_{s2} = 1,548\text{mm}^2$$

$$a = \frac{A_{s1} f_y}{0.85 f_{ck} b} = \frac{1,544 \times 400}{0.85 \times 24 \times 320}$$

$$= 94.85\,(\text{mm})$$

② 중립축 위치 및 압축철근의 변형률

$$c = \frac{a}{\beta_1} = \frac{94.85}{0.85} = 111.6\,(\mathrm{mm})$$

$$\varepsilon_s' = \frac{c-d'}{c}\varepsilon_u = \frac{50.6}{111.6}(0.003)$$

$$= 0.00136 \le 0.0019$$

그러므로 압축철근이 항복하지 않는다. 압축철근의 응력을 계산하면,

$$f_s' = (\frac{0.00136}{0.0019})f_y = 286.3\,\mathrm{MPa}$$

여기서 압축철근이 항복하지 않았으므로, $A_{s2} \neq A_s'$ 이며, 다음 식을 이용하여 A_{s2}값을 계산하면,

$$A_s' f_s' = A_{s2} f_y$$

$$A_{s2} = \frac{286.3 \times 774}{400} = 554\,\mathrm{mm}^2$$

a값을 다시 계산하면

$$A_{s1} = A_s - 554 = 1,768\mathrm{mm}^2$$

$$a = \frac{A_{s1} f_y}{0.85 f_{ck} b} = \frac{1,768 \times 400}{0.85 \times 24 \times 320} = 108.3\,(\mathrm{mm})$$

중립축 위치 및 압축철근의 변형률

$$c = \frac{a}{\beta_1} = \frac{108.3}{0.85} = 127.4\,(\mathrm{mm})$$

$$\varepsilon_s' = \frac{c-d'}{c}\varepsilon_u = \frac{(127.4-61)}{127.4}(0.003) = 0.00156 \le 0.0019$$

그러므로 압축철근이 항복하지 않는다. 압축철근의 응력을 계산하면,

$$f_s' = (\frac{0.00156}{0.0019})f_y = 329.3\,\mathrm{MPa}$$

다음 식을 이용하여 다시 한번 더 계산하면,

$$A_s' f_s' = A_{s2} f_y$$

$$A_{s2} = \frac{329.3 \times 774}{400} = 637\,\mathrm{mm}^2$$

a값을 다시 계산하면

$$A_{s1} = A_s - 637 = 1,685\mathrm{mm}^2$$

$$a = \frac{A_{s1} f_y}{0.85 f_{ck} b} = \frac{1,685 \times 400}{0.85 \times 24 \times 320} = 103.3\,(\mathrm{mm})$$

중립축 위치 및 압축철근의 변형률

$$c = \frac{a}{\beta_1} = \frac{103.3}{0.85} = 121.5\,(\mathrm{mm})$$

$$\varepsilon_s' = \frac{c-d'}{c}\varepsilon_u = \frac{(121.5-61)}{121.5}(0.003) = 0.00149 \le 0.0019$$

그러므로 압축철근이 항복하지 않는다. 압축철근의 응력을 계산하면,

$$f_s' = (\frac{0.00149}{0.0019})f_y = 313.7\,\text{MPa}$$

따라서 압축철근은 항복하지 않는다. 하지만, 압축철근의 응력값의 변화가 크지 않으므로 $f_s' = 313.7\,\text{MPa}$로 가정한다.

따라서 A_{s2}의 값을 계산하면,

$$A_{s2} = \frac{774\times313.7}{400} = 607\text{mm}^2$$

$$A_{s1} = 2,322 - 607 = 1,715\text{mm}^2$$

$$a = \frac{1,715\times400}{0.85\times24\times320} = 105\text{mm}$$

$$c = \frac{105}{0.85} = 123.6\text{mm}$$

$$M_u = \Phi[A_{s1}f_y(d-\frac{a}{2}) + A_s'f_s'(d-d')]$$

$$= 0.9[1,715\times400(517 - \frac{105}{2}) + 774\times313.7(517-61)]$$

$$= 386.42\text{ kNm}$$

예제 5-12 **그림과 같은 복근보가 계수 모멘트 $M_u = 1,000$ kNm를 받을 때 인장 및 압축철근량을 구하어라. 단, $f_{ck} = 21$ MPa, $f_y = 300$ MPa**

풀 이

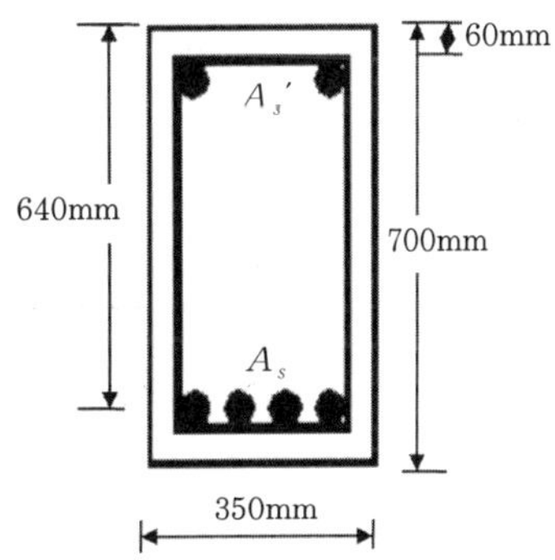

① 인장철근만으로써 설계 가능성 검토 :

먼저 공칭강도 저항계수를 구하면,

$$M_n = \frac{M_u}{\Phi} = \frac{1,000}{0.9} = 1,111\text{kNm}$$

그리고 보의 최대 인장 철근비를 구하면,

$$\rho_{max} = 0.75\rho_b$$

$$= 0.75\frac{0.85\times0.85\times21}{300}\times\frac{600}{600+300}$$

$$= 0.0253$$

$$A_{s1} = (0.0253)(350)(640) = 5,667\text{mm}^2$$

$$R_n = \frac{M_u}{\Phi bd^2} = 5.92\ (\text{부록그림 3-1})$$

$$M_{u1} = (5.92)(0.9)(350)(640^2) = 763.82\,\text{kNm}$$

$$M_{n1} = \frac{M_{u1}}{0.9} = 848.7\ \text{kNm}$$

$$M_{n2} = M_n - M_{n1} = 262.4\ \text{kNm}$$

압축철근이 항복하는지를 검토

$$a = \frac{(5,667)(300)}{0.85 \times 21 \times 350} = 272\text{mm}$$

$$c = \frac{272}{0.85} = 320\ \text{mm}$$

$$\varepsilon_s' = \frac{270}{320} \times 0.003 = 0.00253 \geq 0.0015$$

그러므로 압축철근이 항복하였다. 따라서 이론적으로 요구되는 압축철근량은

$$A_s' = \frac{M_{n2}}{(f_y)(d-d')} = \frac{(763.82 \times 10^6)}{(300)(590)} = 1,483\ \text{mm}^2$$

따라서 필요한 인장 철근량은

$$A_s = 5,667\text{mm}^2 + 1,483\text{mm}^2 = 7,150\text{mm}^2$$

5-6 단근 T형보 설계

5-6-1 공칭 휨모멘트

등가압축응력깊이 a가 압축 플랜지 두께 내에 있는 경우는 보폭이 T형보의 유효폭과 같은 직사각형보(Rectangular beam)로 취급하여 설계하며, 공칭 모멘트강도는 단근 직사각형보와 같다.

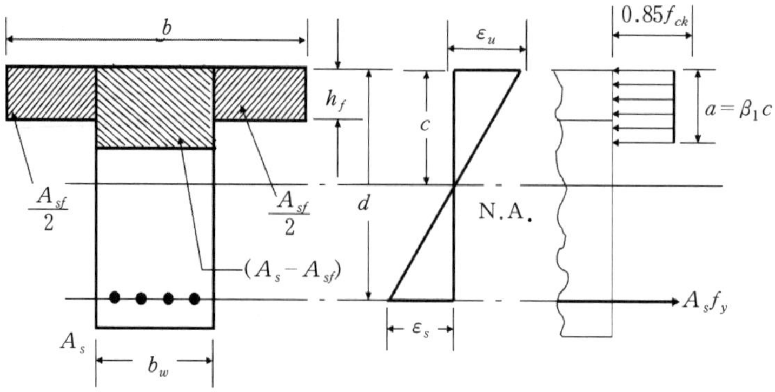

그림 5-8 T형보의 변형률 및 응력분포

반면 그림 5-8과 같이 등가 압축응력 블록깊이 a가 플랜지 두께보다 클 경우는 공칭 모멘트강도 M_n은 아래와 같이 얻어진다. 즉 압축측 플랜지 내민부분 $(b-b_w)h_f$가 분담하는 압축력 $C_f = T_f$(등가의 인장철근 A_{sf}가 분담하는 인장력)가 같다고 하고, 압축측 복부부분이 분담하는 압축력 $C_w = T_w$(가상의 등가철근 A_{sf}를 공제한 인장철근 $(A_s - A_{sf})$가 분담하는 인장력)이 같다고 하면, 그림 5-9 (a)로부터 공칭 휨모멘트값은

$$M_{n1} = A_{sf} f_y (d - \frac{h_f}{2}) \tag{5-30}$$

그림 5-9 (b)로부터 공칭 휨모멘트값은

$$M_{n2} = (A_s - A_{sf}{}') f_y (d - \frac{a}{2}) \tag{5-31}$$

따라서 중립축이 플랜지 아래에 있는 T형보의 공칭휨강도는

$$M_n = A_{sf} f_y (d - \frac{h_f}{2}) + (A_s - A_{sf}{}') f_y (d - \frac{a}{2}) \tag{5-32}$$

여기서, $a = (A_s - A_{sf}{}') f_y / (0.85 f_{ck} b_w)$

$A_{(sf)} = 0.85 f_{ck} (b - b_w) h_f / f_y$

b =플랜지의 유효폭

b_w =웨브폭

h_f =플랜지의 두께

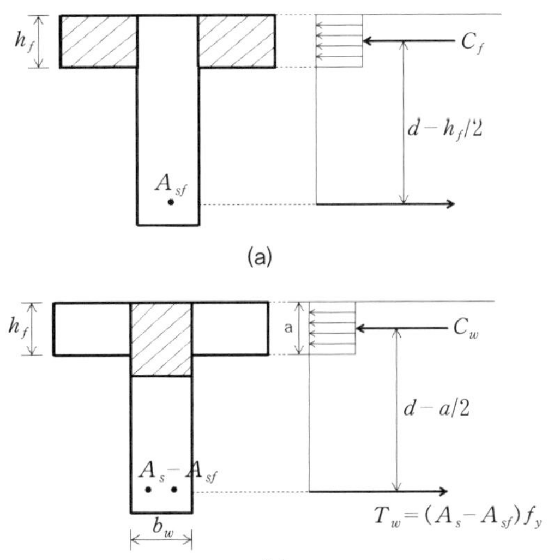

그림 5-9 중립축이 플랜지 아래에 있는 T형보

5-6-2 균형 철근비

단근 T-형 보에 대한 균형철근비 ρ_b를 구하면 다음과 같다.

$$\rho_b = \frac{b_w}{b}(\overline{\rho_b} + \rho_f) \tag{5-33}$$

$$\rho_f = \frac{A_{sf}}{b_w d} \tag{5-34}$$

$$A_{sf} = 0.85\frac{f_{ck}}{f_y}(b - b_w)h_f \tag{5-35}$$

여기서, $\overline{\rho_b}$: 단근 직사각형 보에서의 균형철근비

b : T-형 보 플랜지의 유효 폭

b_w : T-형 보 웨브의 유효 폭

ρ_f : T-형 보의 플랜지 철근비

A_{sf} : T-형 보의 플랜지 철근단면적

h_f : T-형 보의 플랜지 두께

5-6-3 최대 철근비

단근 T-형 보에 대한 최대 철근비 ρ_{max}를 구하면 다음과 같다.

$$\rho_{max} = 0.75\left(\frac{b_w}{b}(\overline{\rho_b} + \rho_f)\right) \tag{5-36}$$

5-6-4 T형 보의 설계

예제 5-13 **그림과 같은 단근 T-형 보의 공칭휨강도를 구하여라.**
다만, $f_{ck} = 24\,\text{MPa}$, $f_y = 400\,\text{MPa}$이다.

풀 이 ① 주어진 보 단면에서,

인장력, $T = A_s f_y$, 콘크리트 압축력 $C_c = 0.85 f_{ck} A_c$이며, $0.85 f_{ck}$의 응력을 받는 압축 콘크리트의 면적,

$$A_c = \frac{2,322 \times 400}{0.85 \times 24} = 45,529\ \text{mm}^2 \le 144,000\,\text{mm}^2$$

따라서 등가 압축응력 깊이 a가 플랜지내에 있다. 그러므로

$$a = \frac{45,529}{1,200} = 38\text{mm}$$

따라서 응력중심간 거리는

$$(d - \frac{a}{2}) = (600 - \frac{38}{2}) = 581\text{mm}$$

T형보의 공칭 휨모멘트값은

$$\therefore\ M_n = A_s f_y (d - \frac{a}{2})$$

$$= (2,322 \times 400)(581) = 539.64\ (\text{kNm})$$

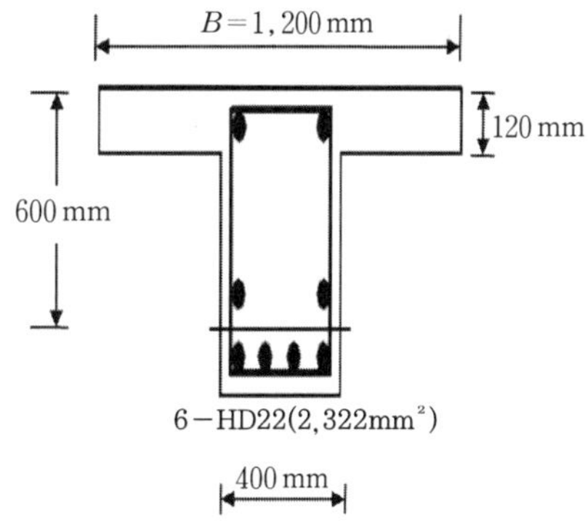

예제 5-14 **다음 그림과 같은 단근 T-형 보의 설계휨모멘트를 구하여라. 다만, $f_{ck}=21$ MPa, $f_y=400$ MPa 이다.**

풀 이 ① 주어진 보 단면에서,

인장력, $T = A_s f_y$,

콘크리트 압축력

$C_c = 0.85 f_{ck} A_c$이며,

$0.85 f_{ck}$의 응력을 받는 압축 콘크리트의 면적,

$$A_c = \frac{4,045 \times 400}{0.85 \times 21}$$

$$= 90,890\ \text{mm}^2 \leq 84,000\,\text{mm}^2$$

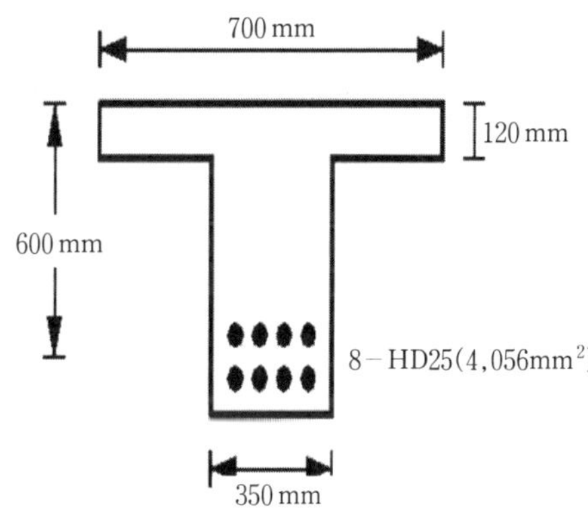

따라서 등가 압축응력 깊이 a가 플랜지 아래에 있나.

공칭 휨모멘트 : $M_n = (A_s - A_{sf}')\, f_y (d - \frac{a}{2}) + A_{sf} f_y (d - \frac{h_f}{2})$

$$A_{sf} = \frac{0.85 f_{ck}(b - b_w) h_f}{f_y}$$

$$= \frac{0.85 \times 21 \times (700 - 350) \times 120}{400} = 1,874.25\,\text{mm}^2$$

$$a = \frac{(A_s - A_{sf}) f_y}{0.85 f_{ck} b_w}$$

$$= \frac{(4,056 - 1,874) \times 400}{0.85 \times 21 \times 350}$$

$$= 140\ (\text{mm}) > h_f = 120\ (\text{mm})$$

② 설계 모멘트의 값은

$$\Phi M_n = \Phi[(A_s - A_{sf}')f_y(d-\frac{a}{2}) + A_{sf}f_y(d-\frac{h_f}{2})]$$

$$= 0.9\left[(1,874.25\times400)(600-\frac{120}{2}) + (2,181.75\times400)(600-\frac{139.68}{2})\right]$$

$$= 780.75\ (\text{kNm})$$

또는 다음과 같은 방법으로도 구할 수 있다.

즉 플랜지 윗부분에서 A_c의 중심까지 거리 $\bar{y}$의 값을 구하면,

$$\bar{y} = \frac{(84,000\times60)+(6,890\times130)}{90,890} = 65.3\text{mm}$$

그러므로 응력중심간 거리

$$(d-\frac{a}{2}) = (600-\frac{65.3}{2}) = 534.7\text{mm}$$

$$M_n = \Phi A_s f_y(d-\frac{a}{2}) = 780.75\,(\text{kNm})$$

예제 5-15 **그림과 같은 단근 T-형 보가 고정하중에 의한 모멘트** 300 kNm, **활하중에 의한 모멘트** 200 kNm**를 받을 때 인장 철근량을 구하여라.**
다만, f_{ck}=24 MPa, f_y=400 MPa**이다.**

풀 이 ① 계수휨모멘트 산정 :

$$M_u = 1.4M_d + 1.7M_L$$

$$= 1.4\times300 + 1.7\times200$$

$$= 760.0\ (\text{kNm})$$

$$M_n = \frac{M_u}{\phi} = \frac{760}{0.9} = 844.4\ (\text{kNm})$$

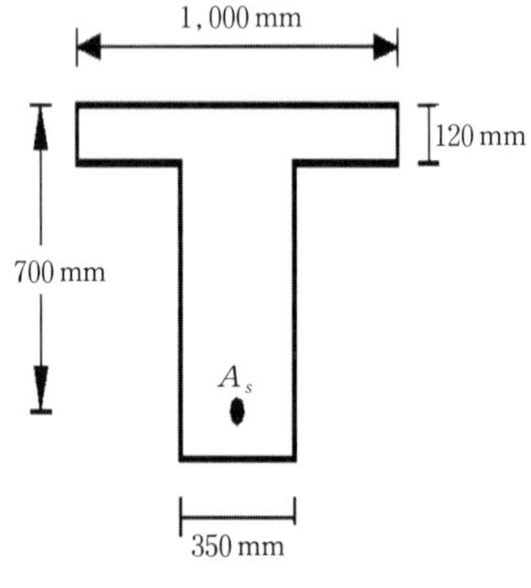

② 응력블록깊이 a값 산정 :

$a < h_f$이라고 가정하면

$$0.85f_{ck}ba(d-\frac{a}{2}) = 844.4\times10^6$$

$$a(700-\frac{a}{2}) = \frac{844.4\times10^6}{0.85\times24\times1,000} = 41,392.15$$을 정리하면

$$a^2 - 1,400a + 82,784 = 0$$이다.

$$\therefore\ a = 61.80\,(\text{mm})$$

③ 인장 철근량 A_s설계 :

$$0.85 f_{ck} a b = A_s f_y$$

$$A_s = \frac{0.85 \times 24 \times 61.8 \times 1,000}{400} = 3,152\ (\text{mm}^2)$$

$\therefore$ D22−9(3,483 mm²)

④ 공칭휨강도 검토 :

$$M_n = A_s f_y \left(d - \frac{a}{2}\right) = 3,483 \times 400 \times \left(700 - \frac{61.8}{2}\right) \times 10^{-6}$$

$$= 932.2\ (\text{kNm}) > 844.4\ (\text{kNm})\quad \therefore \text{O.K}$$

06 Chapter 전단 및 비틀림의 설계

6-1 전단강도(Shear strength)

철근콘크리트 구조물에 하중이 작용하면 구조부재에서는 휨모멘트뿐만 아니라 전단, 축력 및 비틀림도 동시에 발생되는 것이 일반적이다. 그러나 철근콘크리트 부재의 대표적인 파괴형태에는 휨파괴와 전단파괴를 들 수 있는데, 휨파괴에 비하여 사인장 파괴라 불리는 전단파괴는 매우 위험하므로 전단강도(Shear strength)는 파괴시의 파괴 전단력을 사용하지 않고 초기 사인장 균열을 일으키는 전단력을 계수 전단력(Factored shear force) V_u로 보고, 다음 식과 같이 규정하고 있다.

소요전단강도 ≤ 설계전단강도

즉

$$V_u \leq \phi V_n \quad (6-1)$$

$$V_n = V_c + V_s \quad (6-2)$$

여기서, V_u : 단면에서의 계수 전단력

V_n : 공칭 전단강도(Nominal shear strength)

V_c : 콘크리트에 의한 공칭 전단강도

V_s : 전단철근에 의한 공칭 전단강도

ϕ : 0.85 전단에 대한 강도감소계수

6-1-1 콘크리트에 의한 전단강도(V_c)

(1) 전단력과 휨모멘트만을 받는 부재에서 콘크리트가 받을 수 있는 공칭전단강도는 다음 식과 같다.

$$V_c = \frac{1}{6}\sqrt{f_{ck}}\, b_w d \tag{6-3}$$

여기서, b_w : 복부폭 또는 원형 단면의 지름

d : 압축연단으로부터 인장철근 중심까지의 거리

또는 보다 정밀한 계산식은 다음과 같다.

$$V_c = \left(\frac{1}{6}\sqrt{f_{ck}} + 17.6\rho_w \frac{V_u d}{M_u}\right) b_w d < 0.29\sqrt{f_{ck}}\, b_w d \tag{6-4}$$

$$\rho_w = \frac{A_s}{b_w d} \tag{6-5}$$

$$\frac{V_u d}{M_u} < 1.0 \tag{6-6}$$

식 (6-4)에서 M_u는 계수 전단력 V_u에 의하여 발생한 계수 휨모멘트이고, M_u가 커지면 V_c는 $\frac{1}{6}\sqrt{f_{ck}}\, b_w d$에 접근하게 되고, M_u가 작아지면 V_u는 $0.29\sqrt{f_{ck}}\, b_w d$를 초과할 수 없다. 일반적으로 콘크리트의 전단강도는 약산 식 (6-3)을 사용한다.

(2) 축방향 압축력을 받는 부재의 경우,

$$V_c = \frac{1}{6}\left(1 + \frac{N_u}{14A_g}\right)\sqrt{f_{ck}}\, b_w d \tag{6-7}$$

여기서, A_g : 전단면적

N_u : 계수축하중

(3) 상당히 큰 인장력을 받는 부재 :

$$V_c = \frac{1}{6}\left(1 + \frac{N_u}{3.5A_g}\right)\sqrt{f_{ck}}\, b_w d \tag{6-8}$$

여기서, N_u는 인장력일 때는 부(-)이다.

6-1-2 전단철근에 의한 전단강도(V_s)

계수 전단력 V_u가 설계전단강도 ϕV_c를 초과하는 곳에는 식 (6-1)과 (6-2)를 만족시키기 위해 전단철근을 두어야 한다. 즉 다음 식이 성립할 때 전단 보강근이 필요하다.

$$V_u > \phi V_n = \phi(V_c + V_s) \tag{6-9}$$

식 (6-9)이 성립할 때 전단 보강근의 공칭전단강도 V_s와 필요한 전단철근 단면적 A_v은 다음과 같다.

(1) 수직 전단보강근일 때

$$V_s = \frac{A_v f_y d}{s} \tag{6-10}$$

$$V_s = \frac{V_u - \phi V_c}{\phi} \tag{6-11}$$

여기서, A_v와 s는 각각 전단철근의 총 단면적 및 전단철근의 간격을 말한다.

식 (6-10)과 식 (6-11)에서 전단철근 단면적 A_v와 간격 s를 구하면 다음 식과 같다.

$$A_v = \frac{(V_u - \phi V_c)s}{\phi f_y d} \tag{6-12}$$

$$s = \frac{\phi A_v f_y d}{V_u - \phi V_c} = \frac{A_v f_y d}{V_s} \tag{6-13}$$

(2) 경사진 전단철근일 때

그림 6-1로부터

$$V_s = n A_v f_y \sin\alpha$$

$$N_s = d(\cot 45° + \cot\alpha) = d(1 + \cot\alpha)$$

여기서, n : 사인장 균열과 만나는 전단철근의 개수

f_y : 전단철근의 항복응력도

따라서 전단철근이 부담하는 전단력은 다음 식과 같다.

$$V_s = \frac{A_v f_y d}{s}(\sin\alpha + \cos\alpha) \qquad (\alpha \geq 30°) \tag{6-14}$$

$$A_v = \frac{(V_u - \phi V_c)s}{\phi f_y d(\sin\alpha + \cos\alpha)} \tag{6-15}$$

$$s = \frac{\phi A_v f_y d(\sin\alpha + \cos\alpha)}{V_u - \phi V_c} \tag{6-16}$$

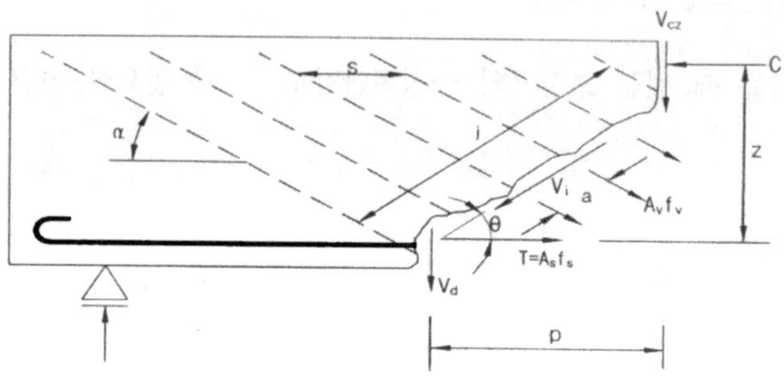

그림 6-1 전단철근에 작용하는 전단력

(3) 전단철근이 1개의 굽힘 철근 또는 받침부에서 모두 같은 거리에서 구부린 평행한 1조의 철근으로 구성될 경우 V_s는 다음 식 (6-17)과 같이 계산할 수 있다.

$$V_s = A_v f_y \sin\alpha < 0.25\sqrt{f_{ck}}\, b_w d \tag{6-17}$$

(4) 전단강도 V_s는 $\left(\frac{2\sqrt{f_{ck}}}{3}\right)b_w d$ 이하로 하여야 한다.

6-1-3 최소 전단철근량

(1) 계수 전단력 V_u가 콘크리트에 의한 설계전단강도 ϕV_c의 1/2을 초과하는 모든 철근콘크리트 휨부재는 다음의 경우를 제외하고 최소 단면적의 전단철근을 배치하여야 한다.

① 슬래브와 기초판

② 콘크리트의 장선구조

③ 보의 전체높이 250 mm 이하이거나 I형보, T-형보에 있어서 그 높이가 플랜지 두께의 2.5배, 웨브폭의 $\frac{1}{2}$값 중 큰 값 이하인 보

(2) 전단철근이 없어도 계수휨모멘트와 계수전단력을 저항할 수 있다는 것을 실험에 의해 확인할 수 있다면 최소 전단철근은 적용하지 않을 수 있다.

(3) 해석에 의해 전단철근이 필요하고, 비틀림을 고려하지 않아도 되는 곳의 전단철근에 대한 최소 단면적은 다음 식에 의해 구하여야 한다.

$$A_v = \frac{0.35\, b_w s}{f_y} \tag{6-18}$$

이고, 이때 단면전체 설계전단강도는 다음 식과 같다.

$$\phi V_n = \phi(V_c + 0.35\, b_w d) \tag{6-19}$$

이때, 최소 전단철근 간격은 $\frac{d}{2}$와 600 mm를 넘지 않아야 한다.

전단철근에 대한 형태가 그림 6-2에 나타나 있다.

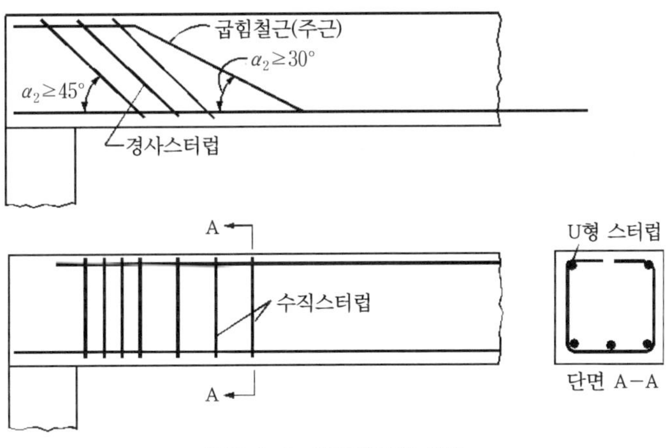

그림 6-2 전단철근의 형태

6-2 전단설계 절차

철근콘크리트 보의 전단 설계절차를 간단히 정리하면 다음과 같다.

(1) 계수전단력 산정

부재의 전 길이에 걸쳐 위험단면에서의 계수전단력을 산정하여야 한다. 이 때, 지점에서나 그림 6-3에서와 같이 지점에서부터 거리 d만큼 떨어진 위험단면에서의 계수전단력을 구하도록 한다.

수직하중에 대한 계수전단력은 $V_u = 1.4V_D + 1.7V_L$이다.

(2) 콘크리트의 전단강도 산정

콘크리트의 전단강도 (ϕV_c)의 약산식은 $\phi(\sqrt{f_{ck}}/6)b_w d$이며, 이때 전단에 대한 강도감소계수 ϕ는 0.85이다.

(3) 전단보강 여부 판결

$V_u \geq \phi V_c/2$이면 최소 전단철근을 배근하도록 규정되어 있으므로 전단철근이 요구되지 않는 $V_u \leq \phi V_c/2$ 구간을 산정한다.

(4) 전단철근의 전단강도 산정

전단철근의 전단강도 (ϕV_s)는 초과 전단력 ($V_u - \phi V_c$)로써 구한다.

(5) 보 단면의 적정성 검토

ϕV_s가 $\phi(\frac{2}{3}\sqrt{f_{ck}}b_w d)$를 초과하면, 단면을 크게 하거나 콘크리트 압축강도를 증대시키는 것과 같은 방법으로 조절한다.

(6) 전단철근 간격설계

수직 전단철근의 간격(s)는 $s = \phi(A_v f_y d / V_s)$이다. 이때, 전단철근의 최대 간격은 $d/2$ 또는 600mm 이하여야 하며, 최소 전단철근 소요 면적에 대한 간격은 $(A_v f_y)/(0.35b_w)$이다.

(7) 전단철근 배근도 작성

안전성, 경제성 및 시공성을 고려하여 전단철근 배근도를 작성한다. 일반적으로 전단철근으로는 D10과 D13이 많이 사용되며, 수직 전단철근 소요간격을 구하는 식은 진술한 바와 같이 $s = \phi(A_v f_y d / V_s)$이며, $(A_v f_y)/(0.35b_w)$ 혹은 $d/2$ 또는 600mm 이내이어야 한다. 경제적 배근은 전단 철근의 3가지 배근간격에 의하여 제한하는데, 첫 번째 전단철근은 최소간격을 만족하여 지지면으로부터 50mm에 위치하며, 중간간격 ($s/2$), 그리고 마지막으로 최대간격은 $d/2$까지이다. 전단보강을 위한 요구사항이 그림 6-3에 나타내었다.

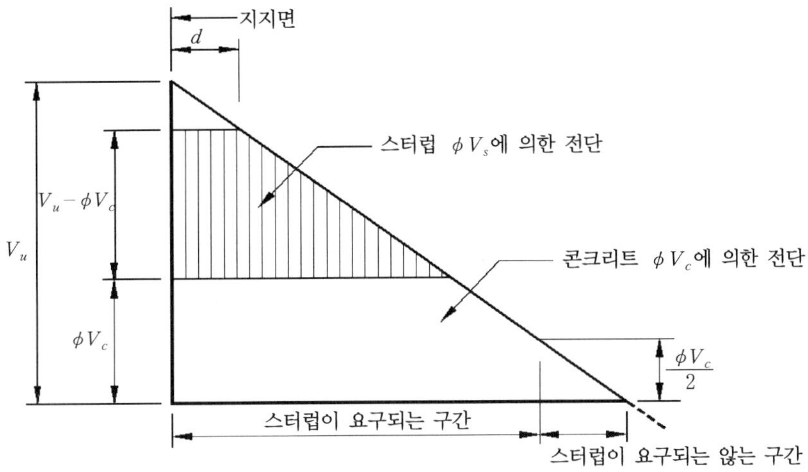

그림 6-3 전단강도 요구

예제 6-1 **스팬이** 8,000 mm**인 단순지지보가** $w_d = 30\,\text{kN/m}$, $w_l = 20\,\text{kN/m}$**을 받을 때 전단보강 설계를 하여라.**
다만, $b_w = 300\,\text{mm}$, $d = 600\,\text{mm}$, $f_{ck} = 21\,\text{MPa}$, $f_y = 300\,\text{MPa}$**이다.**

풀 이 ① 계수전단력 산정 : 계수하중은

$$w_u = 1.4w_D + 1.7w_L = 1.4\times30 + 1.7\times20 = 76\,(\text{kN/m})$$

x지점의 계수전단력은

$$V_u = \frac{w_u l}{2} - w_u x$$

$$= \frac{76\times8}{2} - 76x = 304 - 76x$$

A지점의 계수전단력은

$$V_u = \frac{76\times8}{2} = 304\,(\text{kN})$$

A지섬으로부터 유효높이 d 거리 떨어진 위험단면에서의 계수진딘력은

$$V_u = 304 - 76\times0.6 = 258.4\,(\text{kN})$$

② 콘크리트의 전단강도 산정 :

$$\phi V_c = \phi(1/6\sqrt{f_{ck}})\,b_w d$$

$$= 0.85\times1/6\sqrt{21}\times300\times600\times10^{-3} = 116.86\,(\text{kN})$$

③ 전단철근의 전단강도 산정 :

$$\phi V_s = V_u - \phi V_c = 258.4 - 116.86$$
$$= 141.54\ (\text{kN})$$

④ 보단면의 적정성 검토 :

$$\phi V_s < \phi(2/3\sqrt{f_{ck}})\, b_w d \times 10^{-3} = 467.42\ (\text{kN})$$

$\therefore$ 141.54 < 467.42 (kN) $\qquad\therefore$ O.K

⑤ 콘크리트 전단강도를 초과하는 구간계산 :

$$\frac{(4,000 - x_c)}{4,000} = \frac{\phi V_c}{V_u}$$

$$x_c = 4,000\left(1 - \frac{\phi V_c}{V_u}\right)$$
$$= 4,000(1 - 116.86/304)$$
$$\fallingdotseq 2462.37\ (\text{mm})$$

⑥ 최소 전단철근이 배근될 구간 산정 :

$$V_m = \frac{\phi V_c}{2} = \frac{116.86}{2} = 58.43\ (\text{kN})$$인 지점이므로

$$x_m = 4,000\left(1 - \frac{58.43}{304}\right) \fallingdotseq 3,231\ (\text{mm})$$

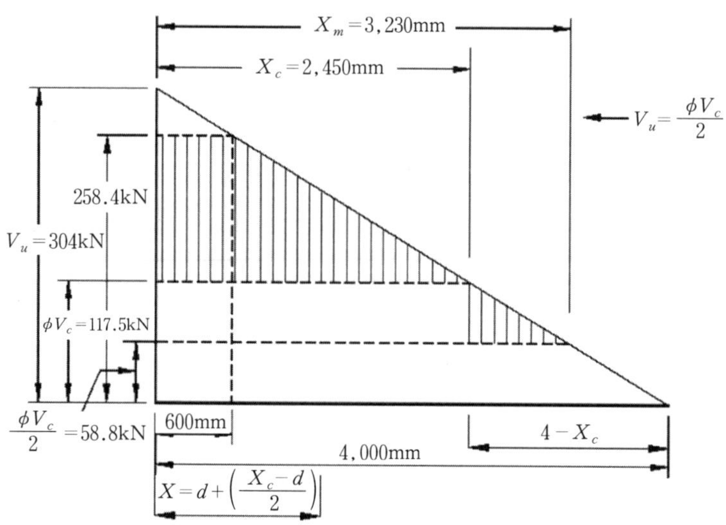

⑦ 스터럽 최대 간격 검토 :

$\phi(1/3\sqrt{f_{ck}})\,b_w d = 0.85\times1/3\sqrt{21}\times300\times600\times10^{-3} = 233.71\ (\text{kN})$

$\phi V_s = 141.54 < 233.71\ (\text{kN})$이므로

식 (6-20)에서

수직 U형 스터럽의 최대간격 $s_{max} < \dfrac{d}{2} = 300\ (\text{mm})$ 또는 600 (mm),

HD13 사용할 때 최소 전단철근 소요면적에 대한 U형 최대 스터럽 간격은 식 (6-22)에서

$$s_{max} = \frac{A_v f_y}{0.35\,b_w} = \frac{2\times127\times300}{0.35\times300} = 725.7\ (\text{mm})$$

$\therefore\ s_{max} = 300\ (\text{mm})$

⑧ 수직 U형 스터럽 간격 산정 :

지지점으로부터 d 떨어진 위험단면에서의 스터럽 간격은

식 (6-13)에서

$$s = \frac{A_v f_y d}{V_s}$$

$$= \frac{0.85\times2\times127\times300\times600\times10^{-3}}{141.54}$$

$$= 274.56\ (\text{mm}) < 300\ (\text{mm})$$

$\therefore$ HD13 − @200 (mm)로 배근

지지점으로부터

$$x = d + \left[\frac{(x_c - d)}{2}\right]$$

$$= 600 + \left(\frac{2462.37 - 600}{2}\right)$$

$$= 1531.20\ (\text{mm})$$

떨어진 면에서의 수직스터럽 간격

$$V_u = 30.4 - 7.6\times1.6$$

$$= 18.24\ (\text{tf})$$

$$s = \frac{\phi A_v f_y d}{V_u - \phi V_c}$$

$$= \frac{0.85\times2\times1.27\times3.0\times60}{18.24 - 11.75}$$

$$= 59.88\ (\text{cm}) > s_{max} = 30\ (\text{cm})$$

$\therefore$ HD13 − @300 (mm)로 배근

⑨ 전단철근 배근도 :

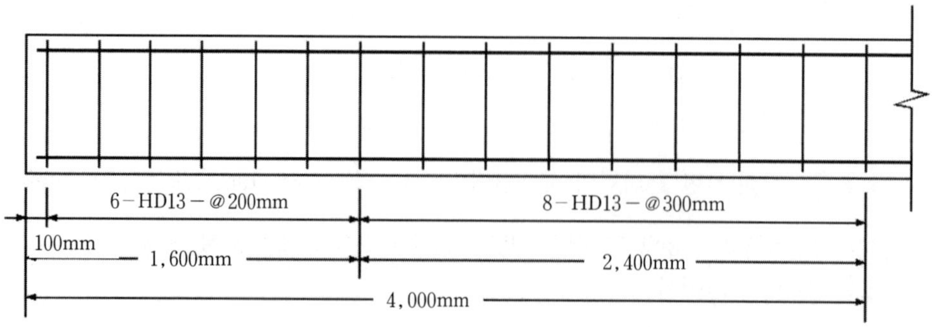

6-3 스트럿-타이(Strut-tie) 모델을 이용한 전단설계

구조부재는 선형 변형률 분포를 가정할 수 있는 보이론이 적용되는 경우와 응력 교란 구역으로 보이론을 적용할 수 없는 경우로 나누어진다. 대표적인 응력을 연속구역 부재로는 깊은 보, 연결보, 내민받침, 보-기둥 접합부, 개구부를 갖는 영역 등이 있다. 응력불연속구역의 설계를 위해 스트럿-타이 모델이 사용된다. 아래의 그림과 같이 하중의 흐름을 압축부재인 스트럿과 인장부재인 타이, 그리고 스트럿과 타이가 결합하는 절점으로 표현하여 설계에 활용한다.

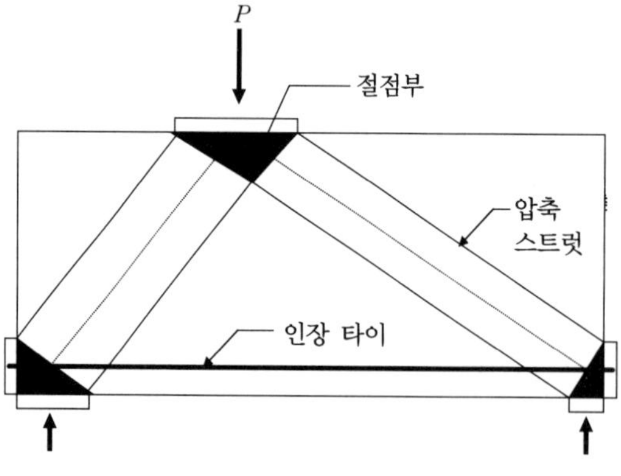

그림 6-4 스트럿과 타이의 구성

6-3-1 용어 정의

스트럿-타이 모델에서 사용되는 기본적인 용어의 정의는 다음과 같다.

(1) B구역 : 보이론이 적용되는 부재의 일부분

(2) D구역 : 기하 불연속이거나 하중 불연속에서 부재의 폭이나 깊이 이내에 있는 부재의 일부분

(3) 절점 : 스트럿, 타이, 집중하중이 결합되는 점

(4) 절점부 : 스트럿과 타이의 힘이 전달되는 절점 주변의 콘크리트 부분

(5) 스트럿 : 압축부재, 압축응력장의 힘의 합력을 나타냄

(6) 변형스트럿 : 양 단부보다 중앙부의 너비가 큰 스트럿

(7) 스트럿-타이 모델 : D-구역에서 절점에 결합되는 스트럿과 타이로 이루어진 트러스 모델. 절점에서 계수하중을 지지점이나 B구역에 전달함

(8) 타이 : 인장부재

6-3-2 스트럿-타이 모델을 이용한 설계 과정

(1) 스트럿-타이 모델은 부재를 트러스로 모형화하여 D구역의 콘크리트 부재를 설계하는 것에 사용된다. 트러스 모델은 그림 6-4에서 정의한 스트럿, 타이, 절점으로 구성된다. 트러스 모델은 모든 계수하중을 지지점이나 주변의 D구역으로 전달할 수 있어야 한다.

(2) 스트럿-타이 모델은 작용하중과 반력이 평형을 이루어야 한다.

(3) 트러스의 형상을 결정할 때 스트럿, 타이, 절점부의 크기가 고려되어야 한다.

(4) 타이는 스트럿을 가로지를 수 있지만, 스트럿은 절점에서만 겹쳐질 수 있다.

(5) 절점에서 결합되는 모든 스트럿과 타이의 각도는 25° 보다 커야 한다.

(6) 스트럿, 타이, 절점부의 설계는 식 (6-20)에 근거한다.

$$\phi F_n \geq F_u \qquad (6\text{-}20)$$

여기서 F_u는 계수하중에 의해 발생하는 스트럿, 타이, 절전부에 작용하는 힘이고, F_n는 스트럿, 타이, 절점부의 공칭강도이고, ϕ는 강도감소 계수이다.

6-3-3 스트럿(Strut) 강도

(1) 스트럿의 공칭 압축강도는 스트럿 양 단부에서 식 (6-21)과 같이 계산된다.

$$F_{ns} = f_{cu} A_c \qquad (6\text{-}21)$$

여기서, A_c는 스트럿의 단면적이고 콘크리트 유효강도 f_{cu}는 (가), (나) 중 작은 값이다.

(가) 스트럿의 콘크리트 유효 압축강도

(나) 절점부의 콘크리트 유효 압축강도

(2) 스트럿의 콘크리트 유효 압축강도는 식 (6-22)과 같이 계산된다.

$$f_{cu}=0.85\beta_s f_{ck} \tag{6-22}$$

여기서, β_s는 스트럿의 유형에 따라 다음과 같이 주어진다.

(가) 일정한 단면을 가지는 스트럿의 경우 $\beta_s=1.00$

(나) 인장부재의 스트럿일 경우 $\beta_s=0.40$

(다) 그 외의 경우 $\beta_s=0.60$

(3) $\beta_s=0.75$를 사용하려면 스트럿에 발생하는 인장변형을 억제하는 철근을 배근하여야 한다.

① f_{ck}가 41.3MPa보다 작을 경우 식 (6-23)을 만족하도록 수직, 수평 스터럽을 배근하여야 한다.

$$\Sigma\frac{A_{si}}{bs_i}\sin\gamma_i \geq 0.003 \tag{6-23}$$

여기서, A_{si}는 수직, 수평 각 방향 철근의 단면적이고, s_i는 각 방향 철근의 간격이고, γ_i는 각 방향 철근의 스트럿 축방향에 대한 각도를 나타낸다.

② 한 방향으로만 스터럽이 배근되는 경우에는 스트럿 축방향에 대한 각도 γ는 40도 보다 작아야 한다.

6-3-4 타이(Tie) 강도

(1) 타이의 공칭강도는 다음과 같다.

$$F_{nt}=A_{st}f_y \tag{6-24}$$

(2) 스트럿-타이 모델에서 스트럿과 달리 타이는 서로 교차할 수 있다.

(3) 타이는 충분한 정착길이를 확보하거나 기계장치, 표준 갈고리 등에 의해 정착되어야 한다.

(4) 절점부 강도

① 절점부의 공칭 압축강도는 식 (6-25)와 같다.

$$F_{nn}=f_{cu}A_n \tag{6-25}$$

여기서, 콘크리트 유효 압축강도 f_{cu}는 ②에서 정의되고, A_n는 ㈎, ㈏에 의해 결정된다.

(가) 절점부에 작용하는 하중에 수직인 단면적

(나) 절점부에 작용하는 하중의 합력에 수직인 단면적

② 절점부에서는 스터럽이 배근되지 않고 콘크리트 유효 압축강도는 식 (6-26)과 같이 계산된다.

$$f_{cu}=0.85\beta_n f_{ck} \tag{6-26}$$

여기서, β_n은 절점부의 유형에 따라 다음과 같이 정해진다.

(가) 스트럿과 하중점으로 이루어진 절점부일 경우 $\beta_n=1.00$

(나) 하나의 타이가 정착된 절점부일 경우 $\beta_n=0.8$

(다) 2개 이상의 타이가 정착된 절점부일 경우 $\beta_n=0.6$

6-4 비틀림의 설계

철근콘크리트 부재는 순수 비틀림만이 작용하는 경우는 드물고 대부분의 경우는 휨 및 전단과 함께 작용한다. 장방형이나 플랜지(Flange)가 있는 부재의 비틀림 설계방법은 전단설계법과 유사하다. 계수 비틀림 모멘트 T_u가 먼저 계산된 후 콘크리트에 의해 부담되는 비틀림 모멘트 강도 T_c가 결정되어야 한다. 만일, 강도감소계수에 의해 수정된 값 ϕT_c가 계수비틀림보다 작다면(즉 $T_u>\phi T_c$) 그 초과 비틀림 모멘트를 분담하기 위한 비틀림 철근이 배근되어야 한다.

비틀림 철근이 필요할 때는 폐쇄형 스터럽과 주철근이 함께 보강되어야 한다. 조합된 폐쇄형 스터럽의 크기와 간격을 결정하기 위하여 전단보강철근 요구사항은 비틀림에 관한 요구사항과 함께 고려되어야 한다.

이와 유사하게 비틀림에 대한 주철근도 휨과 축하중을 위한 것들과 함께 추가배근 되어야 한다.

6-4-1 비틀림이 고려되지 않아도 되는 경우

프리스트레싱되지 않은 부재에서 다음과 같은 경우는 비틀림에 대한 고려를 설계시 무시할 수 있다.

$$T_u < \phi(\frac{1}{12}\sqrt{f_{ck}})\frac{A_{cp}^2}{P_{cp}} \quad (6\text{-}27)$$

여기서, P_{cp}는 전단면의 둘레의 길이이며, A_{cp}는 콘크리트 단면의 바깥둘레로 둘러싸인 단면적으로서, 뚫린 단면의 경우 뚫린 면적을 포함한다.

6-4-2 계수비틀림모멘트의 계산

(1) 내력의 재분배로 인해 비틀림모멘트의 감소가 발생할 수 있는 부정정구조물의 경우, 최대 계수비틀림모멘트 T_u는 다음과 같이 감소시킬 수 있다. 그러나 이 경우 재분배된 휨모멘트와 전단력을 연결된 부재 설계에 사용하여야 한다. 프리스트레싱이 되지 않는 부재의 경우,

$$\phi(\frac{1}{3}\sqrt{f_{ck}})\frac{A_{cp}^2}{P_{cp}} \quad (6\text{-}28)$$

6-4-3 비틀림 철근량의 계산

(1) 비틀림에 필요한 철근량은 다음 식 (6-29)에 의해 계산하여야 한다.

$$T_u \leq \phi T_n \quad (6\text{-}29)$$

여기서, T_n을 계산할 때는 모든 비틀림이 스터럽과 주철근에 의해 저항되고 $T_c = 0$이라고 가정하여야 한다. 동시에 콘크리트에 의한 전단저항 V_c는 비틀림에 의해서 변하지 않는다고 가정하여야 한다.

(2) 비틀림에 저항하기 위한 횡철근은 다음 식 (6-30)을 이용하여 계산하여야 한다.

$$T_n = \frac{2A_0 A_t f_{yv}}{s}\cot\theta \quad (6\text{-}30)$$

$$A_o = 0.85A_{oh} \text{ (단순계산을 위한 가정임)}$$

여기서, f_{yv}는 횡방향 비틀림 보강철근의 설계기준 항복강도이고, A_t는 간격 s 내의 비틀림에 저항하는 폐쇄스터럽 1가닥의 단면적이다. A_o는 $0.85A_{oh}$로 취할 수 있고 압축경사각 θ는 30°~60°의 값으로서 프리스트레싱되지 않은 부재나 프리스트레스 힘이 주철근의 인장강도의 40% 미만인 경우는 45°로 취할 수 있고, 프리스트레스 힘이 주철근 인장강도의 40% 이상인 경우는 37.5°로 취할 수 있다.

(3) 비틀림에 저항하기 위한 길이방향 철근은 다음 식 (6-31)의 값 이상이어야 한다.

$$A_l = \frac{A_t}{s} P_h \left(\frac{f_{yv}}{f_{yl}} \right) \cot^2 \theta \qquad (6-31)$$

여기서, θ는 식 (6-30)에 사용된 값이며, A_l/s 값은 식 (6-30)에서 계산되는 값으로서 최소 비틀림 철근량의 규정은 적용하지 않는다. 그리고 P_h는 최외곽부의 폐쇄형 수직 비틀림 보강근의 중심선의 둘레길이이다.

(4) 비틀림에 의해 요구되는 철근은 비틀림과 조합하여 작용하는 전단력과 휨모멘트 및 축력에 대해서 요구되는 철근에 중첩하여야 한다. 이때 철근의 간격과 배치는 가장 엄격한 요구조건을 만족시켜야 한다.

(5) 휨을 받는 부재에서 휨모멘트에 의한 압축을 고려하기 위해 휨압축 영역의 종방향 비틀림 철근의 면적을 $M_u/(0.9df_{yl})$만큼 줄일 수 있다. 여기서 M_u는 T_u와 함께 단면에 작용하는 계수모멘트이다. 그러나 이 경우 필요한 철근량은 최소 비틀림 철근량의 규정을 만족시켜야 한다.

6-4-4 비틀림이 작용하는 경우 단면치수의 제한

(1) 비틀림이 작용하는 부재에 있어서 단면의 치수는 다음 식 (6-32)과 식 (6-33)을 만족하도록 제한되어야 한다.

① 속찬 단면 : 이 단면에서 전단에 의한 응력은 단면의 전체 폭에 걸쳐서 발생하지만, 비틀림에 의한 응력은 박벽관에 의해 저항한다고 가정하여 구한 식 (6-32)를 만족하여야 한다.

$$\sqrt{\left(\frac{V_u}{b_w d} \right)^2 + \left(\frac{T_u P_h}{1.7 A_{oh}^2} \right)^2} \le \phi \left(\frac{V_c}{b_w d} + 0.67 \sqrt{f_{ck}} \right) \qquad (6-32)$$

여기서, A_{oh} : 가장 바깥의 비틀림 보강철근의 중심으로 폐쇄된 단면적

② 속빈 단면 : 이 단면에서는 전단과 비틀림에 의해 발생한 전단응력이 직접 더한 다음과 같은 관계를 만족하여야 한다.

$$\left(\frac{V_u}{b_w d} \right) + \left(\frac{T_u P_h}{1.7 A_{oh}^2} \right) \le \phi \left(\frac{V_c}{b_w d} + 0.67 \sqrt{f_{ck}} \right) \qquad (6-33)$$

(2) 만약 속빈 단면의 주위로 벽의 두께가 변한다면 식 (6-29)는 좌변이 최대가 되는 위치에서 계산되어야 한다.

(3) 만약 벽의 두께가 A_{oh}/P_h 보다 작다면 식 (6-29)의 둘째 항을 $\dfrac{T_u}{1.7A_{oh}t}$ 로 취하여야 한다. 여기서, t는 응력이 계산되는 위치에서 속빈 단면의 벽의 두께이다.

(4) 프리스트레싱되지 않은 비틀림 철근의 설계기준항복강도는 400 MPa 이하로 취하여야 한다.

6-4-5 최소 비틀림 철근량

(1) 계수비틀림모멘트 T_u가 6-2-2(1)에 규정된 값을 초과하는 모든 구역에서 최소 비틀림 철근을 배근하여야 한다.

(2) 6-3-3(1)에 의해 전단과 비틀림 철근이 동시에 요구되는 경우, 수직방향 폐쇄스터럽의 최소 면적은 다음 식 (6-34)에 의하여 계산하여야 한다.

$$(A_v + 2A_t) = \frac{0.35 b_w s}{f_{yv}} \tag{6-34}$$

(3) 6-3-3(1)에 의하여 전단과 비틀림 철근이 동시에 요구되는 경우, 길이방향 최소 비틀림 철근의 전체 면적은 다음 식 (6-35)에 의하여 계산하여야 한다.

$$A_{l,\min} = \frac{0.42\sqrt{f_{ck}}A_{cp}}{f_{yl}} - \left(\frac{A_t}{s}\right)P_h\frac{f_{yv}}{f_{yl}} \tag{6-35}$$

여기서, f_{yl}는 길이방향 비틀림 보강철근의 기준 항복도이고, A_t/s는 $0.175\,b_w/f_{yv}$ 이상으로 취하여야 한다.

6-4-6 비틀림 철근의 상세

(1) 비틀림 철근은 길이방향 철근 또는 길이방향 긴장재와 다음 중에서 해당 보강근으로 구성될 수 있다.

① 부재축에 수직인 폐쇄스터럽 또는 폐쇄띠철근

② 부재축에 수직인 횡방향 강성으로 구성된 폐쇄용접철망
③ 프리스트레싱되지 않은 부재에서 나선철근

(2) 수직방향 비틀림 철근은 다음 중에서 하나의 방법에 의해 정착되어야 한다.
① 길이방향 철근 주위로 135° 표준갈고리에 의해 정착
② 정착부에 둘러싸인 콘크리트가 플랜지나 슬래브 또는 기타 유사한 부재에 의해 박리가 일어나지 않도록 된 영역은

(3) 길이방향 비틀림 철근은 양단에 정착되어야 한다.

(4) 속빈 단면의 비틀림에서 수직방향 비틀림 철근의 중심선에서 단면 내벽까지의 거리가 $0.5A_{oh}/P_h$ 이상이 되어야 한다.

(5) 길이방향 비틀림 철근의 간격은 $P_h/8$보다 작아야 하고, 또한 300 mm보다 작아야 된다.

(6) 비틀림에 대한 수직방향 철근은 폐쇄스터럽의 둘레를 따라 300 mm 이하의 간격으로 분포시켜야 한다. 수직방향 철근이나 긴장재는 스터럽 내부에 배치되어야 하며, 스터럽의 각 모서리에 최소한 하나의 길이방향 철근이나 긴장재가 있어야 한다. 좌굴을 방지하기 위하여 길이방향 철근의 직경은 스터럽 간격의 1/24 이상이 되어야 하며, D10 이상이어야 한다.

(7) 비틀림 철근은 계산상으로 필요한 위치에서 (b_t+d) 이상의 거리까지 연장시켜 배치하여야 한다.

예제 6-2 **다음 그림과 같은 철근콘크리트로 스팬드럴보**($b_w d = 300\,\text{mm} \times 500\,\text{mm}$)**가** 120 mm **두께의 슬래브와 접하고 있고, 지지단에서** d **만큼 떨어진 위험 단면에서의 계수하중이** $M_u = 150\,\text{kN}\cdot\text{m}$, $V_u = 150\,\text{kN}$, $T_u = 20\,\text{kN}\cdot\text{m}$**일 때 단면의 적합 여부를 검토하고, 스터럽을 설계하여라.**
다만, $f_{ck} = 21\,\text{MPa}$, $f_y = 400\,\text{MPa}$ **이다.**

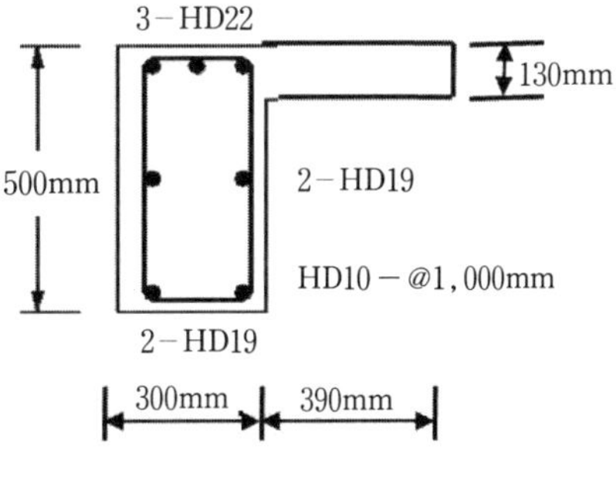

풀 이 ① 인장 철근량 산정

$$R_n = \frac{M_u}{\phi b_w d^2} = \frac{150 \times 10^6}{0.9 \times 300 \times 450^2}$$

$$= 2.74\,(\text{MPa})$$

$$\rho = \frac{0.85 f_{ck}}{f_y}\left[1 - \sqrt{1 - \frac{2R_n}{0.85 f_{ck}}}\right]$$

$$= \frac{0.85 \times 21}{400}\left[1 - \sqrt{1 - \frac{2 \times 2.74}{0.85 \times 21}}\right]$$

$$= 0.0075 > \rho_{\min} = \frac{1.4}{400} = 0.0035$$

$\therefore\ A_s = 0.0075 \times 300 \times 450 = 1,013\,(\text{mm}^2) < 1,181\,(\text{mm}^2)$ (HD22 − 3)

따라서 휨을 제외한 비틀림을 부담할 수 있는 주근의 단면적은 다음과 같다.

$A_s = 1181 - 1013 = 168\,(\text{mm}^2)$

$A_s' = 574\,(\text{mm}^2)$ (HD19 − 2)

② 비틀림 철근 설계 여부 검토 :

$A_{cp} = 300 \times 500 = 150,000\,(\text{mm}^2)$

$P_{cp} = 2(300 + 500) = 1,600\,(\text{mm})$

최소비틀림 하중 :

$$\phi 0.083\sqrt{f_{ck}}\left(\frac{A_{cp}^2}{P_{cp}}\right) = 0.083 \times 0.85 \times \sqrt{21} \times \left(\frac{150,000^2}{1600}\right) \times 10^{-6}$$

$$= 4.5\,(\text{kNm}) < T_u = 20\,(\text{kNm})$$

$\therefore$ 비틀림 철근이 필요하다.

③ 단면의 크기 적정성 여부 : 속이 찬 단면이며, 피복두께를 40 (mm)로 가정하면,

$A_{oh} = (300 - 2 \times 40 - 10) \times (500 - 2 \times 40 - 10) = 86,100\,(\text{mm}^2)$

보강근의 둘레 :

$P_h = (300 - 2 \times 40 - 10 + 500 - 40 \times 2 - 10) \times 2 = 1,240\,(\text{mm})$

$V_c = \frac{1}{6}\sqrt{f_{ck}}\, b_w d = 1/6\sqrt{21} \times 300 \times 500 \times 10^{-3} = 114.56\,(\text{kN})$

$$\sqrt{\left(\frac{V_u}{b_w d}\right)^2 + \left(\frac{T_u P_h}{1.7 A_{oh}^2}\right)^2} = \sqrt{\left(\frac{150,000}{300 \times 450}\right)^2 + \left(\frac{20 \times 10^5 \times 1,240}{1.7 \times 86,100^2}\right)^2}$$

$$= 1.127\,(\text{N/mm}^2)$$

$$\le \phi\left(\frac{V_c}{\phi_{wd}}+0.67\sqrt{f_{ck}}\right)$$

$$=0.85\left(\frac{114,560}{300\times450}+0.67\times\sqrt{21}\right)$$

$$=7.44\,(\mathrm{N/mm^2})=7.44\,\mathrm{MPa}$$

∴ 보의 단면은 충분하다.

④ 전단 철근 및 비틀림 철근의 계산 :

$$V_s=\frac{V_u}{\phi}-V_c=\frac{150}{0.85}-114.56=61.91\,\mathrm{kN}$$

$$\frac{A_v}{s}=\frac{V_s}{f_y d}=\frac{61910}{400\times450}=0.34\,(\mathrm{mm^2/cm})$$

$$A_o=0.85A_{oh}=0.85\times86,100=73,185\,(\mathrm{mm^2})$$

$$T_n=\frac{2A_oA_tf_{yv}}{s}\cot\theta,\ \theta=45^\circ,\ T_n=\phi T_u\text{로부터}$$

$$\frac{A_t}{s}=\frac{T_u}{2\phi A_o f_{yv}\cot\theta}=\frac{20\times10^6}{2\times0.85\times73,185\times400\times\cot45^\circ}$$

$$=0.040\,(\mathrm{mm^2/mm})$$

⑤ 보강 철근 계산 : 속이 찬 단면이며, 피복두께를 40 (mm)로 가정하면, 식 (6-30)에서

$$\frac{A_{v+t}}{s}=\frac{A_v}{s}+\frac{2A_t}{s}=0.34+2\times0.04$$

$$=0.42\,(\mathrm{mm^2/mm})$$

$$>\frac{0.35b_w}{f_{yv}}=\frac{0.35\times300}{400}$$

$$=0.263\,(\mathrm{mm^2/mm})\qquad \therefore\ \mathrm{O.K}$$

$$s=\frac{2\times71}{0.26}=546.15\,(\mathrm{mm})$$

최대간격 $P_h/8=1,240/8=155$ (mm) 또는 300 (mm)를 만족해야 하므로 폐쇄 스터럽의 간격은

∴ HD10 − @100

⑥ 비틀림 보강 길이 방향 철근 계산 :

$$A_l=\left(\frac{A_t}{s}\right)P_h\left(\frac{f_{yo}}{f_{yl}}\right)\cot^2\theta$$

$$= 0.040 \times 1,240 \times \left(\frac{400}{400}\right) \times 1^2$$

$$= 49.6\,(\text{mm}^2)$$

$$\frac{A_t}{s} = 0.04 > 1.75\frac{b_w}{f_{yv}} = 1.75 \times \frac{300}{400} = 0.013 \qquad \therefore \text{O.K}$$

$$A_{l,\min} = \frac{0.42\sqrt{f_{ck}}A_{cp}}{f_{yl}} - \left(\frac{A_t}{s}\right)P_h\left(\frac{f_{yv}}{f_{yl}}\right)$$

$$= \frac{0.42 \times \sqrt{21} \times 150,000}{400} - 0.040 \times 1,240 \times \frac{400}{400}$$

$$= 22.58\,(\text{mm}^2) < A_l = 49.6\,(\text{mm}^2) \qquad \therefore \text{O.K}$$

휨보강 설계에서 소요 주철근량이 $A_s = 1,013\,(\text{mm}^2)$이나 배근량은 HD22-3 (1,181 mm^2)이므로 $1,181 - 1,013 = 168\,(\text{mm}^2)$는 비틀림에 저항하는 길이 방향 철근으로 볼 수 있다.

따라서 비틀림 보강 길이 방향 철근은 $(496 - 168) = 328\,(\text{mm}^2)$를 요하며, 최대 간격 30 (mm)를 만족하도록 단면의 중앙부와 하단부에 각각 328/2 = 164 (mm^2) HD19-2 (574 mm^2)의 길이 방향 철근을 배근하고, 길이 방향 철근의 최소지름은 스터럽 간격의 $s/24$인 $100/24 = 4.2\,(\text{mm})$ 이상, 즉 D10 이상의 지름의 철근을 요하므로 만족한다.

07 Chapter 철근의 정착 및 이음

7-1 철근의 정착

7-1-1 일반사항

(1) 철근콘크리트 부재 각 단면의 철근에 작용하는 인장력 또는 압축력이 단면의 양측에서 발휘될 수 있도록 묻힘 길이, 갈고리, 기계적 정착 또는 이들의 조합에 의해 철근을 정착하여야 한다. 이 때 갈고리는 압축철근의 정착에 있어서 유효하지 않은 것으로 본다.

(2) 이 장에서 사용하는 $\sqrt{f_{ck}}$ 값은 8.37 MPa를 초과하지 않아야 한다.

7-1-2 인장 이형철근 및 이형철선의 정착

(1) 인장 이형철근 및 이형철선의 정착길이(Development length) l_d는 7-1-2(2)의 기본정착길이 l_{db}에 7-1-2(3)의 보정계수를 곱하여 계산된 값 또는 식 (7-1)에 의해 계산된 값 중 큰 값으로 하여야 한다. 또한 7-1-2(5)에 해당되는 경우에는 이를 적용하여야 한다. 그러나 이렇게 구한 정착길이 l_d는 항상 300 mm 이상이어야 한다.

(2) 인장 이형철근 및 이형철선의 기본정착길이 l_{db}는 다음 식 (7-1)에 의해 구해야 한다.

$$l_{db} = \frac{0.6 d_b f_y}{\sqrt{f_{ck}}} \tag{7-1}$$

여기서, d_b : 철근의 공칭지름

(3) 철근 배근 위치, 에폭시 도막 여부 및 콘크리트의 종류에 따른 보정계수는 표 7-1에 의

해 구하여야 한다.

표 7-1 보정계수

조 건 \ 철근지름	D19 이하의 철근과 이형철선	D22 이상의 철근
정착되거나 이어지는 철근의 순간격이 d_b 이상이고, 피복두께도 d_b 이상이면서 l_d 전구간에 설계기준에서 규정된 최소 철근량 이상의 스터럽 또는 띠철근을 배근한 경우, 그리고 정착되거나 이어지는 피복두께가 $2d_b$ 이상이고, 피복두께가 d_b 이상인 경우	$0.8\alpha\beta\lambda$	$\alpha\beta\lambda$
기 타	$1.2\alpha\beta\lambda$	$1.5\alpha\beta\lambda$

그리고 표 7-1에 수록된 α, β, λ는 다음과 같이 구할 수 있다.

① α=철근배근 위치 계수

(가) 상부철근(정착길이 또는 이음부 아래 300mm 초과되게 굳지 않은 콘크리트를 친 수평 철근) ············ 1.3

(나) 기타 철근 ············ 1.0

② β=에폭시 도막계수

(가) 피복두께가 $3d_b$ 미만 또는 순간격이 $6d_b$ 미만인 에폭시 도막철근 또는 철선 ··· 1.5

(나) 기타 에폭시 도막철근 또는 철선 ············ 1.2

(다) 도막되지 않은 철근 ············ 1.0

③ λ=경량 콘크리트계수

(가) f_{sp}가 주어지지 않은 경량 콘크리트 ············ 1.3

(나) f_{sp}가 주어진 경량 콘크리트 ············ $\dfrac{\sqrt{f_{ck}}}{1.76f_{sp}} \geq 1.0$

여기서, f_{sp} : 경량콘크리트의 평균 쪼갬 인장강도이다.

(다) 일반 콘크리트 ············ 1.0

④ 에폭시 도막철근이 상부철근인 경우에 상부철근의 보정계수 α와 에폭시 도막계수 β의 곱 $\alpha\beta$가 1.7보다 클 필요는 없다.

(4) 7-1-2(2)의 기본정착길이에 7-1-2(3)의 표 7-1의 보정계수를 곱하여 정착길이를 구하는 방법 외에 다음 식 (7-2)에 의해 정착길이를 구할 수 있다.

$$l_d = \frac{0.90 d_b f_y}{\sqrt{f_{ck}}} \frac{\alpha\beta\gamma\lambda}{\left(\frac{c+K_{tr}}{d_b}\right)} \tag{7-2}$$

식 (7-2)에서 $\frac{c+K_{tr}}{d_b}$는 2.5 이하이어야 한다. 그리고 식 (7-2)의 계수 γ, c와 K_{tr}은 다음과 같다.

① γ=철근 또는 철선의 크기 계수

(가) D19 이하의 철근과 이형철선 ………………………………………… 0.8

(나) D22 이상의 철근 ………………………………………………………… 1.0

② c=철근간격 또는 피복두께에 관련된 치수

철근 또는 철선의 중심으로부터 콘크리트 표면까지의 최단거리 또는 정착되는 철근 또는 철선의 중심간 거리의 1/2 중 작은 값을 사용하여 mm 단위로 나타낸다.

③ K_{tr}=횡방향 철근지수

$$= \frac{A_{tr} f_{yt}}{10.7 sn}$$

횡방향 철근이 배근되어 있더라도 설계를 간편하게 하기 위해 $K_{tr}=0$으로 사용할 수 있다.

(5) 휨부재에 배근된 철근량이 해석에 의해 요구되는 소요 철근량을 초과하는 경우 계산된 정착길이에 $\left(\frac{\text{소요 } A_s}{\text{배근 } A_s}\right)$를 곱하여 정착길이를 감소시킬 수 있다. 다만, f_y를 발휘하도록 정착을 특별히 요구하는 경우는 적용되지 않는다.

과다 철근량을 포함한 모든 감소계수를 적용한 후의 정착길이는 300 mm 이상이어야 한다.

7-1-3 압축 이형철근의 정착

(1) 압축 이형철근의 정착길이 l_d는 7-1-2(2)의 기본정착길이에 7-1-3(3)에 있는 적용 가능한 모든 보정계수를 곱하여 구해야 한다. 이 때 구한 l_d는 항상 200 mm 이상이어야 한다.

(2) 압축 이형철근의 기본정착길이는 다음 식 (7-3)에 따라 구하여야 한다.

$$l_{db} = \frac{0.25 d_b f_y}{\sqrt{f_{ck}}} \tag{7-3}$$

다만, 이 값은 $0.04 d_b f_y$ 이상이어야 한다.

(3) 압축에 대한 보정계수는 다음과 같다.

① 해석결과 요구되는 철근량을 초과하여 배근한 경우 ································ $\left(\frac{소요A_s}{배근A_s}\right)$

② 지름이 6 mm 이상이고, 나선간격이 100 mm 이하인 나선철근 또는 중심간격 100 mm 이하로 기둥의 띠철근 간격의 요구조건에 따라 배근된 D13 띠철근으로 둘러싸인 압축 이형철근 ·· 0.75

7-1-4 다발철근의 정착

(1) 인장 또는 압축을 받는 하나의 다발철근 내에 있는 개개 철근의 정착길이는 다발철근이 아닌 경우 각 철근의 정착길이에 3개의 철근으로 구성된 다발철근에 대해 20%, 4개의 철근으로 구성된 다발철근에 대해서 33%를 증가시켜야 한다.

(2) 다발철근의 정착길이 계산시 7-1-2에 기술된 보정계수를 적절하게 선택하기 위해 한 다발 내에 있는 전체 철근단면적을 등가단면으로 환산하여 산정된 지름으로 된 하나의 철근으로 취급하여야 한다.

7-1-5 표준갈고리를 갖는 인장 이형철근의 정착

(1) 단부에 표준갈고리가 있는 인장 이형철근의 정착길이 $l_{dh}(=l_{hb}\times$보정계수)는 7-1-5(2)의 기본 정착길이 l_{hb}에 7-1-5(3)의 적용 가능한 모든 보정계수를 곱하여 구해야 한다. 그러나 이렇게 구한 l_{dh}는 항상 $8d_b$ 이상 또한 150 mm 이상이어야 한다.

(2) 철근의 설계기준 항복강도가 400 MPa인 경우, 기본정착길이 l_{hb}는 다음 식 (7-4)에 의해 구할 수 있다.

$$l_{hb}=\frac{100d_b}{\sqrt{f_{ck}}} \tag{7-4}$$

(3) 표준갈고리를 갖는 인장철근의 정착길이 $l_d(=l_{hb}\times$보정계수)에 대한 보정계수는 다음과 같다.

① 철근의 설계기준 항복강도

$f_y=400$ MPa 이외의 철근 ·· $\frac{f_y}{400}$

② 콘크리트 피복두께

D35 이하 철근에서 갈고리 평면에 수직방향인 측면 피복두께가 70 mm 이상이며, 90° 갈고리에 대해서는 갈고리를 넘어선 부분의 철근 피복두께가 150 mm 이상인 경우 ································ 0.7

③ 띠철근 또는 스터럽

D35 이하 철근에서 갈고리를 포함한 전체 정착길이 l_{dh} 구간에 $3d_b$ 이하 간격으로 띠철근 또는 스터럽이 둘러싼 경우 ································ 0.8

④ 배근된 철근량이 소요 철근량을 초과하는 경우 전체 f_y를 발휘하도록 정착을 특별히 요구하지 않는 단면에서 휨철근이 소요 철근량 이상 배근 ························ $\left(\frac{소요A_s}{배근A_s}\right)$

⑤ 경량 콘크리트 ································ 1.3

⑥ 에폭시 도막된 갈고리 철근 ································ 1.2

(4) 갈고리는 압축을 받는 경우 철근정착에 유효하지 않는 것으로 보아야 한다.

(5) 부재의 불연속단에서 갈고리 철근의 양 측면과 상부(또는 하부)의 피복두께가 7.0 cm 미만으로 표준갈고리에 의해 정착되는 경우 전 정착길이 l_{dh} 구간에 $3d_b$ 이하의 간격으로 갈고리 철근이 띠철근이나 스터럽으로 둘러싸여야 한다. 그러나 이 경우에 7-1-5(3)③의 보정계수 0.8은 적용되지 않는다.

7-1-6 기계적 정착

(1) 콘크리트에 손상을 주지 않고 철근의 강도를 발휘할 수 있는 어떠한 기계적 정착장치도 정착방법으로 사용할 수 있다.

(2) (1)의 기계적 정착장치가 적합함을 보증하는 시험결과를 책임기술자에게 제시하여야 한다.

(3) 철근의 정착은 기계적 정착장치와 철근의 최대 응력점과 기계적 정착장치 사이의 추가 묻힘길이의 조합으로 이루어질 수 있다.

7-2 정착철근의 상세

7-2-1 휨철근의 정착

(1) 휨부재에서 최대 응력점과 경간 내의 인장철근이 끝나거나 철근이 굽혀진 위험단면에서 철근의 정착에 대한 안전을 검토하여야 한다. 이 때 7-2-2의 (3)과 (4)의 규정도 만족하여야 한다.

(2) 휨철근은 휨을 저항하는데 더 이상 철근을 요구하지 않는 점에서 부재의 유효깊이 d 또는 $12d_b$ 이상 더 연장되어야 한다. 다만, 단순경간의 받침부와 캔틸레버의 자유단에서 이 규정은 적용되지 않는다.

(3) 연속철근은 굽힘 되거나 절단된 인장철근이 휨을 저항하는데 더 이상 필요하지 않은 점에서 정착길이 l_d 이상의 묻힘길이를 확보하여야 한다.

(4) 인장철근을 구부려서 복부를 지나 정착하거나 부재의 반대 측에 있는 철근쪽으로 연속하여 정착한다.

(5) 철근응력이 직접적으로 모멘트에 비례하지 않는 휨부재의 인장철근은 적절한 정착이 마련되어야 한다. 이와 같은 부재는 경사형, 계단형 또는 변단면 기초판, 브래킷, 깊은 휨부재, 인장철근이 압축면에 평행하지 않는 부재들이다. 깊은 휨부재에 대해서는 7-2-2(5)와 7-2-3(4)에 따라야 한다.

받침부 내로 연장되어야 할 정철근은 받침부의 전면에서 설계기준 항복강도 f_y를 발휘할 수 있도록 정착되어야 한다.

(6) 휨철근은 다음 조건 중 하나를 만족하지 않는 한 인장구역에서 절단할 수 없으며, 원칙적으로 전체 철근량의 50%를 초과하여 한 단면에서 절단하지 않아야 한다.

① 절단점의 전단력이 전단철근에 의해 보강된 전단강도를 포함한 전체 전단강도의 2/3를 초과하지 않는 경우

② 절단점에서 부재 유효깊이의 3/4 구간에 절단된 철근 또는 철선을 따라 전단과 비틀림에 대해 필요한 양을 초과하는 스터럽이 배근되어 있는 경우로 이때 초과되는 스터럽의 단

면적 A_v는 $0.42b_os/f_y$ 이상이라야 하고, 간격 s는 $d/(8\beta_b)$ 이내이어야 한다. 여기서 β_b는 그 단면에서 전체 인장철근량에 대한 절단철근량의 비이다.

③ D35 이하의 철근에서, 연속철근이 절단점에서 휨에 필요한 철근량의 2배 이상 배근되어 있고, 전단력이 전단강도의 3/4 이하인 경우

7-2-2 정철근의 정착

(1) 단순부재에서 정철근의 1/3 이상, 연속부재에서 정철근의 1/4 이상을 부재의 같은 면을 따라 받침부까지 연장하여야 한다. 보의 경우는 이러한 철근을 받침부 내로 150 mm 연장하여야 한다.

(2) 휨부재가 횡하중을 지지하는 주구조물의 일부일 때, 7-2-2(1)에 따라 받침부 내로 연장되어야 할 정철근은 받침부의 전면에서 설계기준항복강도 f_y를 발휘할 수 있도록 정착되어야 한다.

(3) 단순받침부와 반곡점의 정철근은 에 따라 f_y에 대하여 계산된 정착길이 l_d가 식 (7-5)를 만족하도록 철근지름을 제한하여야 한다.

$$l_d \le \frac{M_n}{V_u} + l_a \tag{7-5}$$

여기서, M_n/V_u의 값은 철근의 끝 부분이 압축 반력으로 눌려서 구속을 받는 경우 30% 증가시킬 수 있다. 식 (7-5)에서 l_a는 받침부에서 그 중심선을 지나 묻힘길이 또는 반곡점에서 부재의 유효길이와 $12\,d_b$ 중 큰 값이다.

(4) 단순받침부의 중심선을 지나 절단되는 철근에서 표준갈고리 또는 적어도 표준갈고리에 등가되는 기계적 정착에 의해 정착되는 경우 식 (7-5)를 만족하지 않아도 된다.

(5) 깊은 휨부재의 단순받침부에서 정철근은 받침부 전면에서 f_y를 발휘할 수 있도록 정착되어야 한다. 또한 깊은 휨부재의 내부 받침부에서 정철근은 연속되거나 인접경간의 정철근과 이어져야 한다.

7-2-3 부철근의 정착

(1) 연속되거나 구속된 부재, 캔틸레버 부재 또는 강결된 골조의 어느 부재에서나 부철근은 묻힘길이, 갈고리 또는 기계적 정착에 의하여 받침부 내에 정착되거나 받침부를 지나서 정착되어야 한다.

(2) 부철근은 7-1-1과 7-2-1(2)에 의한 소요 묻힘길이가 경간 내에 확보되어야 한다.

(3) 받침부에서 부모멘트에 대해 배근된 전체 인장철근량의 1/3 이상은 반곡점을 지나 부재의 유효깊이 $12d_b$ 또는 순경간의 1/16 중 제일 큰 값 이상의 묻힘길이가 확보되어야 한다.

(4) 깊은 휨부재의 내부 받침부에서 부철근은 인접경간의 부철근과 연속되어야 한다.

7-2-4 복부철근의 정착

(1) 복부철근은 피복두께의 요구조건과 다른 철근의 간격이 허용하는 한 부재의 압축면과 인장면 가까이까지 연장되어야 한다.

(2) 한 가닥 U형 또는 복U형 스터럽의 단부는 다음 중 한 가지 방법에 의해 정착되어야 한다.

① D16 이하의 철근 또는 지름 16mm 이하의 철선으로 길이 방향 철근을 둘러싸는 표준갈고리로 정착하여야 한다.

② f_y가 300 MPa 이상인 D19, D22 및 D25 스터럽은 길이 방향 철근을 둘러싸는 표준갈고리 외에 추가로 부재의 중간 깊이에서 갈고리 단부의 바깥까지에 $0.17d_bf_y/\sqrt{f_{ck}}$ 이상의 묻힘길이를 확보하여 정착하여야 한다.

③ U형 스터럽을 구성하는 용접원형철망의 각 가닥은 다음의 (가) 또는 (나)의 방법으로 정착하여야 한다.

(가) U형 스터럽의 가닥 상부에 50 mm 간격으로 2개의 종방향 철선을 배치하여야 한다.

(나) 길이 방향 철선 하나는 압축면에서 $d/4$ 이하에 배치하고, 두 번째 길이 방향 철선은 첫 번째 철선으로부터 50 mm 이상의 간격으로 압축면에 가까이 배치하여야 한다. 이 때 두 번째 길이 방향 철선은 굴곡부 바깥에 두거나 굴곡부 내면 지름이 $8d_b$ 이상인 경우는 굴곡부상에 둘 수 있다.

④ 용접원형 또는 이형철망 한 가닥 스터럽에서 각 단부의 정착은 2개의 길이 방향 철선을

50 mm 이상 떨어지도록 배치하되, 안쪽의 철선은 부재의 중간깊이 $d/2$에서 $d/4$ 또는 50 mm 중 큰 값 이상 떨어지도록 배치하여야 한다. 이 때 인장면에 가장 가까이 배치된 길이 방향 철선은 인장면에 가장 가까이 배근된 휨 주철근보다 인장면에서 더 멀리 배치되지 않아야 한다.

⑤ 장선구조에서는 D13 이하 철근 또는 지름 13 mm 이하의 철선스터럽의 경우 표준갈고리를 두어야 한다.

(3) U형 또는 복U형 스터럽의 양 정착단 사이의 연속구간 내의 굽혀진 부분은 종방향 철근을 둘러싸야 한다.

(4) 전단철근으로 사용하기 위해 굽혀진 종방향 주철근이 인장구역으로 연장되는 경우에 종방향 주철근과 연속되어야 하고, 압축구역으로 연장되는 경우는 식 (6-17)을 만족시키는 응력을 f_y 대신 사용하여 부재의 중간깊이 $d/2$를 지나서 8-1-2의 규정에 따라 계산된 정착길이 만큼을 확보하여야 한다.

(5) 폐쇄형으로 배근된 한 쌍의 U형 스터럽 또는 띠철근은 겹침이음길이가 $1.3l_d$ 이상일 때 적절하게 이어진 것으로 볼 수 있다.

(6) 깊이가 450 mm 이상인 부재에서 스터럽의 가닥들이 부재의 전 깊이까지 연장된다면 폐쇄스터럽의 이음이 적절한 것으로 볼 수 있다. 이 때 한 가닥의 이음부에서 발휘할 수 있는 인장력 $A_b f_y$는 40 kN 이하이어야 한다. 여기서 A_b는 철근 1개의 단면적이다.

7-3 철근의 이음

7-3-1 일반사항

(1) 철근은 설계도 또는 시방서에서 요구하거나 허용한 경우 책임기술자의 승인 하에서만 이음을 할 수 있다.

(2) 겹침이음은 다음 규정에 따라야 한다.

① D35를 초과하는 철근은 겹침이음을 하지 않아야 한다. 다만, 7-3-3(2)는 이 규정이 적용되지 않는다.

② 다발철근의 겹침이음은 다발 내의 개개 철근에 대한 겹침 이음길이를 기본으로 하여 결정되어야 하며, 각 철근은 7-1-4에 따라 겹침 이음길이를 증가시켜야 한다. 그러나 한 다발 내에 각 철근의 이음은 한 군데에서 중복하지 않아야 한다. 또한 두 다발철근을 개개 철근처럼 겹침 이음하지 않아야 한다.

③ 휨부재에서 서로 직접 접촉되지 않게 겹침이음된 철근은 횡방향으로 소요 겹침이음길이의 1/5 또는 150 mm 중 작은 값 이상 떨어지지 않아야 한다.

(3) 용접이음과 기계적 연결은 다음 규정에 따라야 한다.

① 용접이음은 철근의 설계기준 항복강도 f_y의 125% 이상을 발휘할 수 있는 완전용접이어야 한다.

② 기계적 연결은 철근의 설계기준 항복강도 f_y의 125% 이상을 발휘할 수 있는 완전 기계적 연결이어야 한다.

③ ① 또는 ②의 요구조건을 만족하지 않는 용접이음이나 기계적 연결은 7-3-2(4)를 만족하여야 하며, D16 이하의 철근에만 허용된다.

7-3-2 인장 이형철근 및 이형철선의 이음

(1) 인장을 받는 이형철근 및 이형철선의 겹침이음 길이는 A급, B급으로 분류하며 다음 값 이상으로 하여야 한다. 그러나 300 mm 이상이어야 한다.

① A급 이음 : $1.0l_d$

② B급 이음 : $1.3l_d$

여기서, l_d는 7-1-2에 따라 계산된 인장 이형철근의 정착길이이다. 이 때 7-1-2(5)의 보정계수는 적용하지 않아야 한다.

(2) 겹침이음에서 A급 이음과 B급 이음은 다음과 같이 분류한다.

① A급 이음 : 배근된 철근량이 이음부 전체 구간에서 해석 결과 요구되는 소요 철근량의 2배 이상이고, 소요 겹침이음 길이내 겹침이음된 철근량이 전체 철근량의 1/2 이하인 경우

② B급 이음 : ①에 해당되지 않은 경우

(3) 이음부에 배근된 철근량이 해석결과 요구되는 소요 철근량의 2배 미만인 경우에

7-3-1(3)① 또는 ②의 요구조건을 만족하여야 한다.

(4) 7-3-1(3)① 또는 ②를 만족하지 않더라도 이음부에 배근된 철근량이 해석결과 요구되는 소요 철근량의 2배 이상이고, 아래의 ①과 ②의 요구조건을 따르는 경우, D16 이하의 철근에 대해서 용접이음 또는 기계적 연결에 의한 이음을 허용한다.

① 각 철근의 이음부는 서로 600 mm 이상 엇갈려야 하고, 이음부에서 계산된 인장응력의 2배 이상을 발휘할 수 있도록 이어져야 한다. 또한 배근된 전체 철근이 140 MPa 이상의 응력을 발휘할 수 있어야 한다.

② 각 단면에서 발휘하는 인장력을 계산할 때 이어진 철근은 규정된 이음강도를 발휘하는 것으로 보아야 한다. 이어지지 않은 연속철근의 인장응력은 실제로 짧게 배근된 정착길이와 설계기준항복강도 f_y를 발휘할 수 있도록 계산된 정착길이 l_d와의 비를 f_y에 곱하여 사용하여야 한다.

(5) 인장부재의 철근이음은 7-3-1(3)① 또는 ②에 따라 완전용접이나 기계적 연결로 이루어져야 한다. 이 때 인접철근의 이음은 75 cm 이상 떨어져서 서로 엇갈려야 한다.

표 7-2 인장 겹침이음의 분류

$\dfrac{\text{배근}A_s}{\text{소요}A_s}$	소요겹침이음 길이 내의 이음된 철근 A_s의 최대(%)	
	≤ 50%	> 50%
> 2	A급	A급
< 2	B급	B급

7-3-3 압축 이형철근의 이음

(1) 압축철근의 겹침이음길이는 f_y가 400 MPa 이하인 경우는 $0.072 f_y d_b$ 이상, f_y가 400 MPa를 초과할 경우는 $(0.13 f_y - 24) d_b$ 이상이어야 하고, 어느 경우에나 300 mm 이상이어야 한다. 이 때 콘크리트의 설계기준강도가 21 MPa 미만인 경우는 겹침이음길이를 1/3 증가시켜야 한다.

(2) 서로 다른 크기의 철근을 압축부에서 겹침이음하는 경우 이음길이는 크기가 큰 철근의 정착길이와 크기가 작은 철근의 겹침이음길이 중 큰 값 이상이어야 한다. 이 때 D41과 D51 철근은 D35 이하 철근과의 겹침이음이 허용된다.

(3) 압축부에서 사용하는 용접이음과 기계적 연결은 7-3-1(3)①과 ②의 요구조건을 만족하여야 한다.

(4) 철근이 압축력만을 받을 경우는 철근과 직각으로 절단된 철근의 양 끝을 적절한 장치에 의해 중심이 잘 맞도록 접촉시킴으로써 압축응력을 직접 지압에 의해 전달할 수 있다.

(5) 철근의 양 단부는 철근 축의 직각면에 1.5° 이내의 오차를 갖는 평탄한 면이 되어야 하고, 조립 후 지압면의 오차는 3° 이내이어야 한다.

(6) 단부 지압이음은 폐쇄띠철근, 폐쇄스터럽 또는 나선철근을 배치한 압축부재에서만 사용하여야 한다.

7-4 기둥철근 이음에 관한 특별규정

(1) 겹침이음, 맞댐 용접이음, 기계적 연결 또는 단부 지압이음은 7-4(2)에서 (7)까지의 제한 조건에 따라 사용되어야 한다. 이와 같은 철근의 이음은 기둥의 모든 하중조합에 대한 요구조건을 만족해야 한다.

(2) 계수하중에 의해 철근이 압축응력을 받는 경우 겹침이음은 7-3-3(1)과 (2)에 따라야 하며 해당되는 경우에 다음의 ①과 ②에도 따라야 한다.

① 띠철근 압축부재의 경우 겹침이음길이 전체에 걸쳐서 띠철근이 $0.0015hs$ 이상의 유효단면적을 갖는다면 겹침이음길이에 계수 0.83을 곱할 수 있다. 그러나 겹침이음길이는 300 mm 이상이어야 한다. 여기서 유효단면적은 부재의 치수 h에 수직한 띠철근 가닥의 전체 단면적이다.

② 나선철근 압축부재의 경우 나선철근으로 둘러싸인 축방향 철근의 겹침이음길이에 계수 0.75를 곱할 수 있다. 그러나 겹침이음길이는 300 mm 이상이어야 한다.

(3) 계수하중하에서 철근이 $0.5f_y$ 이하의 인장응력을 받고 어느 한 단면에서 전체 철근의 1/2을 초과하는 철근이 겹침이음되면 B급 이음으로, 전체 철근의 1/2 이하가 겹침이음되고 그 겹침이음이 교대로 l_d 이상 서로 엇갈려 있으면 A급 이음으로 하여야 한다.

(4) 계수하중하에서 철근이 $0.5f_y$보다 큰 인장응력을 받는 경우 겹침이음은 B급 이음으로 하여야 한다.

(5) 기둥철근의 용접이음이나 기계적 연결은 7-3-1(3)의 ①과 ②의 요구조건을 만족하여야 한다.

(6) 7-3-3(4), (5)와 (6)에 따른 단부 지압이음은 이음이 서로 엇갈려 있거나 이음 위치에서 추가철근이 배근된 경우 압축할 수 있다.

(7) 기둥 각 면에 배근된 연속철근은 그 면에 배근된 수직철근량에 설계기준 항복강도 f_y의 25%를 곱한 값 이상의 인장강도를 가져야 한다. 기둥의 겹침이음에 대한 규정은 일반적인 기둥의 하중-모멘트 상관도에서 그림 7-1과 같이 표현되고, 표 7-2로 요약할 수 있다.

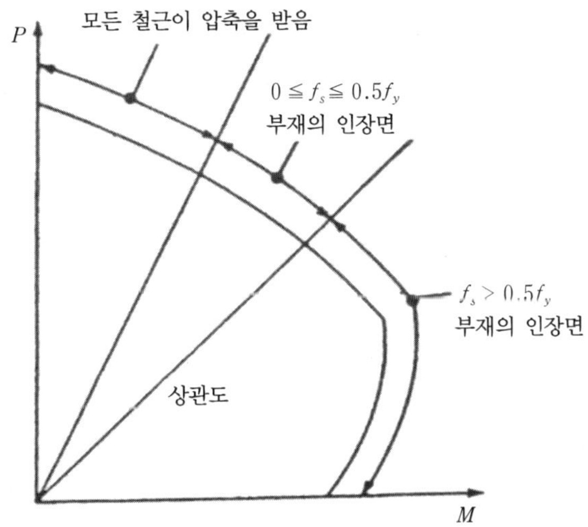

그림 7-1 기둥철근 이음의 특별 규정

예제 7-1 **다음 그림과 같은 보단면에 대하여 인장철근 HD22의 소요 정착 길이를 계산하여라. 다만, $f_{ck} = 24\,\text{MPa}$, $f_y = 400\,\text{MPa}$, 최소피복두께 40 mm, 스터럽 HD10 − @ 150이다.**

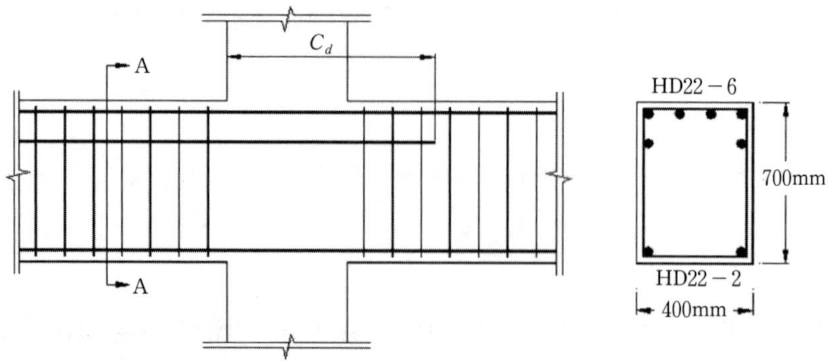

풀 이

1) 방법 1

① 기본정착길이 :

$$l_{db} = \frac{0.6 d_b f_y}{\sqrt{f_{ck}}} = \frac{0.6 \times 22 \times 400}{\sqrt{24}}$$

$$= 1,077.8\,(\text{mm})$$

② 철근의 순간격과 피복두께 : 정착되는 철근의 순간격

$$= \frac{[400 - 2 \times (\text{최소피복두께}) - 2 \times (\text{ HD10스터럽}) - 4\text{D22}]}{3}$$

$$= \frac{[400 - 2\times40 - 2\times10 - 4\times22]}{3}$$

$= 70.67(\text{mm})\ (\because\ 70.66/22 = 3.21)$

$= 3.21 d_b > d_b (\because\ 50/22 = 2.27)$

피복두께 $= 40 + 10 = 50\ \text{mm} = 2.27 d_b > d_b$

③ 보정계수를 고려한 정착길이 :

순간격과 피복두께가 d_b 이상이고, HD22 이상 철근을 사용하므로

보정계수 $= 1.25\alpha\beta\lambda$을 적용하고,

철근배근 위치계수 : $\alpha = 1.3$ (상부철근)

에폭시 도막계수 : $\beta = 1.0$

경량콘크리트 계수 : $\lambda = 1.0$ (일반콘크리트)이므로

정착길이 : $l_d = (\alpha\beta\lambda)\, l_{db}$

$= (1.3\times1.0\times1.0)\times1077.8$

$= 1,401.1\,(\text{mm}) > 300\,(\text{mm})$

$= 63.69 d_b$ 이다.

2) 방법 2

정착길이 일반식 : $l_d = \dfrac{0.90 d_b f_y}{\sqrt{f_{ck}}} \dfrac{\alpha\beta\gamma\lambda}{\left(\dfrac{c+K_{tr}}{d_b}\right)}$

여기서, 철근배수 위치계수 : $\alpha = 1.3$

에폭시 도막계수 : $\beta = 1.0$

철근의 크기계수 : $\gamma = 1.0$

경량콘크리트계수 : $\lambda = 1.0$

$\dfrac{c+K_{tr}}{d_b}$의 계산에서 K_{tr}을 0으로 할 경우

철근의 중심에서 표면까지의 거리 $= 40 + 10 + \dfrac{22}{2} = 61\,(\text{mm})$

(정착되는 철근의 중심간 거리)/2 $= \dfrac{(70.67 + 22)}{2} = 46.34\,(\text{mm})$

$\therefore\ c = 46.34\,(\text{mm})$이다.

따라서 $\dfrac{c+K_{tr}}{d_b} = \dfrac{46.34 + 0}{22} = 2.11 < 2.5$

정착길이 : $l_d = \dfrac{0.90 \times 22 \times 400}{\sqrt{24}} \times \dfrac{1.3 \times 1 \times 1 \times 1}{2.11}$

$= 996.03\,(\text{mm})$

$= 45.27 d_b$이다.

3) 정착길이 검토

(방법 1)을 이용한 근사식은 단순하여 사용하기 편리하고, (방법 2)는 다소 복잡하지만 일반적으로 정착 길이를 줄일 수 있어 경제적이다.

예제 7-2 **다음 그림과 같이 상단 인장 철근이** HD13 − @2,000**일 때 정착 길이를 구하여라. 다만,** $f_{ck} = 24\ \text{MPa}$, $f_y = 400\ \text{MPa}$**이다.**

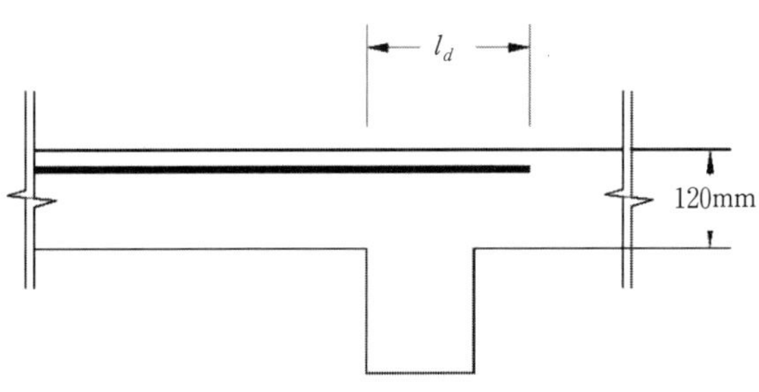

풀 이 1) 방법 1

① 기본정착길이 :

$$l_{db} = \frac{0.6 d_b f_y}{\sqrt{f_{ck}}} = \frac{0.6 \times 13 \times 400}{\sqrt{24}}$$
$$= 636.86\,(\text{mm})$$

② 철근의 순간격과 피복두께 :

정착되는 철근의 순간격 $= 200 - 13 = 187\,(\text{mm})$

$= 14.38 d_b > 2 d_b$

피복두께 $= 20\,\text{mm} = 1.54 d_b > d_b$

③ 보정계수를 고려한 정착길이 :

순간격과 피복두께가 d_b 이상이고, HD19 이하 철근을 사용하므로

보정계수는 $\alpha\beta\lambda$을 적용하고,

철근배근 위치계수 : $\alpha = 1.0$ (상부철근)

에폭시 도막계수 : $\beta = 1.0$

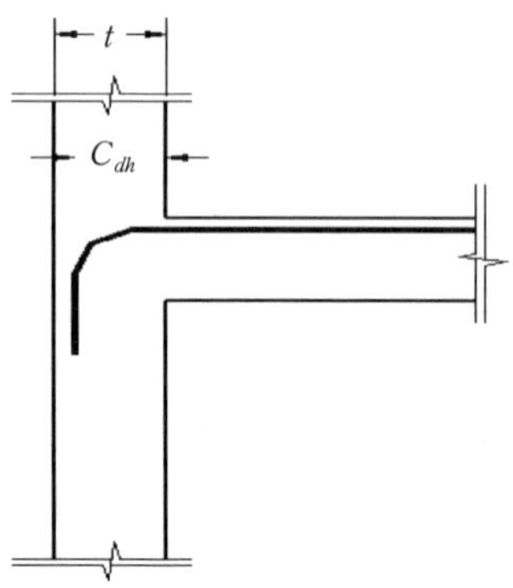

경량콘크리트 계수 : $\lambda = 1.0$ (일반콘크리트)이므로

정착길이 : $l_d = (0.8 \alpha \beta \lambda)\, l_{db}$

$= (0.8 \times 1 \times 1 \times 1) \times 636.86$

$= 509.49\,(\text{mm}) > 300\,(\text{mm}) = 40 d_b$이다.

2) 방법 2

정착길이 일반식 : $$l_d = \frac{0.285 d_b f_y}{\sqrt{f_{ck}}} \frac{\alpha\beta\gamma\lambda}{\left(\dfrac{c + K_{tr}}{d_b}\right)}$$

여기서, 철근배수 위치계수 : $\alpha = 1.0$

에폭시 도막계수 : $\beta = 1.0$

철근의 크기계수 : $\gamma = 0.8$(D19 이하의 철근)

경량콘크리트계수 : $\lambda = 1.0$

횡방향 철근지수 : $K_{tr} = 0$

철근의 중심에서 표면까지의 거리 $= 20 + \frac{13}{2} = 26.5\,(\text{mm})$

(정착되는 철근의 중심간 거리)/2 $= \frac{200}{2} = 100\,(\text{mm})$

$\therefore\ c = 26.5\,(\text{mm})$이다.

따라서

$$\text{정착길이 : } l_d = \frac{0.90 \times 13 \times 400}{\sqrt{24}} \times \frac{1 \times 1 \times 0.8 \times 1}{\frac{26.5}{13}}$$

$$= 374.91\,(\text{mm}) > 300\,(\text{mm}) = 29 d_b \text{이다.}$$

3) 정착길이 검토 :

철근간격이 슬래브와 같이 넓은 경우 (방법 2)에 의한 정착길이가 보다 경제적이다.

예제 7-3 **그림과 같이 HD10가 90° 표준갈고리로 벽체나 보에 인장정착될 경우 인장정착길이와 최소벽두께를 구하여라.**
다만, $f_{ck} = 24\,\text{MPa}$, $f_y = 400\,\text{MPa}$, 피복누께 $= 20\,\text{mm}$이나.

풀 이 1) 정착길이 :

① 피복두께 $= 20\text{ mm} < 50\text{mm}$일 때 : 식 (7-4)에서

$$l_{dh} = l_{hb} = \frac{100 d_b}{\sqrt{f_{ck}}} = \frac{100 d_b}{\sqrt{24}} = 20.41 d_b$$

HD10을 사용시

$$l_{dh} = l_{hb} = 1.0 \times 20.41 \times 10$$

$$= 204.0\,(\text{mm}) > 8 d_b = 80\,(\text{mm}) \text{ 또는 } 150\,(\text{mm})$$

$\therefore$ 두께 또는 폭 $t = 204 + 20 = 224\text{ mm}$

08 Chapter 기둥(Column)의 설계

8-1 일반사항

일반적인 철근콘크리트 기둥의 단면은 직사각형이거나 원형을 가지고 있으며, 축방향 철근(longitudinal steel)을 주근으로 하고, 띠철근을 횡방향으로 배치한 기둥을 띠기둥(tied column)이라 하고, 연속된 나선형 횡방향 철근을 배치한 기둥을 나선기둥(spiral column)이라 한다. 일반적으로 압축만을 받는 기둥은 거의 없고, 압축과 모멘트를 동시에 받는 기둥의 경우가 대부분이고, 압축재에 있어서는 콘크리트의 압축파괴시 최대 압축변형률은 휨재에 극한 휨모멘트가 발생할 때의 변형률과 같이 0.003 부근에서 측정되므로 휨재의 기본가성이 압축재에서도 동일하게 적용된다. 압축부재를 설계하는데 필요한 설계가정은 다음과 같다.

(1) 휨과 축하중을 받는 부재의 강도설계는 힘의 평형조건과 변형률 적합조건을 만족시켜야 한다.

(2) 철근과 콘크리트의 변형률은 중립축으로부터 거리에 비례한다.

(3) 휨 또는 휨과 축하중을 동시에 받는 부재의 콘크리트 압축연단에서 극한변형률은 0.003이다.

(4) 철근의 응력(강도) = (E_s×변형률) ≤ 설계기준항복강도 (f_y)이다.

(5) 콘크리트의 인장강도는 무시한다.

(6) 콘크리트의 압축응력의 분포와 콘크리트의 변형률 사이의 관계는 등가직사각형 응력분포로 나타낼 수 있다.

8-2 구조제한

압축을 받는 기둥의 구조제한은 다음과 같다.

① 기둥단면의 최소치수는 200 mm 이상, 최소단면적은 60,000 mm^2 이상이다.

② 기둥주근의 지름은 12 mm 또는 D13 이상이고, 주근의 최소 개수는 띠기둥은 4본 이상, 나선기둥은 6본 이상이다.

③ 축방향 주철근의 최소철근비는 전단면적의 1% 이상, 최대철근비는 8% 이하이다.

④ 띠철근의 지름은 주근이 D32 이하일 때는 D10 이상의 띠철근, D35 이상 또는 다발철근일 때는 D13 이상의 띠철근을 사용한다. 또한 띠철근의 수직간격은 주근지름의 16배, 띠철근 지름의 48배, 기둥단면의 최소 치수 중에서 가장 작은 값 이하로 하고, 나선철근의 간격은 30 mm 이상 80 mm 이하로 한다.

⑤ 기둥의 피복의 두께는 40 mm 이상이다.

⑥ 나선철근의 최소철근비 $\rho_{s(\min)}$는 기둥 심부 바깥의 피복이 박리되기 전에 압축재 전단면이 받을 수 있는 최대 중심축 하중과 나선철근의 바깥지름으로 둘러싸인 기둥의 심부가 지지할 수 있는 압축하중이 같아야 하는 조건으로부터 얻어지며 다음과 같다.

$$\rho_{s(\min)} = 0.45\frac{f_{ck}}{f_y}\left(\frac{A_g}{A_c} - 1\right) \tag{8-1}$$

이고, 또한 필요한 나선철근비 ρ_s는 나선철근의 바깥선으로 둘러싸인 심부 콘크리트의 체적에 대한 나선철근의 체적비로 표현되며, 이는 아래와 같다.

$$\rho_s = \frac{\text{간격 } s \text{ 내의 나선철근의 체적}}{\text{간격 } s \text{ 내의 심부콘크리트의 체적}} = \frac{(A_{sp}\times l_{sp})}{(A_c\times s)}$$

$$= \frac{A_{sp}(\pi D_c)}{\left(\frac{\pi D_c^2}{4}\right)\times s}$$

$$= \frac{4A_{sp}}{D_c\cdot s} \tag{8-2}$$

⑦ 나선철근의 간격은 식 (8-2)로부터 다음과 같다

$$\text{나선철근의 간격, } s = \frac{4A_{sp}}{D_c\cdot\rho_s} \tag{8-3}$$

여기서, A_{sp} : 나선철근 단면적 $(=\frac{\pi d_s^2}{4})$

l_{sp} : 나선철근 1회전의 길이 $(=\pi D_c)$

A_c : 심부의 단면적 $(=\frac{\pi D_c^2}{4})$

s : 나선철근 간격

d_s : 나선철근 지름

D_c : 나선철근의 바깥지름으로 측정되는 심부의 지름 $(=D-2\times$피복두께$)$

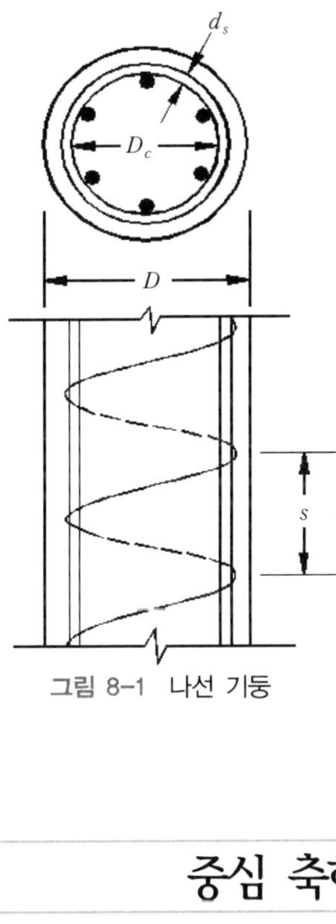

그림 8-1 나선 기둥

8-3 중심 축하중을 받는 단주 설계

8-3-1 최대 축하중강도

일반적으로 기둥은 단주와 장주로 분류되며, 주로 단주의 강도는 재료의 강도와 기둥 단면의 크기에 의해 결정된다. 따라서 편심이 전혀 없는 순수 압축력을 받는 단주의 최대 축하중강도 P_0는 콘크리트와 철근이 부담하는 하중을 합한 다음 식과 같다.

$$P_0 = 0.85 f_{ck}(A_g - A_{st}) + f_y A_{st} \qquad (8-4)$$

$$A_{st} = p_g bh \tag{8-5}$$

여기서, A_{st} : 기둥의 압축철근 단면적

A_g : 기둥의 전체 단면적

ρ_g : 기둥의 압축철근비

그리고 식 (8-4)에서 계수 0.85는 f_{ck}의 값을 저감시킴으로써 기둥 콘크리트에 장기적으로 작용하는 하중과 표준 공시체에 의한 콘크리트 압축강도와의 차이를 보정해 주는 값이며, 실험 결과로부터 얻은 값이다. 하지만 압축재의 설계강도(ΦP_n)는 압축재에 존재할 수 있는 예측치 못한 편심하중에 대비하여야 한다. 따라서 기준에서는 띠기둥인 경우 0.8배, 나선기둥인 경우 0.85배를 저감하여 사용하도록 규정하고 있다. 이러한 저감 비율은 압축재 설계에서 최소 편심을 띠기둥의 경우 $0.10h$, 나선기둥의 경우 $0.05h$로 규정하는 것과 같다. 따라서 중심 축하중을 받는 단주의 최대 설계중심 축하중강도는 다음과 같다.

① 띠기둥의 경우 :

$$\Phi P_{n(\max)} = 0.80\,\Phi[0.85 f_{ck}(A_g - A_{st}) + A_{st} f_y] \tag{8-6}$$

② 나선기둥의 경우 :

$$\Phi P_{n(\max)} = 0.85\,\Phi[0.85 f_{ck}(A_g - A_{st}) + A_{st} f_y] \tag{8-7}$$

그리고 식 (8-6)과 식 (8-7)에서 강도저감계수 Φ를 나선기둥의 경우 0.75, 띠기둥의 경우 0.70으로 각각규정하고 있다. 즉 나선 기둥이 띠기둥보다 변형저항능력이 크다고 할 수 있다. 또한 식 (8-6)과 식 (8-7)에서 기둥의 철근비 ρ_g를 이용한 최대 설계 중심축하중은 각각 다음 식과 같다.

$$\Phi P_n(\max) \le 0.8\,\Phi A_g[0.85 f_{ck}(1-\rho_g) + \rho_g f_y] \tag{8-8}$$

$$\Phi P_n(\max) \le 0.85\,\Phi A_g[0.85 f_{ck}(1-\rho_g) + \rho_g f_y] \tag{8-9}$$

8-3-2 기둥단면의 산정

기둥설계의 초기단계에서 기둥의 단면을 가정해야 하는데 단면에 대한 축하중강도가 그 단면에 작용하는 휨모멘트 크기에 따라 변하기 때문에 쉽지 않다. 그러나 모멘트가 작은 기둥은 식 (8-8)과 식 (8-9)에서 기둥의 단면을 구하면,

(1) 띠기둥의 경우

$$A_g \geq \frac{P_u}{0.8\Phi[0.85 f_{ck}(1-\rho_g)+\rho_g f_y]}$$

$$A_g \geq \frac{P_u}{0.45(f_{ck}+\rho_g f_y)} \qquad (8-10)$$

(2) 나선기둥의 경우

$$A_g \geq \frac{P_u}{0.55(f_{ck}+\rho_g f_y)} \qquad (8-11)$$

이다. 그러나 휨모멘트가 큰 경우는 식 (8-10)과 식 (8-11)에서 구한 기둥단면을 적절히 할증하여 사용해야 한다.

예제 8-1 **그림과 같은 편심이 없는 단주 띠기둥의 최대 설계 중심 축하중강도와 압축철근비를 구하여라.**
다만, $f_{ck} = 24\,\text{MPa}$, $f_y = 400\,\text{MPa}$이다.

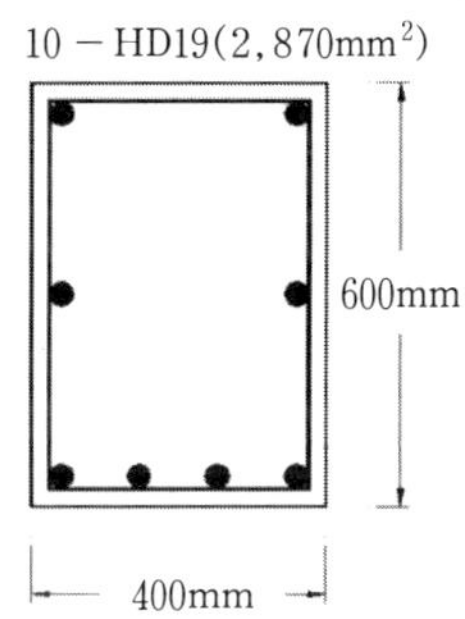

풀 이 ① 최대 설계 중심축하중 강도:

$$\begin{aligned} P_u &= \Phi P_{n(\max)} \\ &= 0.8\times0.7\times[0.85\times24(400\times600-2,870) \\ &\quad +400\times2,870]\times10^{-3} \\ &= 3,187.03\ (\text{kN}) \end{aligned}$$

② 압축 철근비:

$$\rho_g = \frac{2,870}{400\times600} = 0.012$$

$\rho_{\min} = 0.01 < \rho_g < \rho_{\max} = 0.08$이므로 적합하다.

예제 8-2 **그림과 같은 편심이 없는 단주 나선기둥의 최대 설계 중심 축하중강도 및 나선철근비를 구하여라.**
다만, $f_{ck} = 24\,\text{MPa}$, $f_y = 400\,\text{MPa}$이다.

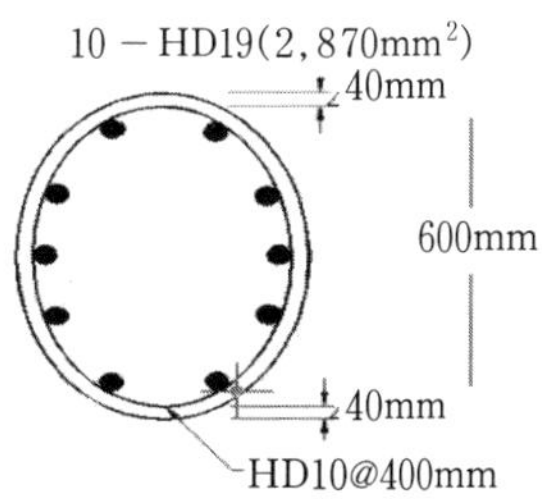

풀 이 ① 최대 축하중 설계강도 :

$$\Phi P_{n(\max)} = 0.85\times 0.75[0.85\times 24 \times(3.14\times 300^2 - 2,870) + 400\times 2,870]\times 10^{-3} = 4,369.7\ (\text{kN})$$

② 최소나선철근비 : 최소 나선철근비는(피복두께를 40 mm로 하면)

$$\rho_{s(\min)} = 0.45\times\left(\frac{3.14\times 300^2}{3.14\times 260^2} - 1\right)\times\frac{24}{400} = 0.00895$$

③ 필요 나선철근비는 나선철근의 간격을 40mm로 하면,

$$\rho_s = \frac{4\times 71}{520\ \times 40} = 0.0136 > \rho_{s(\min)} = 0.00895$$ 이므로 적합하다.

예제 8-3 **단주 띠기둥이 최대 축하중강도 2,600kN(장기)를 받을 때 필요 철근량을 구하여라. 다만, $f_{ck} = 21\,\text{MPa}$, $f_y = 400\,\text{MPa}$이다.**

풀 이 띠기둥의 크기를 $bD = 400\,\text{mm}\times 500\,\text{mm}$로 하면, 식에서

$$2,600,000 = 0.8\times 0.7[0.85\times 21(400\times 500 - A_{st}) + 400A_{st}] = 1,999,200 + 214.0A_{st}$$

$$A_{st} = \frac{2,600,000 - 1,999,200}{214.0} = 2,807.5\ (\text{mm}^2)$$

∴ HD19 − 10(2,870 mm ^{2})이고,
배근은 그림과 같다.

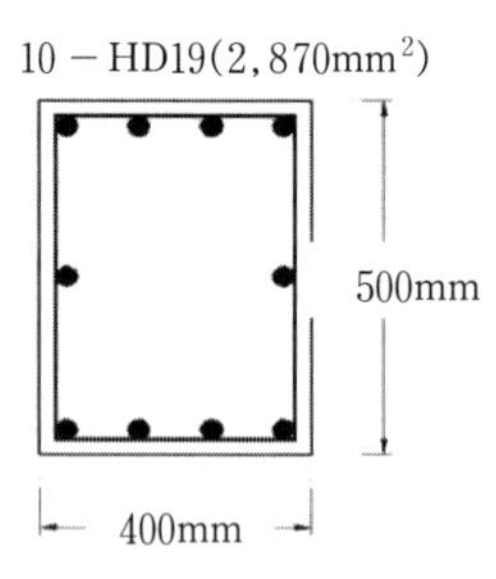

8-4 축하중과 휨모멘트를 받는 단주 설계

철근콘크리트 기둥은 보나 슬래브와 같은 수평부재들과의 연결로 인한 편심하중에 의해서

축하중과 동시에 휨모멘트가 작용되는 것이 일반적이다. 이러한 편심하중이 비교적 작은 경우에는 기둥의 전단면적에 압축응력이 발생되어 콘크리트가 먼저 압괴되는 파괴가 일어나기 쉬우며, 편심하중이 비교적 클 경우에는 단면 내의 인장력에 의한 철근의 항복이 콘크리트 파괴보다 우선적으로 일어날 수 있다. 이러한 기둥이 축하중과 휨모멘트를 동시에 받을 때 기둥의 설계는 다음과 같은 기본 조건식을 만족하여야 한다.

$$\Phi P_n \geq P_u, \quad \Phi M_n \geq M_u \tag{8-12}$$

여기서, ΦP_n와 ΦM_n은 강도감소계수를 고려한 축하중 및 휨 모멘트에 대한 설계강도이며, P_u와 M_u는 계수하중을 고려한 극한 요구강도이다.

8-4-1 축하중과 휨모멘트를 받는 단주의 강도

(1) 띠기둥의 균형상태에 있어서 축하중과 휨모멘트

균형상태에서는 콘크리트가 극한변형 $\varepsilon_c = 0.003$에 도달함과 동시에 인장철근도 항복변형률에 도달하는 상태이다. 띠기둥 축하중과 휨모멘트를 구하기 위하여 변형률 적합조건에 따라 중립축거리 c_b는

$$\frac{c_b}{d} = \frac{0.003}{0.003 + \dfrac{f_y}{E_s}}$$

$$c_b = \frac{6,000}{6,000 + f_y} d \tag{8-13}$$

여기서, $E_s = 2.0 \times 10^5$ MPa이다.

균형상태에서의 수평력 합은

$$P_b = C_c + C_s - T \tag{8-14}$$

$$C_c = 0.85 f_{ck} a b$$

$$C_s = A_s'(f_s - 0.85 f_{ck})$$

$$T = A_s f_y$$

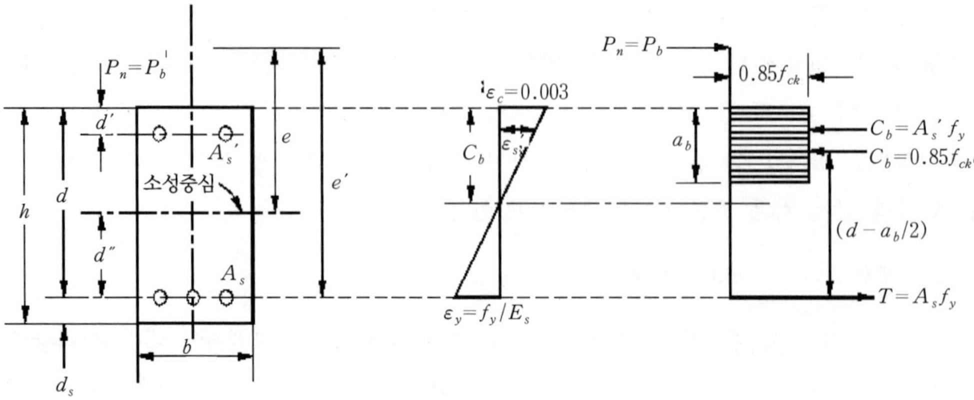

그림 8-2 띠기둥의 균형상태

식 (8-14)에서 압축철근의 압축력 C_s는 변형률에서 압축철근의 압축변형률에 대한 응력 f_s $(=E_s/\varepsilon_s)$로 구해지는데, 일반적으로 기둥단면 외단의 콘크리트 변형률이 $\varepsilon_u=0.003$에 도달할 때 철근은 항복변형률에 도달하게 되므로 압축철근의 응력 f_s 대신 항복응력 f_y를 사용한다.

따라서 식 (8-14)은 다음과 같다.

$$P_b=0.85f_{ck}ab+A_s'(f_y-0.85f_{ck})-A_sf_y \tag{8-15}$$

그림 8-2에서 단면의 도심에 대한 모멘트 균형식을 구하면 다음 식과 같다.

$$\begin{aligned} M_b &= P_b\cdot e_b \\ &= 0.85f_{ck}ab(d-\frac{a}{2}-d'') \\ &\quad +A_s'(f_y-0.85f_{ck})(d-d'-d'')-A_sf_yd'' \end{aligned} \tag{8-16}$$

$$e_b=M_b/P_b \tag{8-17}$$

$$d''=\frac{D}{2}-d' \tag{8-18}$$

예제 8-4 **그림과 같은 띠기둥의 균형상태에서 P_b, e_b 및 M_b를 구하여라.**
다만, $f_{ck}=24$ MPa, $f_y=400$ MPa이다.

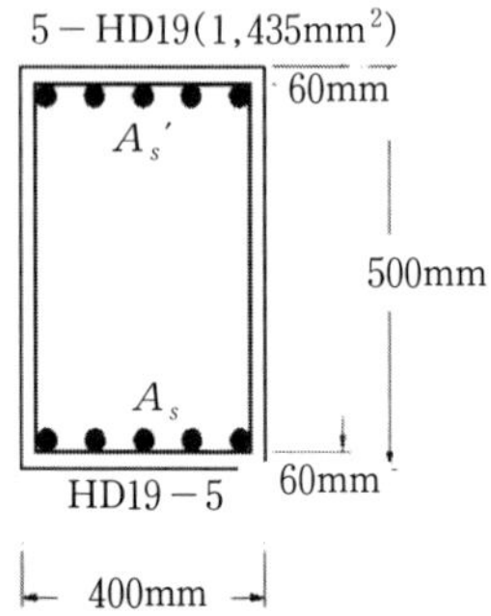

풀 이 ① 균형상태의 중립축거리 C_b 산정 :

$d=500-60=440$ (mm)이므로

식 (8-17)에서

$$c_b = \frac{600\times440}{600+400} = 264\ (\text{mm})$$

$$a_b = \beta_1 c_b = 0.85\times264 = 224.4\ (\text{mm})$$

② 응력 C_c, C_s, T 산정 : 식에서

$$C_c = 0.85 f_{ck} a_b b = 0.85\times24\times224.4\times440\times10^{-3} = 2,014.21\ (\text{kN})$$

$$\varepsilon_s' = 0.003\times\frac{(264-60)}{264} = 0.00232 > \varepsilon_y = \frac{400}{2.1\times10^5} = 0.0019$$

이므로 $f_s = f_y$이고, 압축철근이 항복한다.

$$C_s = A_s'(f_y - 0.85 f_{ck}) = 1435\times(400-0.85\times24)\times10^{-3}$$
$$= 544.7\ (\text{kN})$$

$$T = f_y A_{st} = 400\times1435\times10^{-3} = 574.0\ (\text{kN})$$

③ 균형변형률 상태에서의 축하중 P_b와 편심 e_b의 산정 :

$$P_b = 2014.21 + 544.7 - 574.0 = 1984.91\ (\text{kN})$$

$$M_b = P_b e_b = 1984.91\times(440-224.4/2-190)$$
$$+544.7\times(440-60-190) - 574.0\times190$$
$$= 267,953.60\ (\text{kN})$$

$$\therefore\ e_b = \frac{267953.60}{1984.91} = 135.0\ (\text{mm})$$

만약 $P_n > P_b = 1984.91\ (\text{kN})$이거나 $e < 135.0\ (\text{mm})$이면 띠기둥은 압축파괴에 속하고, $P_n < P_b = 1984.91\ (\text{kN})$이거나 $e > 135.0\ (\text{mm})$이면 인장파괴에 속하게 된다.

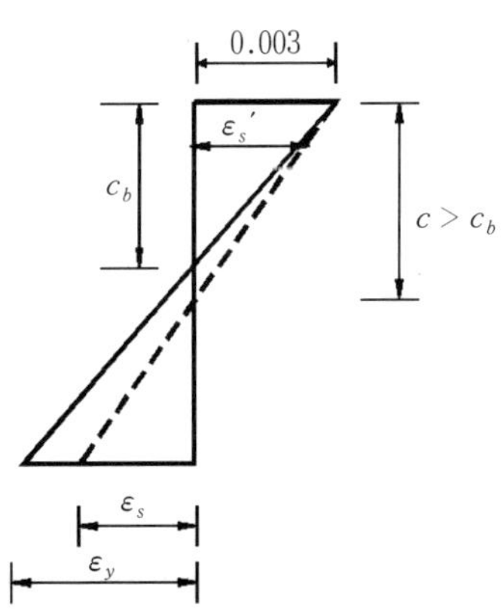

그림 8-3 압축영역의 변형률($\varepsilon_s < \varepsilon_y$일 때 $c > c_b$와 $\varepsilon_s' > \varepsilon_y$)

(2) 압축파괴 영역에 있어서 띠기둥의 압축강도

공칭축하중 P_n이 균형상태의 편심거리 e_b보다 작을 경우 압축력을 받는 콘크리트의 항복이 철근의 인장항복보다 먼저 발생하는 경우를 압축파괴 영역이라 한다.

그림 8-3에서 압축철근이 항복할 때 압축철근의 변형률 ε_s'이 균형상태의 철근변형률 ε_y을 초과하는 경우이다.

예제 8-5 **편심거리 $e=100\,\text{mm}$일 때 [예제 8-4]와 같은 단면에 대한 공칭축하중 P_n을 구하여라.**

풀 이 [예제 8-4]에서

$c_b=264.0$ (mm)

$C_c=0.85f_{ck}\,ba=0.85\times 24\times 400a=8.16a$ (kN)

$C_s=544.7$ (kN)

$T=A_s f_s=1,435f_s$ (kN)이므로

$$P_n=C_c+C_s-T \qquad (f_s<f_y)$$

$$=0.85f_{ck}\,ab+544.7-1435f_s$$

$$=8.16a+544.7-1435f_s \qquad \text{(a)}$$

A_s에 대하여 모멘트를 구하면

$$P_n e'=C_c\left(d-\frac{a}{2}\right)+C_s(d-d')$$

$$e'=e+d-\frac{h}{2} \qquad \text{(대칭철근일 때)}$$

$$=100+440-250$$

$$=290\ \text{(mm)}$$

$$P_n=\frac{1}{290}\times\left[8.16a\left(440-\frac{a}{2}\right)+544.7(440-60)\right]$$

$$=12.38a-0.014a^2+713.74 \qquad \text{(b)}$$

(a)식에서

$$8.16a=P_n-54.47+14.35f_{ck} \qquad \text{(c)}$$

중립축거리 c가 $c_b=264$ (mm)를 초과하는 $c=300$ (mm)이라면

$a=0.85\times 300=255$ (mm)

(b)식에서

$$P_n = 12.38 \times 255 - 0.014 \times 255^2 + 713.74 = 2960.29(kN)$$

$$\varepsilon_s = \frac{(440-300)}{300} \times 0.003 = 0.0014 < \varepsilon_y = 0.0019$$

$$f_s = \varepsilon_s E_s = 0.0014 \times 2.0 \times 10^5 \times 10^{-3} = 0.28\ (\mathrm{kN/mm^2}) < f_y$$

(c)식에서

$$8.16a = 2,960.29 - 544.7 + 1,435 \times 0.28$$

$$\therefore\ a = 2,817.39/8.16 = 345.27\ (\mathrm{mm})$$

그리고

$$\varepsilon_s' = \frac{c-d'}{c} \times \varepsilon_c = \frac{300-60}{300} \times 0.003 = 0.0024 > \varepsilon_y = 0.0019$$

따라서 압축철근이 항복한다.

그리고 $P_b = 1984.91\ (\mathrm{kN}) < P_n = 2960.29\ (\mathrm{kN})$이고,

$e_b = 135\ (\mathrm{mm}) > e = 100\ (\mathrm{mm})$이므로 띠기둥은 압축파괴 영역에 있다.

(3) 인장파괴영역에 있어서 띠기둥의 강도

공칭축하중 P_n이 균형상태의 공칭축하중 P_{nb} 보다 작거나 편심거리 e가 균형상태의 편심거리 e_b보다 클 경우, 압축력을 받고 있는 콘크리트의 항복보다 철근의 인장항복이 먼저 발생하며 인장파괴가 되고, 이때 인장측 철근의 변형률 ε_s는 항복변형률 ε_y보다 크게 된다.

예제 8-6 **[예제 8-4]에서 편심거리 $e = 200\ \mathrm{mm}$일 때 공칭축하중 P_n을 구하여라.**

풀 이 균형방정식으로부터

$$P_n = C_c + C_s - T$$

$$C_c = 0.85 f_{ck}\, ab = 0.85 \times 24 \times 400a = 8.16a\ (\mathrm{kN})$$

$$C_s = A_s'(f_y - 0.85 f_{ck})$$

$$= 1435(400 - 0.85 \times 24) \times 10^{-3}$$

$$= 544.73\ (\mathrm{kN})$$

$$T = A_s f_y = 1435 \times 400 \times 10^{-3} = 574\ (\mathrm{kN})$$

$$P_n = 8.16a + 544.73 - 574 = 8.16a - 29.3 \qquad \text{(a)}$$

A_s에 대한 모멘트를 구하면

$$P_n = \frac{1}{e'}[C_c(d - \frac{a}{2}) + C_s(d - d')]$$

$$e' = e + d - \frac{h}{2} = 200 + 440 - 205 = 390 \text{ (mm)}$$

$$P_n = \frac{1}{390}[8.16\,a(440 - \frac{a}{2}) + 544.7(440 - 60)]$$

$$= 9.21a - 0.01a^2 + 530.7 \qquad \text{(b)}$$

식 (a)와 식 (b)에서

$$8.16a - 29.3 = 9.21a - 0.01a^2 + 530.7$$

$$a^2 - 105a = 56,000$$

$$(a - 5.25)^2 = 53,243.75$$

$$\therefore\ a = 178.3 \text{ (mm)}$$

식 (a)로부터

$$\therefore\ P_n = 8.16 \times 178.3 - 29.3 = 1,425.63 \text{ (kN)}$$

(4) 압축파괴영역에 있어서 Whitney 근사식

압축파괴영역에 있어서 공칭압축강도 P_n에 대한 Whitney 근사식은 다음과 같다.

① 띠기둥일 때 :

$$P_n = \frac{bhf_{ck}}{\frac{3he}{d^2} + 1.18} + \frac{A_s' f_y}{(\frac{e}{d - d'}) + 0.5} \qquad (8-19)$$

② 나선기둥일 때 :

$$P_n = \frac{A_g f_{ck}}{[\frac{0.96he}{0.8h + 0.67D_s} + 1.18]} + \frac{A_{st} f_y}{(\frac{3e}{D_c} + 1)} \qquad (8-20)$$

여기서, e : 단면의 소성중심으로부터 편심거리

D_s : 나선기둥 외부주근 중심에서 중심까지 지름

d : 띠기둥의 유효춤

예제 8-7 **다음 그림과 같이 압축파괴영역에서의 편심거리 $e=100\text{ mm}$인 띠기둥의 공칭축하중 P_n을 구하여라.**
다만, $f_{ck}=21\text{ MPa}$, $f_y=400\text{ MPa}$이다.

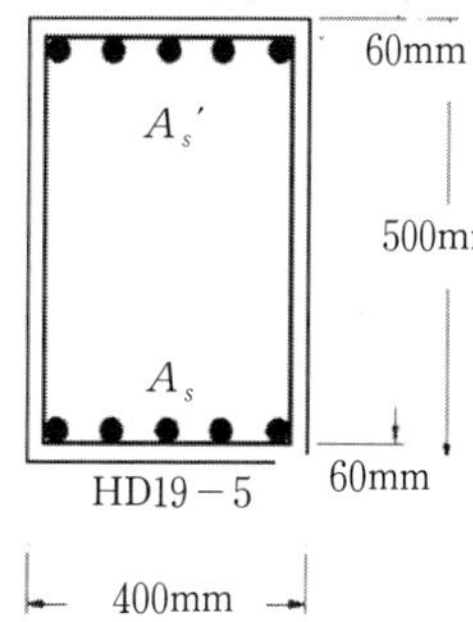

풀 이 식에서

$d'=60\text{ (mm)}$이라면

$$P_n=\left(\frac{400\times500\times21}{\dfrac{3\times500\times100}{440^2}+1.18}+\frac{1435\times400}{\dfrac{100}{380}+0.5}\right)\times10^{-3}$$

$$=2,937.9\text{ (kN)}$$

예제 8-8 **다음 그림과 같이 압축파괴영역에서의 편심거리 $e=100\text{ mm}$인 나선기둥의 공칭축하중 P_n을 구하여라. 다만, $f_{ck}=21\text{ MPa}$, $f_y=400\text{ MPa}$이다.**

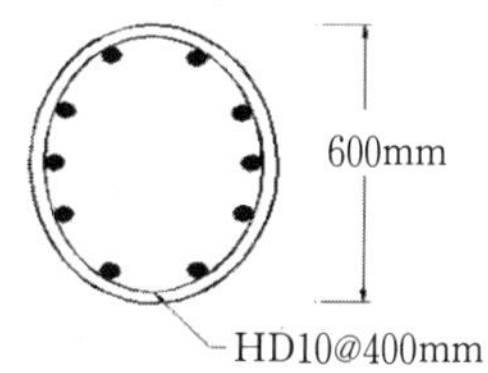

풀 이 식에서

$$A_g=\frac{\pi h^2}{4}=\frac{3.14\times600^2}{4}=2,826\times10^2\text{ (mm}^2)$$

$$D_c=60-6\times2=48\text{ (mm)}$$

$$D_s=48-1.9-2\times1=44.1\text{ (cm)}$$

$$P_n=\frac{2,826\times21\times10^4}{\left(\dfrac{0.96\times600\times100}{0.8\times600+0.67\times480}+1.18\right)}$$

$$+\frac{2,870\times400}{(\dfrac{3\times100}{480}+1)}\times10^{-3}$$

$$=8,831.46\text{ (kN)}$$

$$M_n=P_ne=8831.46\times100=883.146\text{ (kN}\cdot\text{m)}$$

(5) 인장파괴영역에 있어서 띠기둥의 근사식

인장파괴영역에 있어서 편심하중을 받는 공칭축하중 P_n의 근사식은 다음과 같다.

① 띠기둥 :

$$P_n=0.85f_{ck}bd\ [\rho'm'-pm+(1-\frac{e'}{d})$$

$$+\sqrt{(1-\frac{e'}{d})^2+2(\frac{e'}{d})(\rho-\rho'm')+2\rho'm'(1-\frac{d'}{d})} \quad (8-21)$$

여기서, $m=\dfrac{f_y}{0.85f_{ck}}$

$m'=(m-1)$

$\rho=\dfrac{A_s}{bd}$

$\rho'=\dfrac{A_s'}{bd}$

$e'=e+d''$

$A_s=A_s'$ 또는 $\rho=\rho'$일 때 식 (8-25)은

$$P_n=0.85f_{ck}bd\Big\{(-\rho+1-\frac{e'}{d})$$

$$+\sqrt{(1-\frac{e'}{d})^2+2\rho m'(1-\frac{d'}{d})+2\rho\frac{e'}{d}}\Big\} \quad (8-22)$$

식 (8-22)에서 압축철근이 사용되지 않으면 $A_s'=0$ 또는 $\rho'=0$이므로 다음과 같다.

$$P_n=0.85\,f_{ck}bd\Big\{(-\rho m+1-\frac{e'}{d})+\sqrt{(1-\frac{e'}{d})^2+\frac{2e'\rho m}{d}}\Big\} \quad (8-23)$$

② 나선기둥

$$P_n=0.85f_{ck}h^2\left[\sqrt{\left(\frac{0.85e}{h}-0.38\right)^2+\frac{\rho_g mD_s}{2.5h}}-\left(\frac{0.85e}{h}-1.38\right)\right] \quad (8-24)$$

예제 8-9 **[예제 8-7]에서 인장파괴영역에서의 편심거리 $e=200$ mm인 띠기둥의 공칭축하중 P_n을 구하여라.**

풀 이

$m=\dfrac{f_y}{0.85f_{ck}}=\dfrac{400}{0.85}\times 24=19.61$

$m'=19.61-1=18.61$

$\rho_g=\dfrac{A_{st}}{bd}=\dfrac{1435}{400}\times 440=0.0082$

$\rho'm'-\rho m=0.0082\times(18.61-19.61)=-0.0082$

$e'=e+d-\dfrac{h}{2}=200+440-\dfrac{500}{2}=390$ (mm)

$d'=60$ (mm)

이므로 식에서

$$P_n = 0.85 \times 24 \times 400 \times 440 \left\{ \left(-0.0082 + 1 - \frac{390}{440} \right) \right.$$

$$\left. + \sqrt{\left(1 - \frac{390}{440}\right)^2 + 2 \times 0.0082 \times 18.61 \left(1 - \frac{60}{440}\right) + 2 \times 0.0082 \times \frac{390}{440}} \right\} \times 10^{-3}$$

$$= 2,315.8\ (\mathrm{kN})$$

예제 8-10 **[예제 8-8]에서 인장파괴영역에서의 편심거리 $e = 300\ \mathrm{mm}$인 나선기둥의 공칭축하중 P_n을 구하여라.**

풀 이 식 (8-28)에서

$$m = \frac{400}{0.85} \times 21 = 22.41$$

$$\rho_g = \frac{A_{st}}{A_g} = \frac{2870}{2,826} \times 10^2 = 0.010$$

$$P_n = 0.85 \times 21 \times 600^2 \left[\sqrt{\left(0.85 \times \frac{300}{600} - 0.38\right)^2 + \frac{0.01 \times 22.41 \times 48}{2.5} \times 600} \right.$$

$$\left. - \left(0.85 \times \frac{300}{600} - 1.38\right) \right] \times 10^{-3}$$

$$= 6,754.03\ (\mathrm{kN})$$

예제 8-11 **그림과 같은 띠기둥 단면의 소성 중심을 구하여라.**
다만, $f_{ck} = 24\ \mathrm{MPa}$, $f_y = 400\ \mathrm{MPa}$이다.

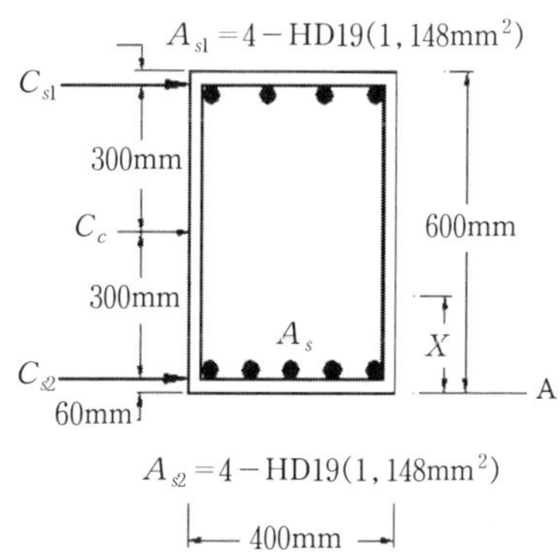

풀 이 ① 콘크리트가 받는 압축력 :

$$C_c = 0.85 f_{ck} A_g$$

$$= 0.85 \times 24 \times 400 \times 600 \times 10^{-3}$$

$$= 4,896\ (\mathrm{kN})$$

C_c는 콘크리트 단면의 중심 (300 mm) 지점에 위치한다.

② 철근이 받는 힘 :

$$C_{s1} = A_{s1} f_y = 1,148 \times 400 \times 10^{-3} = 459.2\ (\mathrm{kN})$$

$$C_{s2} = A_{s1} f_y = 1,435 \times 400 \times 10^{-3} = 574\ (\mathrm{kN})$$

③ A-A 단면에서 소성 중심 거리 :

$$x = \frac{4,896 \times 300 + 459.2 \times 540 + 574 \times 60}{4896 + 459.2 + 574} = 295.35\ (\mathrm{mm})$$

∴ 소성중심거리 $= 295.35\ (\mathrm{mm})$

단, $A_{s1} = A_{s2}$일 때는 콘크리트 단면의 중심거리와 소성 중심거리가 일치한다.

8-4-2 강도 감소계수의 산정

축하중과 휨모멘트를 동시에 받는 기둥에서 축하중이 큰 경우에는 기둥의 강도감소계수를 띠기둥에 대하여 $\Phi = 0.7$, 나선기둥에 대하여 $\Phi = 0.75$로 적용시키면 되지만, 축하중이 균형 상태에서의 공칭축하중 P_{nb} 이하가 되면 휨모멘트의 영향이 커져 인장철근의 파괴에 의하여 기둥이 파괴되어 보와 유사한 거동을 하게 되므로 이러한 점들을 고려하여 기둥의 강도감소계수를 Φ 다음과 같이 계산하도록 규정하고 있다.

(1) $P_u = \Phi P_n \geq 0.1 f_{ck} A_g$일 때(압축지배 영역)

띠기둥일 때 : $\Phi = 0.7$

나선기둥일 때 : $\Phi = 0.75$

이 경우는 일반적으로 압축지배영역이고, A_g는 콘크리트 전단면적이다.

(2) P_u가 $0.1 f_{ck} A_g$와 0 사이에서 인장지배 영역일 때, Φ는 압축지배 영역일 때 보다 크게 된다. ACI규정에서는 $f_y \leq 400\,\mathrm{MPa}$이고, 압축과 인장철근 사이의 거리 $d - d'$인 축대칭 부재에 대해서는 다음과 같이 Φ값이 규정된다.

$$\text{띠기둥일 때 : } \Phi = 0.9 - \frac{0.2 P_u}{0.1 f_{ck} A_g} \geq 0.7 \qquad (8\text{-}25)$$

$$\text{나선기둥일 때 : } \Phi = 0.9 - \frac{0.15 P_u}{0.1 f_{ck} A_g} \geq 0.75 \qquad (8\text{-}26)$$

그림 8-4는 식 (8-25)과 식 (8-26)을 나타낸 것이다.

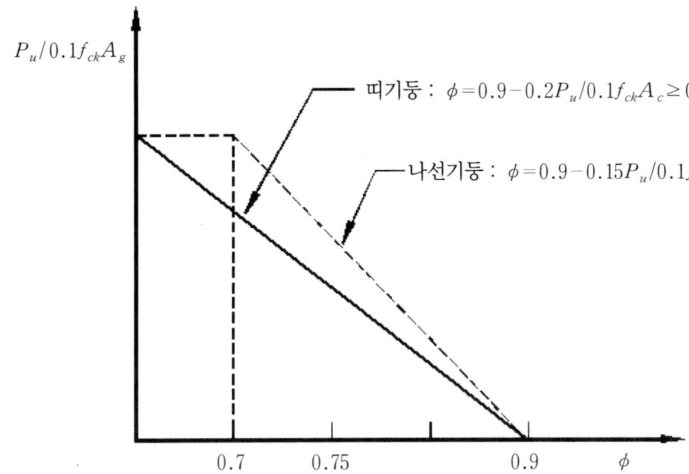

그림 8-4 인장영역일 때 ϕ값의 변화

8-4-3 하중-모멘트(P-M) 상관곡선에 의한 단주의 설계

축 하중과 휨 모멘트를 받는 기능의 전형석인 하중-모벤트 상관관계 곡신을 나타내면 그림 8-5와 같다. 이 그림에서 작용하중이 철근콘크리트 단주에 작용할 때, 소성중심에 대한 작용하중의 위치에 따라 다음의 경우가 생긴다.

(1) 공칭 축하중(P_n)

소성중심, 즉 편심거리 $e=0$ 및 $M_n=0$인 지점에 최대 압축하중이 작용하는 경우로써, 그림 8-5에서 P_n이고, 이 경우 기둥파괴는 콘크리트의 압축파괴와 철근의 항복을 동시에 일으킨다.

(2) 최대 공칭 축하중($P_{n(\max)}$)

최소 편심을 갖는 단면에 작용하는 하중으로써 (8-3)절에서 설명한 바와 같이

띠기둥의 경우 : $P_{n(\max)}=0.80P_n$

나선기둥의 경우 : $P_{n(\max)}=0.85P_n$

이고, 이 경우 기둥의 파괴는 콘크리트 압축파괴와 철근의 항복을 동시에 일으킨다.

(3) 압축파괴 영역

인장철근이 항복하기 전에($\varepsilon_s < \varepsilon_y$) 콘크리트의 압축변형률이 0.003에 도달하는 경우, 즉 편심거리 e가 작아 기둥단면 내의 대부분에 압축력이 발생하여 철근의 항복보다 콘크리트의 항복이 먼저 발생하는 영역으로써 그림 8-5에서 최대 공칭 축하중 $P_{n(\max)}$와 균형하중 P_b 사이의 영역이다.

(4) 인장파괴 영역

콘크리트 압축변형률이 0.003에 도달하였을 때 철근의 인장변형률이 그것의 항복변형률(ε_y)보다 큰 경우로 편심거리 e가 비교적 커서 단면 내의 인장력에 의한 철근의 항복이 콘크리트의 항복보다 먼저 발생하는 영역으로써 그림 8-5에서 균형상태에서 휨만을 받는 사이의 영역이다. 이 영역에서는 $P_n < P_b$ 및 $e > e_b$이다.

(5) 균형상태

콘크리트 압축변형률이 0.003에 도달하고, 동시에 철근의 인장변형률($\varepsilon_y = \dfrac{f_y}{E_s}$)이 항복변형률에 도달하는 경우로써 콘크리트의 압축파괴와 철근의 인장파괴가 동시에 발생하는 상태이다. 균형상태에서의 휨모멘트, 축하중, 편심거리를 각각 M_b, P_b, $e_b = \dfrac{M_b}{P_b}$로 표시한다.

(6) 순모멘트

공칭휨모멘트 강도 M_n만을 받는 경우로써 공칭압축하중 강도 $P_n = 0$이고, 편심 e는 무한대라 가정한다. 이 경우 파괴는 휨모멘트만을 받는 보의 경우와 같다.

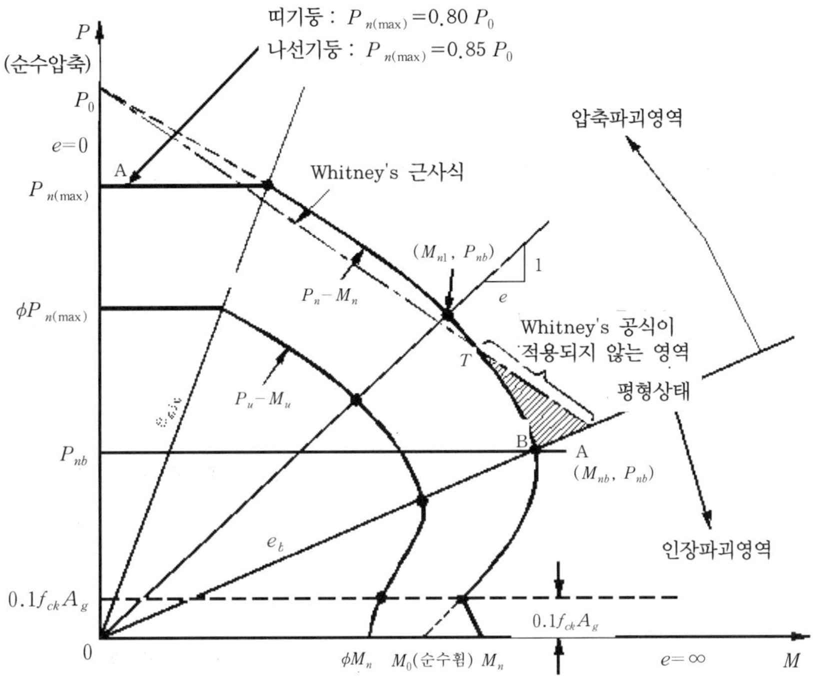

그림 8-5 하중-모멘트 강도 곡선

(7) 상관곡선에 의한 직사각형 기둥 설계

압축과 휨을 받는 기둥의 단면이 결정되면 아래 식 (8-27)에 의하여 γ값을 계산하고, 사용재료의 강도 f_{ck}, f_y 및 γ에 해당하는 (부 그림 4-1~4-12)의 상관곡선에서 P_u/bh와 M_u/bh^2의 교점에 해당되는 철근비 ρ_g를 찾아 기둥의 철근 단면적은 $A_{st}=\rho_g bh$가 된다.

$$\gamma=\frac{h-2d'}{h} \tag{8-27}$$

여기서, h : 기둥의 높이

d' : 기둥 외단에서 주근의 중심까지 거리 (≒6 cm)

그리고 기둥 단면은 다음 식을 사용한다.

$$① \text{ 띠기둥 : } A_g=bh\geq\frac{P_u}{0.45(f_{ck}+f_y\rho_g)} \tag{8-28}$$

② 나선기둥 : $A_g = \frac{\pi h^2}{4} \geq \frac{P_u}{0.55(f_{ck}+f_y\rho_g)}$ (8-29)

여기서, P_u : 편심이 있는 계수축하중 ($\leq \Phi P_n$)

예제 8-12 **계수축하중** $P_u = 2,200$ kN **및 설계모멘트** $M_u = 200$ kN**(장기)를 받는 띠기둥을 설계하여라. 다만,** $f_{ck} = 21$ MPa, $f_y = 400$ MPa**이다.**

풀 이 철근비를 $\rho_g = 0.015$로 가정할 때 필요한 띠기둥 단면적은 식 (8-28)에서

$$A_g = bh \geq \frac{2,200,000}{0.45(21+0.015\times400)} = 181,070\ (\text{mm}^2)$$이므로

$bh = 400\times500 = 200,000\ (\text{mm}^2)$로 하면

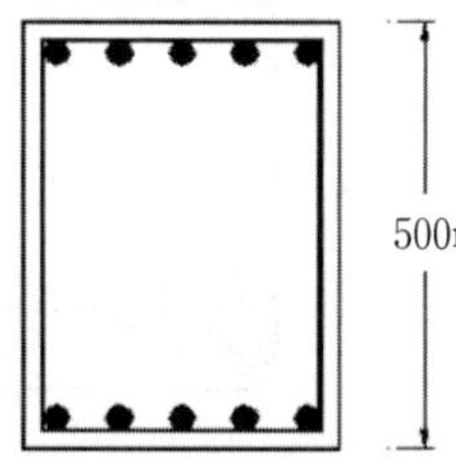

식 (8-27)에서

$$\gamma = 500 - 2\times\frac{60}{500} = 0.76 \rightarrow 0.80$$

$$\frac{P_u}{bh} = \frac{2,200,000}{400}\times500 = 11\ (\text{MPa})$$

$$\frac{M_u}{bh^2} = \frac{20,000,000}{400\times500^2} = 2\ (\text{MPa})$$

이므로 (부 그림 4-4)에서 $\rho_g = 0.014$이므로 필요한 띠기둥 철근 단면적은

$$A_{st} = \rho_g bh = 0.014\times400\times500$$

$$= 2,800\ (\text{mm}^2)$$

∴ HD19 − 10(2,870 mm^2)을 휨모멘트가 작용하는 방향으로 배근한다.

8-5 2축 휨을 받는 압축재

일반적으로 대부분의 압축재는 2축 휨을 받으며, 그림 8-7은 2축 휨을 받는 압축재의 대표적인 P-M상관도이다. 이러한 2축 휨을 받는 압축재의 정확한 설계는 중립축을 변화시켜 가면서 반복계산을 수행하여 힘의 균형조건을 만족시키는 방법으로 할 수 있으나, 그 계산에는 많은 시간과 노력이 소요되므로 컴퓨터 프로그램으로나 가능한 방법이다.

실용적인 설계 방법으로 브레슬러의 상반하중법(Bresler Reciprocal Load Method) 브레

슬러의 등하중선법(Bresler Load Contour Method)과 PCA의 등하중선법(PCA Load Contour Method) 등이 사용되고 있다.

8-5-1 브레슬러 상반하중법

이 방법은 압축재의 항복 또는 파괴면(failure surface)을 $(1/P_n,\ e_x,\ e_y)$ 좌표로 설정하고 이 파괴면의 개략식을 구하여 사용하는 방법이다. 여기서 P_n은 공칭축하중강도, $e_x = M_{nx}/P_n$, $e_y = M_{ny}/P_n'$이다.

그림 8-8에서 압축재의 실제 파괴면은 S_2이며, 이 S_2를 평면 ABC(S_2')로 개략화시킨다. 이때 A의 좌표는 $(1/P_{oy},\ e_x,\ 0)$, B는 $(1/P_{ox},\ 0,\ e_y)$, C는 $(1/P_o,\ 0,\ 0)$으로 각각 1축 휨 또는 순수압축을 받는 경우이다. 이때 파괴면(S_2) 위의 점 $1/P_n$은 S_2' 위의 점 $1/P_n'$을 구함으로써 그 근사치를 알 수 있다.

평면 S'_2의 식은 $\dfrac{1}{P_n'} = \dfrac{1}{P_{ox}} + \dfrac{1}{P_{oy}} - \dfrac{1}{P_o} \fallingdotseq \dfrac{1}{P_n}$ 이므로

$$P_o = 0.85 f_c'(A_g - A_{st}) + A_{st} f_y \tag{8-30}$$

여기서, P_{ox}, P_{oy} : 편심 e_x 및 e_x만 존재할 때의 공칭축하중강도

P_n : 편심이 없을 때의 축하중

P_o : 편심이 없는 상태에서의 공칭축하중강도

$$P_n \fallingdotseq \left(\frac{1}{P_{ox}} + \frac{1}{P_{oy}} - \frac{1}{P_o}\right)^{-1} \tag{8-31}$$

식 (8-31)에서 계수축하중을 구하면

$$P_u = \Phi P_n \fallingdotseq \left(\frac{1}{\Phi P_{ox}} + \frac{1}{\Phi P_{oy}} - \frac{1}{\Phi P_o}\right)^{-1} \tag{8-32}$$

식 (8-32)의 값은 1축 휨에서와 같이 띠기둥일 때는 $0.8\Phi P_{no}$, 나선기둥일 때는 $0.85\Phi P_{no}$ 이하로 한다. 다만, 이 방법은 P_n이 $0.1 f_{ck} A_g$보다 작을 경우는 사용할 수 없다.

8-5-2 브레슬러 등하중선법

이 방법은 P-M상관도$(P_n,\ M_{nx},\ M_{ny})$, 즉 그림 8-9에서 파괴면 S_3을 P_n을 지나고 M_x

$-M_y$ 평면에 평행한 평면으로 자른 면을 이용하는 방법이다. 이 면의 곡선 부분의 식은 $\left[\frac{M_{nx}}{M_{nox}}\right]^{\alpha}+\left[\frac{M_{ny}}{M_{noy}}\right]^{\beta}=1$로 표시할 수 있으며, $\beta=\alpha$로 가정하여도 근사치를 얻을 수 있다.

즉, $\left[\frac{M_{nx}}{M_{nox}}\right]^{\alpha}+\left[\frac{M_{ny}}{M_{noy}}\right]^{\alpha}=1$이며 α값에 따른 곡선을 그린 것이 그림 8-10이다. 일반적인 장방형의 압축재에서 α는 1.0에서 2.0 사이의 값을 갖는다. 이때 $\alpha=1$은 가장 보수적인 설계이며, $P_n=0$의 경우를 포함하여 ΦP_n이 $0.1f_{ck}A_g$보다 작을 경우 이에 가깝다.

일반적인 장방형압축재 $\alpha=1.5$를 사용하면 근사치를 얻을 수 있다. 참고로 CP 110에서는 P_n/P_o이 0.2, 0.4, 0.6, 0.8에 대하여 각각 1.0, 1.33, 1.67, 2.0으로 가정하고 있다.

8-5-3 PCA 등하중선법

이 방법은 브레슬러 등하중선법을 변화시킨 방법으로 모멘트 상관곡선을 단순화시킨 것이다. 이 경우 모멘트 상관식은 아래와 같다.

① $\frac{M_{ny}}{M_{noy}}<\frac{M_{nx}}{M_{nox}}$ 일 경우

$$\frac{M_{ny}}{M_{noy}}\left[\frac{1-\beta}{\beta}\right]+\frac{M_{nx}}{M_{nox}}=1 \qquad (8\text{-}33)$$

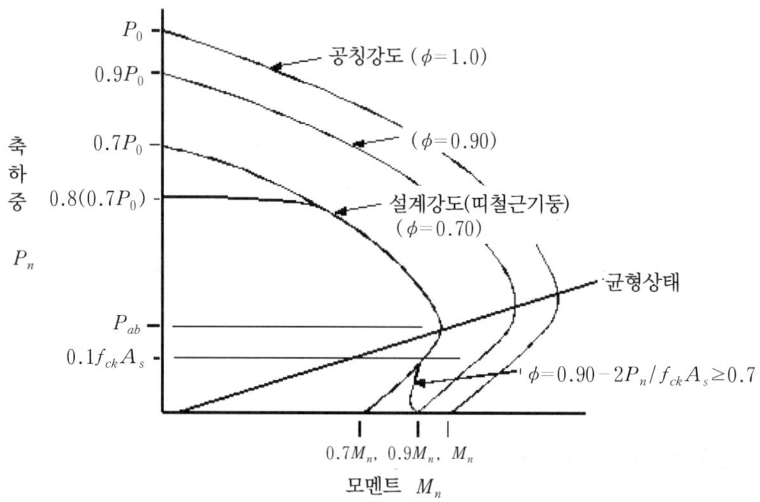

그림 8-6 휨압축재의 P-M 상관도

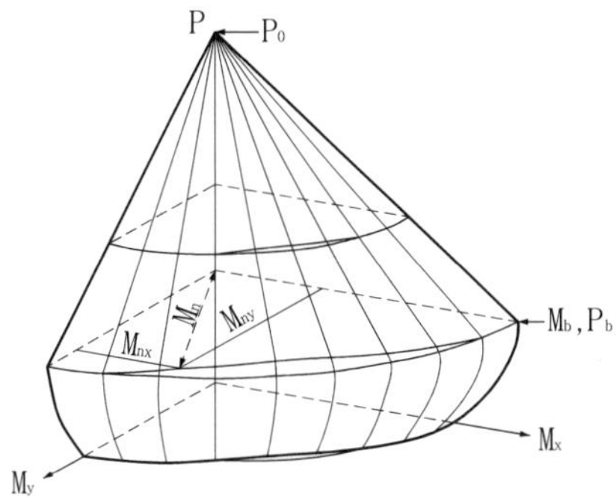

그림 8-7 2축 휨을 받는 압축재의 P-M 상관도

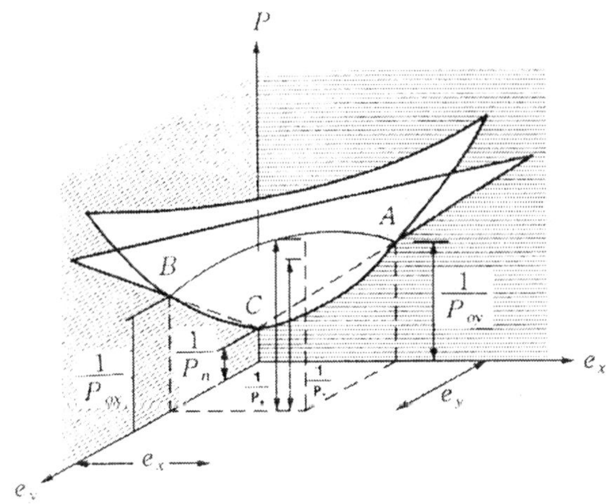

그림 8-8 브레슬러의 상반하중법

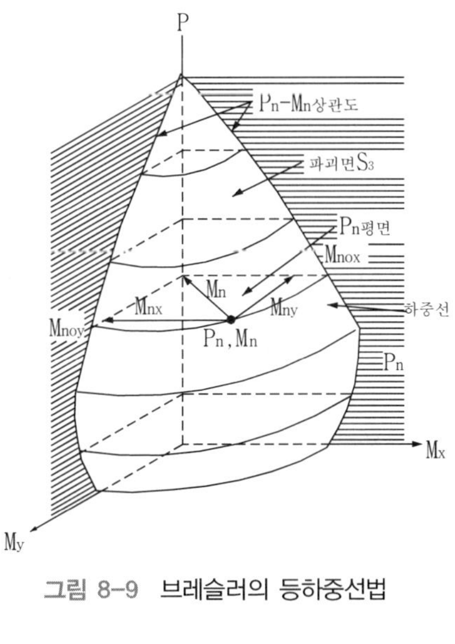

그림 8-9 브레슬러의 등하중선법

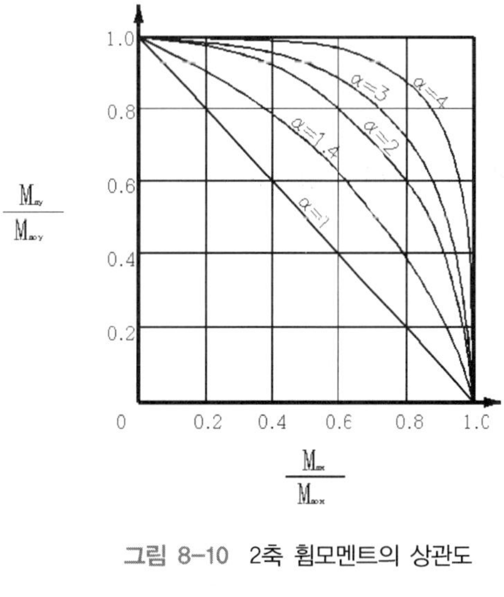

그림 8-10 2축 휨모멘트의 상관도

식 (8-33)의 변에 M_{nox}를 곱하면

$$M_{nox} = M_{ny}\left[\frac{M_{nox}}{M_{noy}}\right]\left[\frac{1-\beta}{\beta}\right] + M_{nx} \tag{8-34}$$

철근이 4변에 균등하게 배근된 사각형 띠철근 기둥이라면

$\dfrac{M_{nox}}{M_{noy}} \fallingdotseq \dfrac{h}{b}$ 이므로

$$M_{nox} \fallingdotseq M_{nx} + M_{ny}\left[\frac{h}{b}\right]\left[\frac{1-\beta}{\beta}\right] \tag{8-35}$$

② $\dfrac{M_{ny}}{M_{noy}} > \dfrac{M_{nx}}{M_{nox}}$ 일 경우

$\dfrac{M_{ny}}{M_{noy}} + \dfrac{M_{nx}}{M_{nox}}\left[\dfrac{1-\beta}{\beta}\right] = 1$ 위와 같은 방법으로 하면

$$M_{noy} = M_{ny} + M_{nx}\left[\frac{M_{noy}}{M_{nox}}\right]\left[\frac{1-\beta}{\beta}\right]$$

$$M_{noy} = M_{ny} + M_{nx}\left[\frac{b}{h}\right]\left[\frac{1-\beta}{\beta}\right] \tag{8-36}$$

여기서, b와 h는 각각 M_{noy}와 M_{nox}의 작용방향에 대한 압축재의 단면 치수이다.

즉 이 방법은 M_{ny}, M_{nx}를 받는 기둥을 M_{noy} 또는 M_{nox}의 1축 휨을 받는 기둥으로 단순화시켜 설계하는 방법이다. 이때 β는 철근배치, 재료 및 단면특성에 따라 0.5에서 0.7 정도의 값을 갖고 그 계산은 매우 복잡하다. PCA에서는 대표적인 경우의 β값을 도표에서 구하여 설계에 이용할 수 있도록 하였으며, 이러한 도표가 없을 경우 개략적으로 초기 가정치로서 0.65를 사용하도록 추천하고 있다.

8-5-4 실용적 설계과정

구조실무자들이 양축 휨을 받는 기둥을 설계하는데 도움이 될 수 있도록 수계산 설계과정 요약하면 아래와 같다.

① PCA 등하중선법에서 β를 0.65로 가정한다.

② 만약 M_{ny}/M_{nx}가 b/h보다 작으면 식 (8-35)을 이용하여 근사적인 등가 1축 모멘트 M_{nox}를 구하며, M_{ny}/M_{nx}가 b/h보다 크면 식 (8-36)을 이용 등가 1축 모멘트 M_{noy}를 구한다.

③ 위의 ②에서 구한 등가 1축 모멘트와 주어진 축하중으로 P-M상관도를 이용하여 단면을 설계한다.

④ 위 ③에서 설계된 단면을 다음 3가지 방법 중 한 방법을 선택하여 검토한다.

㉠ 브레슬러 상반하중법 $(P_n \geq 0.1 f_c{'} A_g)$:

$$P_n \leq \left(\frac{1}{P_{ox}} + \frac{1}{P_{oy}} - \frac{1}{P_o} \right)^{-1} \tag{8-37}$$

㉡ 브레슬러 등하중선법 $(P_n < 0.1 f_c{'} A_g)$:

$$\frac{M_{nx}}{M_{nox}} + \frac{M_{ny}}{M_{noy}} \leq 1.0 \tag{8-38}$$

㉢ PCA 등하중선법

$$\frac{M_{ny}}{M_{noy}} < \frac{M_{nx}}{M_{nox}} \text{ 일 경우 } \frac{M_{ny}}{M_{noy}} \left[\frac{1-\beta}{\beta} \right] + \frac{M_{nx}}{M_{nox}} \leq 1.0$$

$$\frac{M_{ny}}{M_{noy}} > \frac{M_{nx}}{M_{nox}} \text{ 일 경우 } \frac{M_{ny}}{M_{noy}} + \frac{M_{nx}}{M_{nox}} \left[\frac{1-\beta}{\beta} \right] \leq 1.0$$

예제 8-13 **다음 그림과 같은 띠기둥이** $M_{ux} = M_{uy} = 300$ kNm**(장기)가 작용할 때, 이 기둥의 설계축하중** P_u**를 구하여라.**
다만, $f_{ck} = 21$ MPa, $f_y = 400$ MPa**이다.**

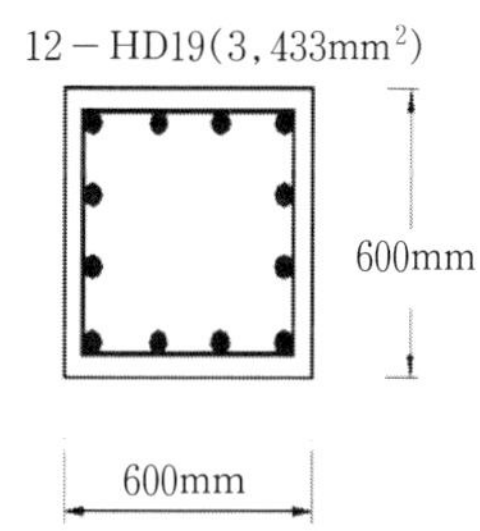

풀 이 식에서

$$p_g = \frac{A_{st}}{A_g} = \frac{3,444}{600} \times 600 = 0.0096$$

$$\gamma = \frac{h - 2d'}{h} = 600 - 2 \times \frac{60}{600} = 0.8$$

$$\frac{M_u}{bd^2} - \frac{300,000,000}{600} \times 600^2 - 1.39 \text{ 이므로}$$

(부 그림 4-3)에서

$$\frac{P_u}{bd} \fallingdotseq 11.3$$

$$\begin{aligned} \Phi P_{ox} = \Phi P_{oy} &= 11.3 \times 600 \times 600 \\ &= 4,068,000 \text{ (N)} \\ &= 4,068 \text{ (kN)} \end{aligned}$$

식에서

$$P_o = 0.85 f_{ck}(A_g - A_{st}) + f_y A_{st}$$
$$= 0.85 \times 21(360,000 - 3,444) + 400 \times 3,444$$
$$= 7,535,484.6\ (\text{N})$$
$$= 7,535.48\ (\text{kN})$$

$$\Phi P_o = 0.7 \times 7535.48 = 5,274.84\ (\text{kN})$$

식에서

$$\therefore\ P_u = \left(\frac{1}{4,068} + \frac{1}{4,068} - \frac{1}{5274.84}\right)^{-1}$$
$$= 3,311.26\ (\text{kN}) < 0.8\Phi P_{no}$$
$$= 0.8 \times 5,274.84 = 4,219.87\ (\text{kN})$$

8-6 장주의 설계

앞 절에서 논의된 단주의 해석과 설계에서는 좌굴, 탄성경화 및 횡변위 등에 의한 2차모멘트는 기둥의 극한내력에 극미한 영향을 미치는 것으로 간주되어 설계과정에 포함되지 않았다. 그러나 장주인 경우에는 이러한 영향들은 고려되어야 한다 : 장주의 길이는 기둥의 유효높이, 단면의 폭, 세장비(Slenderness ratio), 그리고 기둥의 단부 구속상태에 따라 기둥내력의 감소를 초래할 것이다.

기둥의 세장비가 큰 경우에는 내력에 있어서 상당한 감소를 가지게 되지만 세장비가 작다는 것은 기둥이 상대적으로 짧고 내력의 감소가 미소하다는 것을 의미한다. 세장비($\lambda = Kl_u/r$)는 기둥 유효높이 Kl_u와 단면2차반경 r의 비로써 $r = \sqrt{I/A}$이고, I는 단면의 단면2차모멘트이고, A는 단면적이다.

폭 b, 높이 h인 사각형 단면은 $I = bh^3/12$이고 $A = bh$이고, $r = \sqrt{I/A} = 0.288h$, $r \approx 0.3h$이다. 직경 D인 원형기둥은 $I = \pi D^4/64$, $A = \pi D^2/4$이고, $r \doteqdot 0.25D$이다.

일반적으로 기둥에서 고려되어야 할 점은

- 상대적으로 큰 세장비를 가진 장주의 경우에는 횡방향 가새 혹은 전단벽체가 요구된다.
- 기둥내력의 감소를 초래하는 상대적으로 중간 정도의 세장비를 가진 장주의 경우에는 횡가새는 필요 없다.

8-6-1 기둥의 유효길이 Kl_u (Effective column length)

세장비 l/r은 기둥의 유효길이(Kl_u)가 사용될 때 정확하게 계산될 수 있다. 이 유효길이는 다음 두 주요 계수의 함수이다.

① 기둥의 비지지길이 l_u는 두 층 사이의 기둥의 높이로써 이는 기둥에 횡지지를 제공하는 슬래브, 보 혹은 임의의 구조부재 사이의 순거리로 측정된다. 주두를 가진 플랫 슬래브(Flat slab)에서 기둥의 높이는 아래쪽 바닥 슬래브의 상단에서 주두의 하단까지이다. 만일 기둥이 다른 방향보다 한 방향의 높이가 더 높은 보에 의해 지지되어 있다면 l_u는 기둥단면의 양방향(x와 y축에 대해)에 대하여 큰 값을 설계에서 고려하여야 한다.

② 유효좌굴길이계수 K는 기둥에서 모멘트가 0인 점들 사이의 거리의 비와 한 방향에서 기둥의 지지되지 않는 높이를 나타낸다. 예를 들어, 만일 양단이 힌지(Hinge)이고, 가로흔들이(Sidesway)가 방지된 기둥의 지지되지 않는 길이가 l_u이면, 모멘트가 0인 점은 기둥의 상단과 하단, 즉 양단 힌지인 지점이다. 그러므로 $K = l_u / l_u = 1.0$이다. 만일 기둥이 양단고정이고, 가로흔들이가 방지되어 있다면 변곡점(모멘트가 0인 점)은 각 단부에서 $l_u/4$ 떨어진 지점이다.

그러므로 $K = 0.5l_u / l_u = 0.5$이다(그림 8-11). 적절한 K값을 측정하기 위해 골조 가로흔들이가 방지된 경우와 방지되지 않은 두 가지 경우를 고려한 기둥과 골조에 대한 K의 범위는 그림 8-11에 주어져 있다.

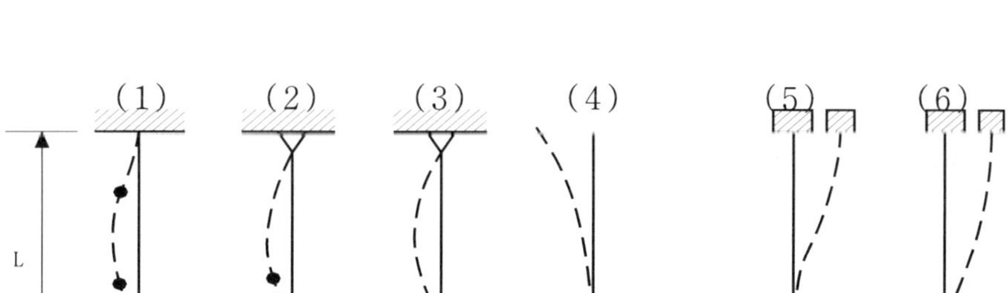

(a) Sidesway가 없는 경우 (b) Sidesway가 있는 경우

	(1)	(2)	(3)	(4)	(5)	(6)
이론치 K	0.5	0.7	1.0	2.0	1.0	2.0
설계치 K	0.65	0.8	1.2	2.1	1.0	2.0

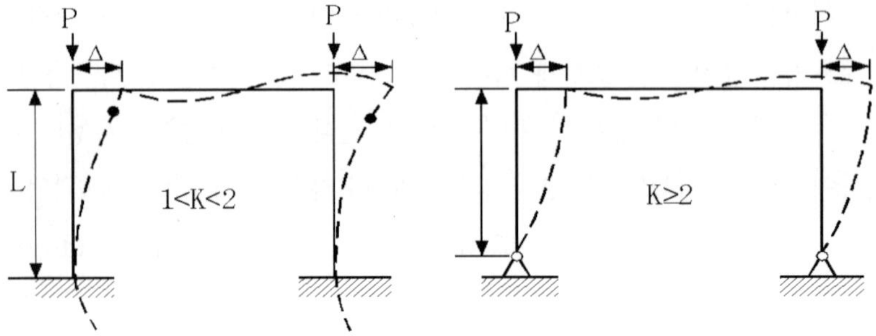

(c) Sidesway가 있는 경우

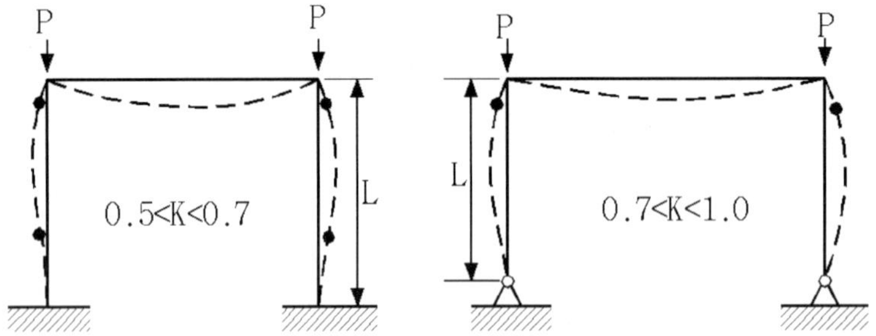

(d) Sidesway가 없는 경우

그림 8-11 K의 범위

8-6-2 Alignment Charts

기둥의 유효길이는 그림 8-12에 있는 alignment chart를 이용하여 측정될 수 있다. 유효좌굴길이계수 K를 찾기 위해 먼저 기둥의 상단과 하단 각각에 대한 단부 구속계수(end restraint factor) ψ_A와 ψ_B를 계산하는 것이 필요하며, 구속계수 ψ는 다음과 같다.

$$\psi = \frac{\sum EI/l_c \ (\text{기둥})}{\sum EI/l_b \ (\text{보})} \ (\text{모두 휨면에서}) \qquad (8-39)$$

여기서 아래첨자 b와 c는 보와 기둥을 각각 나타내고, l_b와 l_c는 접합부들의 중심간 거리를 나타낸다.

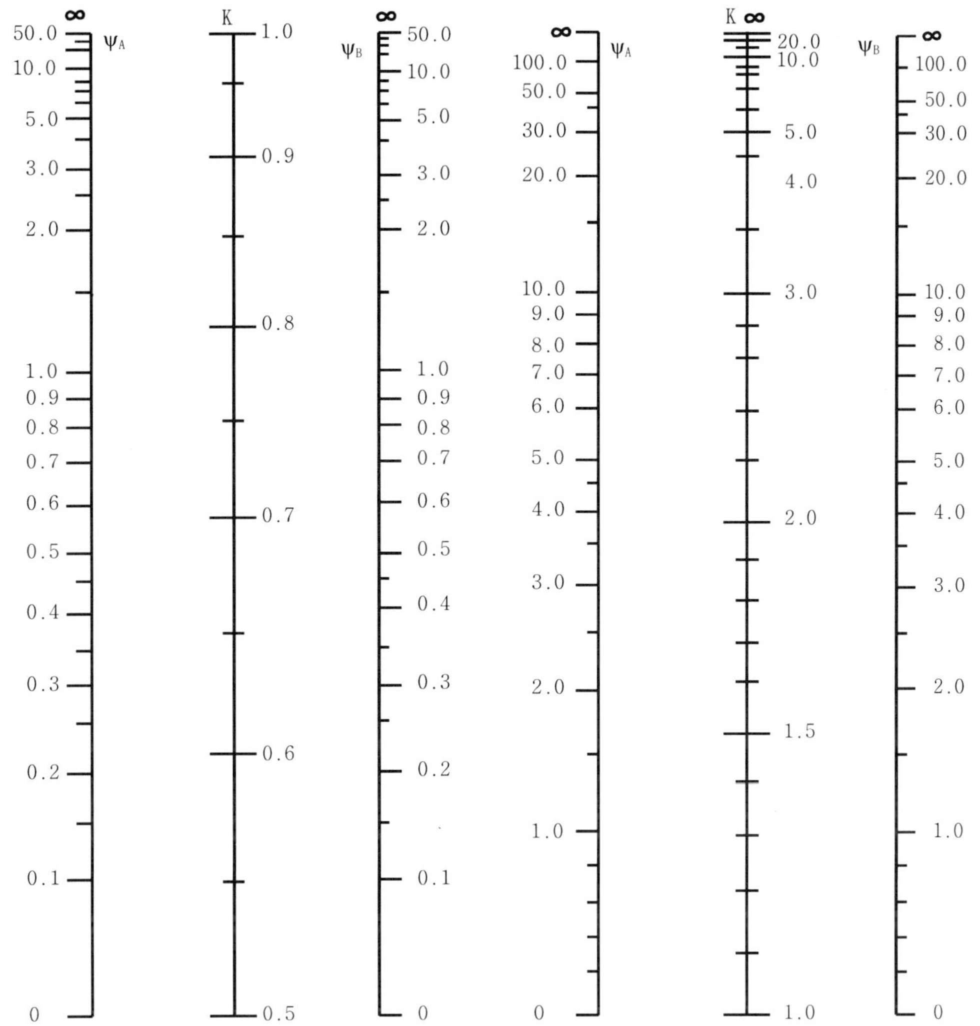

$$\psi = \frac{\sum EI/l_c(\text{기둥})}{\sum EI/l_b(\text{보})}$$

(a) Sidesway가 있는 경우

$$\psi = \frac{\sum EI/l_c(\text{기둥})}{\sum EI/l_b(\text{보})}$$

(b) Sidesway가 없는 경우

그림 8-12 유효좌굴 길이계수(Alignment Charts)

한쪽 단부의 ψ 계수는 절점에서 만나는 모든 기둥과 보를 포함하게 된다. 단부가 힌지인 경우에 ψ는 무한대이고 10.0으로 가정된다. 단부가 고정인 경우, ψ는 0이고 1.0으로 가정된다. 이러한 가정된 값들은 철근콘크리트 골조에서 완전히 마찰이 없는 힌지뿐만 아니라, 완전 고정된 단부가 존재할 수 없기 때문에 사용된다.

그림 8-12는 다음의 가정들에 기초를 두고 있다. ① 구조는 대칭 사각형 골조로 구성되어

있다, ② 절점상의 보의 모멘트는 Girder의 상대강성에 따라서 기둥에 분배된다. 그리고 ③ 모든 기둥은 동시에 임계하중에 도달한다.

8-6-3 세장비의 제한

가새(brace)된 골조에서 장주와 단주 사이에 다음의 제한을 제안한다.

① 다음의 경우에는 세장비의 효과는 무시되고 기둥은 단주와 같이 계산될 수 있다.

$$\frac{Kl_u}{r} \leq 34 - \frac{12M_{1b}}{M_{2b}} \tag{8-40}$$

여기서, M_{1b}와 M_{2b}는 기둥의 공칭 단부모멘트이고, M_{2b}는 M_{1b}보다 크다.

② 비 M_{1b}/M_{2b}는 부재가 단곡률일 때 (+), 복곡률일 때 (-)로 간주된다.

③ 만일 부재가 기둥길이 내에서 단부모멘트보다 큰 모멘트를 유발하는 횡하중을 받을 경우 비 M_{1b}/M_{2b}는 1과 같다고 할 수 있다. 결과적으로 모멘트 증가계수 $C_m = 1.0$이다. (다음에 정의됨)

④ 만일 기둥의 단부에 계산된 모멘트가 없다면, 비 $M_{1b}/M_{2b} = 1.0$이고, 모멘트 증가계수 $C_m = 1.0$이다.

⑤ 만일 기둥의 공칭모멘트가 0이거나 $e = M_u/P_u < 1.0$이면, M_{2b}의 값은 다음과 같이 최소편심을 이용하여 계산되어야 한다.

$$e_{\min} = (0.6 + 0.03h) \tag{8-41}$$

$$M_u = M_{2b} = P_u(0.6 + 0.03h) \tag{8-42}$$

가새가 없는 골조의 기둥에서 세장비의 효과는 다음의 경우에 무시된다.

$$\frac{Kl_u}{r} < 22 \tag{8-43}$$

8-6-4 모멘트 증가법

일반적으로 $22 \leq Kl_u/r' \leq 100$인 경우 압축부재는 2차모멘트를 유발하는 횡방향 변형을 받게 된다. 만일 2차모멘트 M'가 기둥에 가해진 모멘트 M_a에 부가되면, 최종모멘트는 $M = M_a + M'$가 된다. 최종모멘트 M을 추정하는 근사법은 가해진 모멘트 M_a에 증가모멘트 계수 δ라 불리는 계수를 곱하는 것이며, δ는 1.0 이상이므로 $M_{\max} = \delta M_a$, $\delta \geq 1.0$이다.

모멘트 M_a는 계수하중을 이용하여 탄성구조해석으로부터 얻어지고, 그것은 만일 횡하중이 존재한다면 기둥의 양단 혹은 기둥 내에 가해지는 최대모멘트이다. 모멘트 증가계수 δ를 계산하기 위해

① 골조가 가로흔들이에 대해 가새되어 있는지의 여부를 결정하고, 기둥의 길이 l_u와 유효좌굴 길이계수 K를 구한다.

② 다음 두 식에서 큰 값을 이용하여 부재강성 EI를 계산한다.

$$EI = \frac{0.2E_cI_g + E_sI_s}{1+\beta_d} \qquad (8-44)$$

$$EI = \frac{0.4E_cI_g}{1+\beta_d} \qquad (8-45)$$

여기서, E_c : 콘크리트의 탄성계수

$E_s = 2.0 \times 10^5$ MPa(철근의 탄성계수)

$I_g = A_{st}$를 무시한 축에 대한 총 단면2차모멘트

$I_s =$ 철근의 단면2차모멘트

$$\beta_d = \frac{\text{최대 고정하중 계수모멘트}}{\text{최대 설계하중 계수모멘트}} = \frac{1.4M_D}{1.4M_D + 1.7M_L}$$

③ Euler 좌굴하중 P_c 결정 :

$$P_c = \frac{\pi^2 EI}{(Kl_u)^2} \qquad (8-46)$$

④ 모멘트 증가계수의 식에서 사용될 계수 C_m값을 계산한다. 횡하중이 없고, 가새된 부재에 대하여

$$C_m = 0.6 + 0.4\frac{M_{1b}}{M_{2b}} \geq 0.4 \ \ (M_{1b} < M_{2b}) \qquad (8-47)$$

여기서, M_{1b}와 M_{2b}는 단부모멘트이다. 모든 가새되지 않은 골조에서는 $C_m = 1.0$이고, 횡하중이 있는 가새된 골조에 대해서는 위에서 설명한 대로이다.

⑤ 증가계수 모멘트 계수는 다음 식으로 계산한다.

$$\delta_b = \frac{C_m}{1-\left(\dfrac{P_u}{0.75P_c}\right)} \geq 1.0 \qquad (8-48)$$

$$\delta_b = \frac{1.0}{1 - \left(\dfrac{\sum P_u}{\phi \sum P_c}\right)} \geq 1.0 \qquad (8-49)$$

여기서, δ_b = 가로흔들이가 방지된(가새된) 골조에 대한 모멘트 증가계수

δ_s = 가로흔들이가 방지되지 않은(가새되지 않은) 골조에 대한 모멘트 증가계수

ΣP_u, ΣP_c = 한 층에서 기둥의 모든 축하중과 임계하중의 합

계수 δ_b는 압축부재의 단부 사이의 곡률의 효과를 나타내고, 계수 δ_s는 횡방향 하중과 연직하중으로부터 유발되는 횡방향 힘(Lateral drift)의 효과를 나타낸다.

⑥ 전통적인 골조해석으로부터 계수축하중 P_u와 다음 식과 같은 증가계수모멘트 M_c를 이용하여 압축부재를 설계한다.

$$M_c = \delta_b M_{2b} + \delta_s M_{2s} \qquad (8-50)$$

여기서, M_{2b}와 M_{2s}는 각각 하중에 의해 가로흔들이를 유발하는 경우와 유발하지 않는 경우에 대하여 더 큰 계수 단부모멘트값이다. 가로흔들이가 방지된 골조는 $\delta_s = 1.0$이고, $M_c = \delta_b M_{2b}$이다. 가로흔들이가 방지되지 않은 골조는 δ_b와 δ_s가 계산되어야만 한다. 따라서 $P_n = P_u/\phi$이고, $M_n = M_c/\phi$이다.

식 (8-52)에서 가로흔들이 방지가 있는 골조의 기둥의 2차모멘트를 다음에 의한 가중치의 합으로 표현한다. (1) δ_b로 표현되는 연직하중에 의한 모멘트와 (2) δ_s로 표현되는 풍하중 혹은 다른 횡하중에 의한 모멘트이다. 골조가 전단벽 혹은 지지버팀으로 가로흔들이가 방지되어 있지 않을 때, δ_b와 δ_s는 반드시 추정되어야 하고, M_c의 계산에 사용된다. 이러한 경우에 구조가 수직하중과 횡하중을 받는 지점에서는 하중감소계수가 사용된다. 기둥도 하중계수를 이용하여 수직하중의 효과를 반드시 검토되어야 한다.

⑦ 만일 Kl_u/r이 100보다 크다면 구조해석에 의하여 결정되는 힘과 모멘트에 기초를 둔 정확한 해석이 이루어져야 한다.

예제 8-14 **다음과 같은 조건으로 버팀지지된 띠기둥의 증대계수 모멘트를 구하여라. 단,** $f_{ck} = 24\,\text{MPa}$, $f_y = 400\,\text{MPa}$, $E_c = 2.3 \times 10^4\,\text{MPa}$**이다.**

축하중(kN)	휨모멘트(kN · m)		l_u(mm)	$\psi_A = \psi_B$
	기둥 상부	기둥 하부		
$P_D=600$ $P_L=300$	$M_D=80$ $M_L=20$	$M_D=100$ $M_L=40$	7400	0.7

풀 이 ① 소요강도 설계 :

$$P_u = 1.4\times600+1.7\times300 = 1,350\ (\text{kN})$$

$$M_{u1} = M_{1b} = 1.4\times80+1.7\times20 = 146\ (\text{kN}\cdot\text{m})$$

$$M_{u2} = M_{2b} = 1.4\times100+1.7\times40 = 208\ (\text{kN}\cdot\text{m})$$

② 세장효과 :

$\psi_A = \psi_B = 0.7$일 때 그림 8-12를 이용하여 기둥의 유효좌굴길이계수 K의 값을 찾으면, $K \doteqdot 0.73$이고,

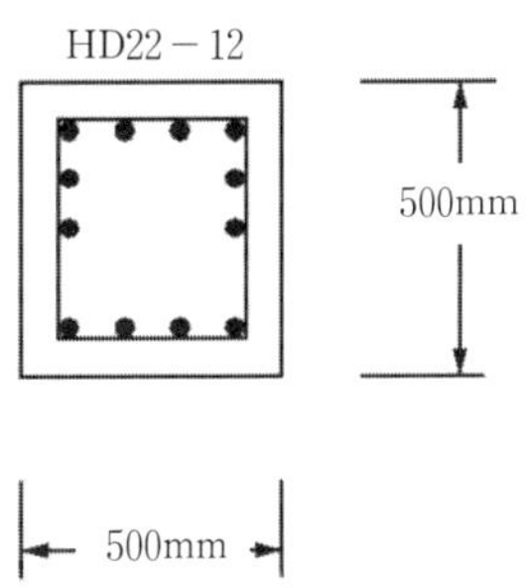

$$i = 0.3h = 0.3\times500 = 150\ (\text{mm})$$

세장비 :

$$\lambda = \frac{Kl_u}{i} = \frac{0.73\times7,400}{150}$$

$$= 36.01 > 34-12\times\frac{146}{208} = 25.58$$

이므로 세장효과를 고려하여야 한다.

③ 좌굴하중 산정 :

$$I_g = \frac{500\times500^3}{12} = 5.21\times10^9\ (\text{mm}^4)$$

$$\beta_d = \frac{1.4\times100}{208} = 0.673$$

식에서

$$EI = \frac{0.4E_cI_g}{1+\beta_d}$$

$$= \frac{0.4\times2.3\times10^4\times5.21\times10^9}{1+0.673}$$

$$= 2.865\times10^{10}\ (\text{kNmm}^2)$$

식에서

$$P_c = \frac{\pi^2 EI}{(Kl_u)^2}$$
$$= \frac{3.14^2 \times 2.865 \times 10^{10}}{(0.73 \times 7400)^2}$$
$$= 9,680\,(\mathrm{kN})$$

④ 증가계수 모멘트 산정 :

식에서

$$C_m = 0.6 + 0.4\frac{M_{1b}}{M_{2b}}$$
$$= 0.6 + 0.4 \times \frac{146}{208}$$
$$= 0.88 \geq 0.4$$

식에서

$$\delta_b = \frac{C_m}{1 - P_u / \phi P_c}$$
$$= \frac{0.88}{1 - 1260/(0.75 \times 9680)}$$
$$= 1.08 \geq 1.0$$
$$M_c = \delta_b M_{2b}$$
$$= 1.08 \times 208$$
$$= 224.6\,(\mathrm{kN \cdot m})$$

⑤ 철근산정 :

$$\gamma = \frac{h - 2d'}{h} = \frac{500 - 2 \times 60}{500} = 0.76 \rightarrow 0.8$$

(부 그림 4-7)에서 ρ_g를 결정한다.

$$\frac{P_u}{bh} = \frac{1,350,000}{500 \times 500} = 5.4$$

$$\frac{M_u}{bh^2} = \frac{224,600,000}{50 \times 500^4} = 0.003 \rightarrow \rho_g = 0.018$$

$$A_{st} = \rho_g bh = 0.01 \times 500 \times 500 = 2,500\,(\mathrm{mm}^2)$$

$\therefore$ HD19 − 10 (2,870 mm²)

09 Chapter 슬래브(Slab)의 설계

슬래브란 벽체나 보 혹은 기둥에서 직접 지지되는 구조체로 형태에 따라 사각형, 사다리꼴, 원형 등으로 나눌 수 있으며, 하중의 전달방식에 따라 1방향, 2방향 슬래브로 나눌 수 있다.

9-1 1-방향 슬래브의 설계

1방향 슬래브란 2개의 대변만으로 지지되거나 4변이 지지되고 장변의 길이가 단변 길이의 2배 이상 되는 슬래브를 의미한다. 1방향 슬래브의 하중은 단변방향으로 주로 전달되어 보와 유사한 거동을 한다.

9-1-1 1-방향 슬래브의 최소 두께와 최대 허용처짐

치짐을 계산하지 않는 경우 1방향 슬래브의 최소두께는 다음 표 9-1의 기준을 따른다.

표 9-1 처짐을 계산하지 않은 경우의 1방향 슬래브의 최소 두께

난순 시시일 때	$l/20$
1단이 연속일 때	$l/24$
양단이 연속일 때	$l/28$
캔틸레버일 때	$l/10$

단, 이 표는 $w_c=2,300\ \mathrm{kg/m^3}$, $f_y=400\ \mathrm{MPa}$를 기준으로 한 것이다.

큰 처짐에 의해 손상되기 쉬운 칸막이벽 등을 지지 또는 부착한 경우와 표 9-1에서 제시한 값보다 작은 두께의 슬래브를 사용하고자 하면 처짐계산을 통해 유해한 영향이 없다는 것을

검토해야 한다. 이때 최대 허용처짐에 대한 규정은 표 9-2와 같다.

표 9-2 슬래브의 최대 허용처짐

<table>
<tr><th>부재의 형태</th><th>고려해야 할 처짐</th><th>처짐한계</th></tr>
<tr><td>과도한 처짐에 의해 손상되기 쉬운 비구조 요소를 지지 또는 부착하지 않은 평지붕 구조</td><td>활하중 L에 의한 즉시 처짐</td><td>1/180</td></tr>
<tr><td>과도한 처짐에 의해 손상되기 쉬운 비구조 요소를 지지 또는 부착하지 않은 바닥 구조</td><td>활하중 L에 의한 즉시 처짐</td><td>1/360</td></tr>
<tr><td>과도한 처짐에 의해 손상되기 쉬운 비구조 요소를 지지 또는 부착한 지붕 또는 바닥 구조</td><td rowspan="2">전체 처짐 중에서 비구조 요소가 부착된 후에 발생하는 처짐 부분
(모든 지속하중에 의한 장기처짐과 추가적인 활하중에 의한 즉시 처짐의 합)</td><td>1/480</td></tr>
<tr><td>과도한 처짐에 의해 손상될 염려가 없는 비구조 요소를 지지 또는 부착한 지붕 또는 바닥 구조</td><td>1/240</td></tr>
</table>

9-1-2 1-방향 슬래브의 실용해법

1방향 슬래브를 설계하는데 있어서 실용해법을 적용할 경우에는 다음의 제한 조건을 만족해야 한다.

① 2경간 이상일 때
② 인접한 2경간의 차이가 짧은 경간의 20% 이상 차이가 나지 않는 경우
③ 등분포하중이 작용하는 경우
④ 활하중이 고정하중의 2배를 초과하지 않는 경우
⑤ 부재의 단면 크기가 일정한 경우

(1) 실용해법에 의한 1방향 슬래브의 모멘트계수 및 전단계수

① 휨모멘트(다음 계수에 $\omega_u l_n^2$을 곱해야 한다)

㉮ 2경간 연속 슬래브(경간이 3m를 초과할 경우)

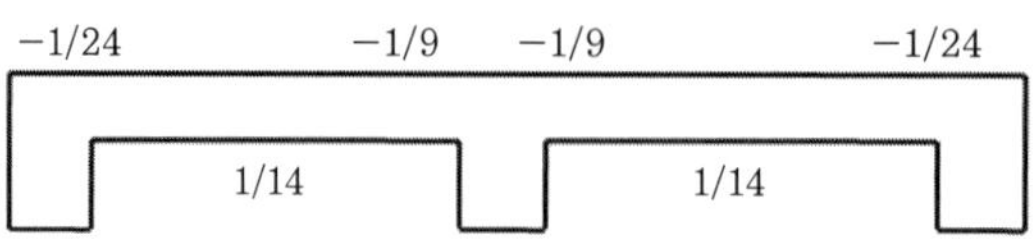

㉯ 2경간 연속 슬래브(경간이 3m 이하일 경우)

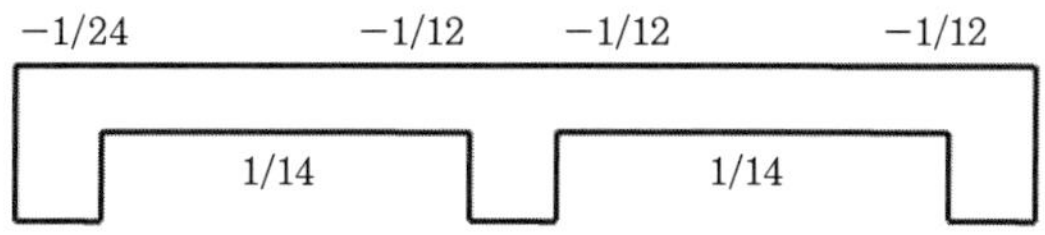

㉰ 3경간 이상 연속 슬래브(경간이 3m를 초과할 경우)

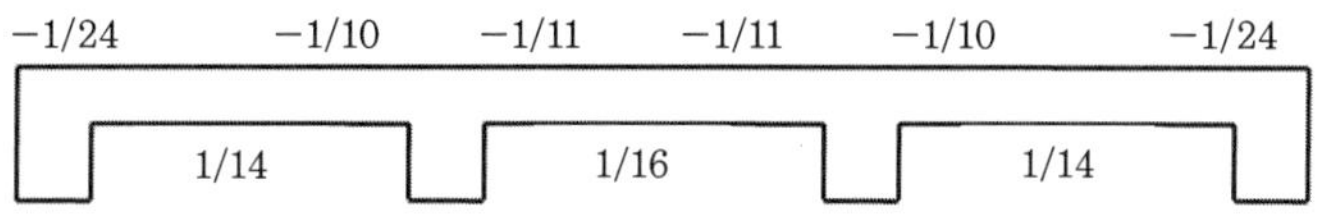

㉱ 3경간 이상 연속 슬래브(경간이 3m 이하일 경우)

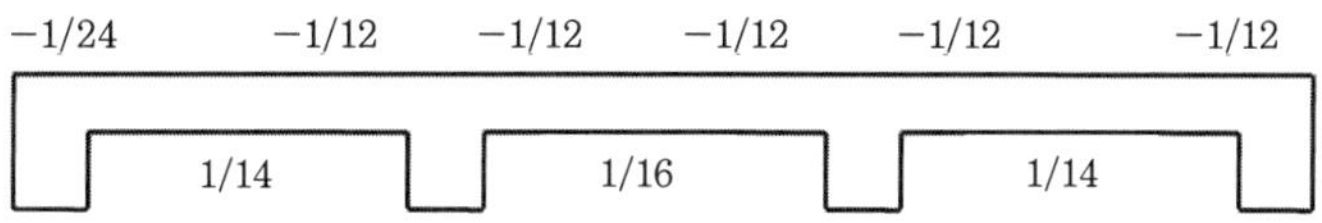

② 전단력(지지면으로부터 d 만큼 떨어진 곳에서 검토하고)

㉮ 첫 번째 내부 받침부 외 측면에서 전단력 : $1.15\,w_u l_n/2$

㉯ 그 외의 단부 : $w_u l_n/2$

여기서, l_n은 모멘트가 결정되는 방향으로 측정된 받침부 사이의 순경간이다.

9-1-3 1-방향 슬래브의 구조제한

(1) 슬래브 배근

① 주근 : 최소 철근량 : 수축 · 온도철근
최대 철근 간격 : 슬래브 바닥 두께의 3배, 다만, 400mm 이하

② 부근 : 최소 철근량 : 수축 · 온도철근

③ 수축 및 온도철근의 최소 철근비 : 수축 · 온도철근으로 배근되는 이형철근은 어떤 경우에 있어서도 철근비는 0.0014 이상이어야 하며, 다음 철근비 이상이어야 한다. 이 철근비는 콘크리트 전체 단면적에 대한 수축 · 온도 철근 단면적의 비를 나타낸다.

④ 설계기준항복강도가 400MPa 이하인 이형철근을 사용한 슬래브 : 0.0020

⑤ 0.0035의 항복변형률에서 측정한 철근의 설계기준항복강도가 400MPa를 초과한 슬래브 : $0.0020 \times \dfrac{400}{f_y}$

수축 · 온도철근의 간격은 슬래브 두께의 5배 이하, 또한 400mm 이하로 하여야 한다.

(2) 구조상세

① 1방향 슬래브의 두께는 기준 표 4.3.1에 따라야 하며, 최소 100mm 이상으로 하여야 한다.

② 슬래브의 정철근 및 부철근의 중심간격은 최대 휨모멘트가 일어나는 단면에서는 슬래브 두께의 2배 이하이어야 하고, 또한 300mm 이하로 하여야 한다. 기타의 단면에서는 슬래브 두께의 3배 이하이어야 하고, 또한 400mm 이하로 하여야 한다.

③ 1방향 슬래브에서는 정철근 부철근에 직각방향으로 배력 철근을 기준 5.7.2에 따라 배치하여야 한다.

④ 슬래브 끝의 단순받침부에서도 부모멘트가 일어나는 경우에는 이에 상응하는 철근을 배근하여야 한다.

⑤ 슬래브의 장변 방향과 직교하는 보의 상부에 부모멘트로 인해 발생하는 균열을 방지하기 위하여 슬래브의 장변 방향 상부에 철근을 배근하여야 한다. 배근 방법은 기준 3.4.8(3)에 따라야 한다.

예제 9-1 **아래 그림과 같은 경간이 4m인 연속 1방향 슬래브를 설계하라. 슬래브의 고정하중(자중 포함)은** $8.0\,\text{kN/m}^2$**이고, 활하중은** $6.0\,\text{kN/m}^2$**이다. 콘크리트는 일반 콘크리트로서 기준 압축강도** $f_{ck}=24\text{ MPa}$**이며, 철근의 기준 항복강도** $f_y=400\text{ MPa}$**이다. 단, 슬래브는 과도한 처짐에 의해 손상되기 쉬운 비구조요소를 지지하지 않는다.**

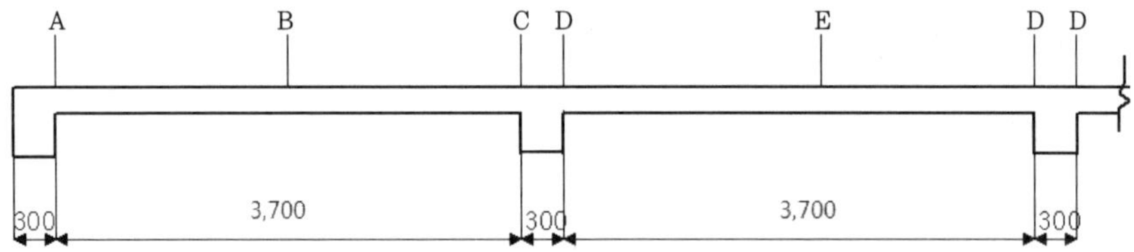

풀 이 (1) 처짐에 대해 가장 불리한 최외단의 슬래브는 1단 연속이므로 처짐을 계산하지 않아도 좋은 슬래브의 최소두께는

$h=l/24=4.0/24=0.17\,\text{m}$이다.

처짐 검토를 전제로 하고 두께 $h=0.18\,\text{m}$로 가정한다.

(2) 단위폭에 대한 하중계산

$W_d=8.0\text{ kN/m}$

$W_u=1.4\,W_d+1.7\,W_l=1.4(8.0)+1.7(6)=21.40\,\text{kN/m}$

(3) 실용해법에 의하여 M_u를 계산하면

$W_u l^2 = 21.40 \times 3.7^2 = 293.0$ kNm

$M_u =$ (계수) ($W_u l_n^2$)이다.

휨모멘트 계수

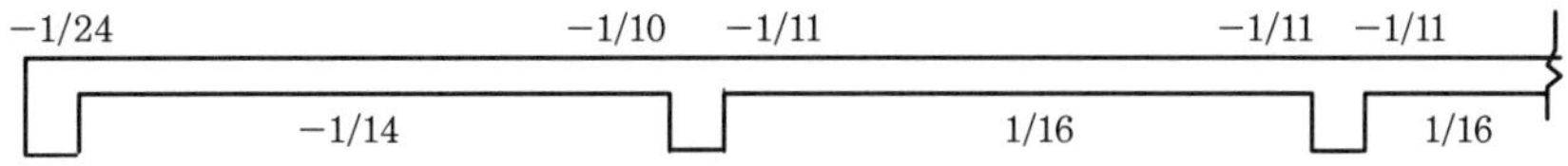

3 경간 이상 연속 슬래브(경간이 3m를 초과할 경우)

(4) 처짐 검토(활하중의 50%는 지속하중으로 가정함)

처짐 $\delta_i = K \dfrac{5M_i l^2}{48E_c I_g}$

$K = 1.2 - M_o / M_a$

$= 1.2 - 0.2(W_u l_n^2/8)/(W_u l_n^2/14) = 0.85$(연속보인 경우)

다만, M_a는 검토하는 슬래브의 경간 중앙에서의 휨모멘트이고, M_o는 단순지지로 간주할 경우의 경간중앙부의 휨모멘트이다.

$M_i =$ 사용하중(계수하중이 아님)에 의한 슬래브 중앙부의 정모멘트

$M_d = W_d l_n^2/14 = \dfrac{8.0 \times 3.7^2}{14} = 7.82$ kNm/m

$M_l = W_l l_n^2/14 = \dfrac{6.0 \times 3.7^2}{14} = 5.86$ kNm/m

$E_c = 4,700\sqrt{f_{ck}} = 4,700\sqrt{24} = 23,025.20$ MPa

$I_g - 1.0h^3/12 = 1.0 \times 0.18^3/12 = 0.00048$ m^4

고정하중에 의한 즉시 처짐

$\delta_d = K \dfrac{5M_i l^2}{48E_c I_g} = 0.85 \times \dfrac{5 \times 7.82 \times 3.7^2}{48 \times 23025.2 \times 0.00048}$

$= 1.009$ mm

활하중에 의한 즉시 처짐

$$\delta_l = K\frac{5M_i l^2}{48E_c I_g} = 0.85\times\frac{5\times5.86\times3.7^2}{48\times23025.2\times0.00048}$$

$$= 0.756\text{ mm} < l_n/360 = 3,700/360 = 10.28\text{ mm}$$

고정하중과 지속적인 활하중에 의한 장기처짐은 해당 즉시처짐의 2배이므로

$$\delta_c = (\delta_D + \delta_L)\times2 = (1.009 + 0.5\times0.756)\times2$$

$$= 2.77\text{ mm} < l_n/240 = 3,700/240 = 15.42\text{ mm} \quad \text{적합}$$

처짐을 제한하기 위한 실용적인 방법으로서 철근비 ρ를 $\rho_{\max}$의 1/2로 취하여 모멘트가 가장 큰 곳에 대하여 소요깊이를 검토하면,

$$\rho_{\max} = 0.75\rho_b,\ \rho = 0.5\rho_{\max}$$

$$\rho_b = \frac{0.85\beta_1 f_{ck}}{f_y}\times\frac{600}{600+f_y}$$

$$= \frac{0.85\times0.85\times24}{400}\times\frac{600}{600+400} = 0.0260$$

$$\rho = 0.5(0.75\rho_b) = 0.375\rho_b = 0.00975$$

$$R_n = \rho f_y(1-\frac{\rho f_y}{1.7f_{ck}})$$

$$= (0.00975)(400)(1-\frac{0.00813(400)}{1.7(24)}) = 3.527\text{ MPa}$$

$M_u = \phi R_n bd^2$에서

$$d = \sqrt{\frac{M_u}{\phi R_n b}} = \sqrt{\frac{293\times10^5}{0.9\times3.527\times1,000}} = 96.07\text{ mm}$$

$$h_{(req)} = 96.07 + 20 + 10/2 = 121.07\text{ mm} < 180\text{ mm}$$

(5) 단변 경간의 철근량 및 배근간격 계산

$$d = 180 - 20 - 13/2 = 153.50\text{ mm}$$

내단부 C 지점의 $M_u = 293.0$ kNm에 대하여

$$R_n = \frac{M_u}{\phi bd^2} = \frac{293\times10^5}{0.9\times1,000\times153.5^2} = 1.382\text{ MPa}$$

$$\rho = \frac{0.85f_{ck}}{f_y}\left(1-\sqrt{1-\frac{2R_n}{0.85f_{ck}}}\right)$$

$$= \frac{0.85\times24}{400}(1-\sqrt{1-\frac{2\times1.382}{0.85\times24}}) = 0.00358$$

$$A_s = \rho bd = 0.00358\times1,000\times153.50 = 549.7\text{ mm}^2$$

나머지에 대해서도 동일한 방법으로 철근량을 구한다.

철근 간격 $= \dfrac{1.0_{a1}}{A_s}$ 이다. 여기서 $a_1=$ 철근 1개의 단면적

지점	계수	$M_u=$(계수)× ($W_u l_n^2$) (kN · m)	A_s (mm²)
A	−1/24	−12.21	213
B	1/14	20.93	389
C	−1/10	−29.30	512
D	−1/11	−26.64	460
E	1/16	18.31	367

(6) 장변 경간의 철근량 및 배근간격 계산

장변 경간 단부의 부모멘트는 2방향 슬래브의 $m=0.5$일 때의 값을 취한다. 주변 지지조건이 가장 불리한 경우의 슬래브에 대해 모멘트를 구하면

$M_n = C \times W_n \times l_n^2$ (다만, $l_2=2\times$단변 순경간)

$\quad = -0.010\times 21.40\times(2\times 3.70)^2 = -11.72$ kNm

$d=180-20-13-10/2=142$ mm에 대해 D10@300mm

(7) 전단 검토

첫 번째 내측 지지면인 C단면에서 거리 d인 지점에서 최대 전단력이 생기고, 계수하중 $W_n=21.40$ kN/m이며,

순경간 $l_n=3.70$ m, $d=0.1535$ m이다.

$$V_n=1.15\frac{W_n(l_n-2d)}{2}=1.15\times\frac{21.40\times 3.393}{2}=41.75\text{ kN/m}$$

$$\phi V_c=\phi(1/6)\sqrt{f_{ck}}bd=0.85\times(1/6)\sqrt{24}\times 1\times 0.1535\times 10^3$$

$$=106,532\text{ N/m}>41,750\text{ N/m}$$

(8) 단변 경간의 철근을 배근하면 다음과 같다.

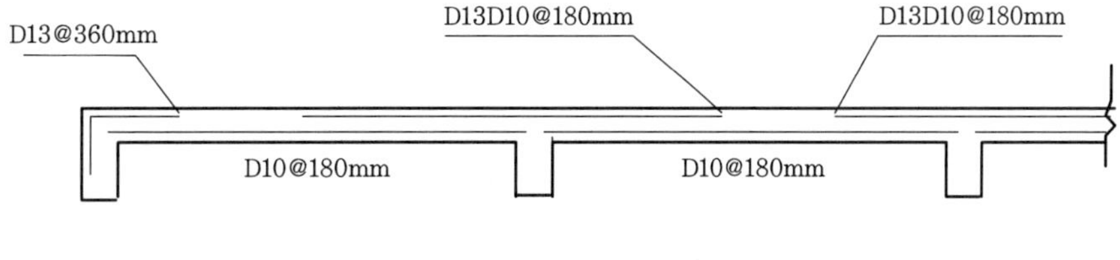

예제 9-2 **다음 설계조건에 대한 양단 연속인 1-방향 슬래브를 설계하여라.**

고정하중 : $w_d = 6\,\mathrm{kN/m^2}$ **(슬래브 자중 포함)**

활하중 : $w_l = 3\,\mathrm{kN/m^2}$

보의 중심간격 : $l = 4\,\mathrm{m}$

보의 폭 : $b = 300\,\mathrm{mm}$

$f_{ck} = 21\,\mathrm{MPa},\ f_y = 400\,\mathrm{MPa}$

풀 이 ① 슬래브 두께 산정 :

$$t = \frac{l}{28} = \frac{4,000}{28} = 143\,(\mathrm{mm})$$

$$\therefore\ t = 15\,(\mathrm{cm})$$

② 계수모멘트 산정 :

$$l_n = 4,000 - 30 = 3,700\,(\mathrm{mm})$$

$$w_u = 1.4 w_D + 1.7 w_L$$

$$= 1.4 \times 6 + 1.7 \times 3$$

$$= 13.5\,(\mathrm{kN/m^2})$$

$$(\text{단부})\quad M_u = -\frac{w_u l_n^2}{11} = -\frac{13.5 \times 3.7^2}{11} = -16.8\,(\mathrm{kNm/m})$$

$$(\text{중앙})\quad M_u = \frac{w_u l_n^2}{16} = \frac{13.5 \times 3.7^2}{16} = 11.6\,(\mathrm{kNm/m})$$

③ 철근 산정 :

$$d = 150 - 30 = 120\,(\mathrm{mm})$$

A. 주근 :

$$(\text{단부})\quad R_n = \frac{M_u}{\phi b d^2} = \frac{16.8 \times 10^6}{0.9 \times 1,000 \times 120^2} = 1.296\,(\mathrm{MPa})$$

$$p = \frac{0.85 f_{ck}}{f_y}\left[1 - \sqrt{1 - \frac{2R_n}{0.85 f_{ck}}}\right]$$

$$= \frac{0.85 \times 21}{400}\left[1 - \sqrt{1 - \frac{2 \times 1.296}{0.85 \times 21}}\right]$$

$$= 0.0034 > p_{\min} = 0.0020$$

$$\therefore\ A_s = p b d = 0.0034 \times 1,000 \times 120 = 408\,(\mathrm{mm^2/m})$$

따라서 HD10－@150 mm로 배근한다.

(중앙) $R_n = \dfrac{M_u}{\phi bd^2} = \dfrac{11.6\times10^6}{0.9\times1,000\times120^2} = 0.895\,(\mathrm{MPa})$

$p = \dfrac{0.85f_{ck}}{f_y}\left[1-\sqrt{1-\dfrac{2R_n}{0.85f_{ck}}}\right]$

$= 0.0023 > p_{\min} = 0.0020$

$\therefore A_s = pbd = 0.0023\times1,000\times120 = 276\,(\mathrm{mm^2/m})$

따라서 HD10－@150 mm로 배근한다.

B. 부근 :

건조수축 및 온도 최소철근은

$A_{\min} = 0.0018\times150\times1,000 = 270\,(\mathrm{mm^2/m})$

$@ = \dfrac{71\times1,000}{270} = 263.0\,(\mathrm{mm})$

HD10를 사용하면

∴ HD10－@250 (mm)

④ 선난검토 :

지지점에서 d인 지점에서 최대 전단력이 생기므로

$V_u = 1.15\dfrac{w_u(l_n-d)}{2}$

$= 1.15\dfrac{13.5(3.7-0.12)}{2}$

$= 27.80\,(\mathrm{kN/m})$

$\phi V_c = \phi1.68\sqrt{f_{ck}}\,bd$

$= 0.85\times1.68\sqrt{21}\times0.12\times1.0\times100$

$= 78.3\,(\mathrm{kN/m}) > 27.8\,(\mathrm{kN/m})$

∴ O.K

예제 9-3 **다음 설계조건에 대한 캔틸레버 슬래브를 설계하여라.**

고정하중 : $w_d = 6\,\mathrm{kN/m^2}$ **(슬래브 자중 불포함)**

활하중 : $w_l = 3\,\mathrm{kN/m^2}$

보의 중심거리 : $l = 1.4\,\mathrm{m}$

보의 폭 : $b = 400\,\mathrm{mm}$

$f_{ck} = 21\,\text{MPa},\ f_y = 400\,\text{MPa}$

풀 이 ① 슬래브 두께 산정 :

$$t = \frac{l}{10} = \frac{1,400}{10} = 140\,(\text{mm})$$

$\therefore\ t = 150\,(\text{mm})$

② 계수모멘트 산정 :

$l_n = 1,400 - 200 = 1,200\ (\text{mm})$

슬래브의 자중 $= 0.15\,\text{m} \times 24\,\text{kN/m}^3 = 3.6\ (\text{kN/m}^2)$

$w_u = 1.4(6 + 3.6) + 1.7 \times 3$

$= 18.54\ (\text{kN/m}^2)$

$$M_u = \frac{w_u l_{n2}^2}{2} = \frac{18.54 \times 1.2^2}{2} = 13.4\ (\text{kN . m/m})$$

③ 철근 산정 :

$d = 150 - 30 = 120\,(\text{mm})$

$$R_n = \frac{M_u}{\phi b d^2} = \frac{13.4 \times 10^6}{0.9 \times 1,000 \times 12,^2} = 1.034\,(\text{MPa})$$

$$p = \frac{0.85 f_{ck}}{f_y}\left[1 - \sqrt{1 - \frac{2R_n}{0.85 f_{ck}}}\right] = \frac{0.85 \times 21}{400}\left[1 - \sqrt{1 - \frac{2 \times 1.034}{0.85 \times 21}}\right]$$

$= 0.0027 > p_{\min} = 0.0020$

$\therefore\ A_s = pbd = 0.0027 \times 1,000 \times 120 = 324\,(\text{mm}^2/\text{m})$

따라서 HD10 − @200mm로 배근한다.

④ 전단검토 :

지지면에서 d인 지점에서 최대 전단력이 생기므로

$$V_u = 1.15\frac{w_u(l_n - d)}{2} = 1.15\frac{18.54(1.2 - 0.12)}{2} = 11.5\,(\text{kN/m})$$

$\phi V_c = \phi 0.53\sqrt{f_{ck}}bd = 0.85 \times 1.68\sqrt{21} \times 0.12 \times 1.0 \times 100$

$= 78.3\,(\text{kN/m}) > 11.5\,(\text{kN/m})$ $\therefore$ O.K

9-2 2-방향 슬래브의 설계

2방향 슬래브는 기둥 열을 중심으로 경간의 중앙부에서 수직으로 절단한 골조를 형성하고, 이 골조를 전층 혹은 각 층별로 분리하여 수직하중(고정, 활하중)에 대해 해석하여 이 해석 결과에 따라 설계하는 방법을 사용한다. 즉 층별로 골조를 해석하기 위해서는 2방향 슬래브의 골조는 기둥 주변 슬래브 패널의 중심선으로 이루어진 슬래브(보의 유무는 상관없음)와 층 상 · 하부의 기둥으로 구성된다. 2방향 슬래브 시스템의 설계는 이 골조를 수직하중에 대해 해석하고 해석결과에 따르는데 이러한 슬래브 설계과정은 다음과 같다.

(1) 슬래브 시스템의 결정

건축적, 시공적 측면을 고려하여 적절한 시스템을 선택한다.

(2) 슬래브 두께의 결정

처짐, 전단력 등을 고려하여 슬래브 두께를 선택한다.

(3) 설계방법의 결정

제한사항 내에 있으면 직접설계법을 적용하고, 그 외 경우는 등가골조법을 사용한다.

(4) 슬래브의 정 · 부모멘트의 계산

모멘트 계수와 탄성해석법을 사용하여 직접설계법, 등가골조법의 슬래브 모멘트를 계산한다.

(5) 슬래브 모멘트의 설계대로 분배

슬래브 모멘트를 주열대, 중간대로 분배한다.

(6) 보 모멘트의 결정(보가 있을 경우)

(7) 철근 배근

(8) 기둥에서의 전단강도 검토

9-2-1 2-방향 슬래브의 최소두께 규정

(1) 테두리보를 제외하고 슬래브 주변에 보가 없거나 보의 강성비 α_m이 0.2 이하일 경우, 슬래브의 최소두께는 표 9-3의 값을 만족해야 하고, 또한 다음 값 이상으로 하여야 한다.

㉮ 지판이 없는 슬래브의 경우 : 120 mm

㉯ 지판을 가진 슬래브의 경우 : 100 mm

(2) 보의 강성비 α_m이 0.2 초과하는 보가 슬래브 주변에 있는 경우 슬래브의 최소 두께는 다음 규정을 따라야 한다.

㉮ 강성비 α_m이 0.2 초과 2.0 미만인 경우 식 (9-1)의 값 이상 또는 120 mm 이상으로 하여야 한다.

$$h_{\min} = \frac{l_n(800 + f_y/1.4)}{36,000 + 5,000\beta(\alpha_m - 0.2)} \tag{9-1}$$

여기서, α_m : 같은 슬래브에 있는 주변 보에 대한 α값의 평균값

α : 보 양쪽의 슬래브 판의 중앙선에 의하여 구획되는 슬래브의 휨강성에 대한 보 휨강성의 비 $\left(= \frac{E_{cb} I_b}{E_{cs} I_s} \right)$

E_{cb}, E_{cs} : 보 및 슬래브 콘크리트 탄성계수

I_b, I_s : 보 및 슬래브 단면의 중심축에 대한 단면2차모멘트

β : 2-방향 슬래브에서 단변에 대한 장변의 순 경간비

㉯ 강성비 α_m이 2.0 이상인 경우 식 (9-2)의 값 이상 또는 90 mm 이상으로 하여야 한다.

$$h = \frac{l_n(800 + f_y/1.4)}{36,000 + 9,000\beta} \tag{9-2}$$

㉰ 불연속단을 갖는 슬래브에 대해서는 강성비 α_m의 값이 0.8 이상을 갖는 테두리보를 설치하거나 식 (9-1)과 식 (9-2)에서 구한 최소 두께를 적어도 10% 이상 증대시켜야 한다.

표 9-3 슬래브 시스템에서 테두리보를 제외하고 내부에 보가 없는 슬래브의 최소두께

f_y(MPa)	지판이 없는 경우			지판이 있는 경우		
	외부 슬래브		내부 슬래브	외부 슬래브		내부 슬래브
	테두리보가 없는 경우	테두리보가 있는 경우		테두리보가 없는 경우	테두리보가 있는 경우	
300	$l_n/32$	$l_n/35$	$l_n/35$	$l_n/35$	$l_n/39$	$l_n/39$
350	$l_n/31$	$l_n/34$	$l_n/34$	$l_n/34$	$l_n/37.5$	$l_n/37.5$
400	$l_n/30$	$l_n/33$	$l_n/33$	$l_n/33$	$l_n/36$	$l_n/36$

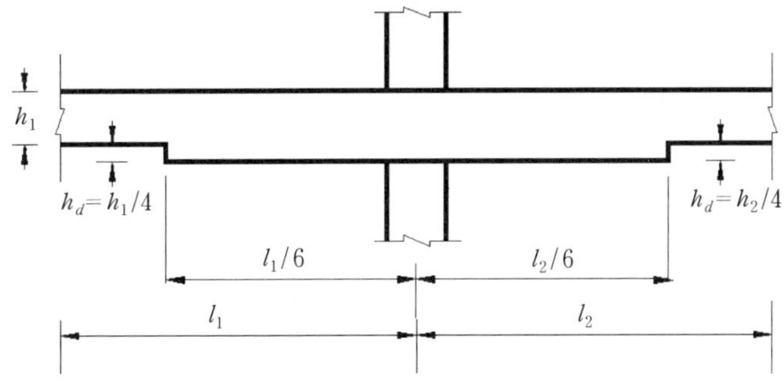

그림 9-1 슬래브의 지판

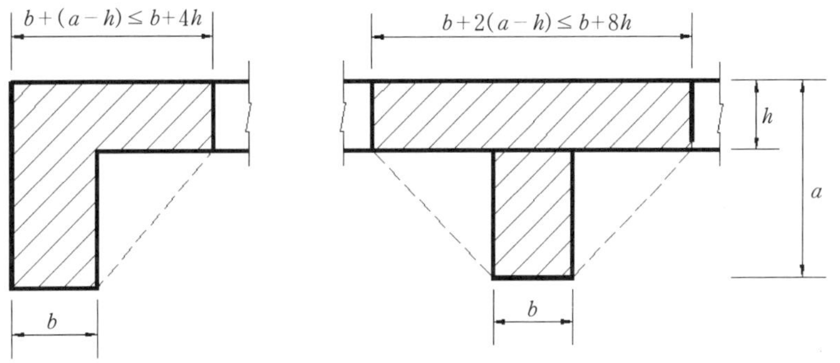

(a) 외부보 (b) 내부보

그림 9-2 I_b 계산용 보의 단면

9-2-2 2-방향 슬래브의 철근

(1) 철근량의 계산과 간격

2방향 슬래브 시스템에서 각 설계대별 철근 단면적은 위험단면에서의 모멘트로 계산하며, 이 철근량은 1방향 슬래브에서 요구되는 최소 철근량 이상이어야 하며, 위험단면에서의 철근 간격은 슬래브 두께의 2배 이하 또한 300mm 이하로 하여야 한다. 격막이나 리브구조로 된 부분은 예외로 한다.

(2) 철근의 정착

① 불연속 단부에 수직한 정모멘트에 대한 철근은 슬래브의 끝까지 연장하고 직선 또는 갈고리를 150mm 이상 테두리보, 기둥 또는 벽체 속에 묻어야 한다.

② 불연속 단부에 수직한 부모멘트에 대한 철근은 받침면에 정착되도록 테두리보, 기둥 또는 벽체 속으로 구부리거나 갈고리로 하거나 그렇지 못하면 적절히 정착시켜야 한다.

③ 불연속 단부에서 슬래브가 테두리보나 벽체로 지지되어 있지 않은 경우 또는 슬래브

가 받침부를 지나 캔틸레버로 되어 있는 경우에는 철근을 슬래브 내부에서 정착시킬 수 있다.

(3) 외부 모퉁이의 보강철근

받침부 사이에 α값이 1.0보다 큰 보가 있는 슬래브의 경우는 다음 기준에 따라 외부 모서리 부분의 슬래브에 특별한 상부 및 하부 철근을 배근해야 한다.

① 슬래브 상하에 두는 이 특별 철근은 슬래브 단위폭당 최대 정모멘트와 크기와 같은 모멘트에 견딜 수 있을 만큼 배근되어야 한다.

② 슬래브 상부는 모서리로부터 그은 대각선에 수직인 축에 대하여 슬래브 하부는 이 대각선에 평행한 축에 대하여 모멘트가 작용하는 것으로 가정할 수 있다.

③ 특별철근은 모서리로부터 긴 경간의 1/5 길이만큼 각 방향에 배치해야 한다.

④ 특별철근은 슬래브 상부에서 대각선에 평행한 폭에 배근하고 슬래브 하부의 경우 대각선에 수직한 폭에 배근해야 한다. 또는 특별철근은 슬래브 상부나 하부에서 슬래브 각 변에 평행하게 두 층으로 배근할 수 있다.

9-2-3 계수법에 의한 슬래브의 계산

ACI-318-63의 계수법에 의해 슬래브를 설계할 수 있다. 이 경우는 보의 깊이가 슬래브 깊이의 2.5배 이상이어야 하며, 안전성을 고려하여 기둥과 기둥을 연결하는 큰 보로 구획되는 슬래브에 중간에 보를 넣어 2방향 슬래브가 되는 경우 이 계수를 적용하여 설계할 수 없다. 다음 표 9-4~표 9-6은 ACI-318-63에 수록된 설계용 모멘트 계수표이다. 또한 표 9-7에 ACI-318-63 방법 2의 모멘트 계수표를 나타냈다.

표 9-4 계수법에 의한 2-방향 슬래브 설계용 계수

[부(-)모멘트에 대한 계수, $\omega_u = 1.4D + 1.7L$]

Ratio $m = l_1/l_2$		case1 	case2 	case3 	case4 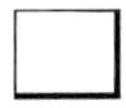	case5 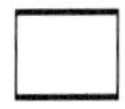	case6 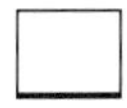	case7 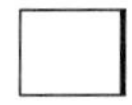	case8 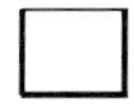	case9 
1.00	C_A		0.045		0.050	0.075	0.071		0.033	0.061
	C_B		0.045	0.076	0.050			0.071	0.061	0.033
0.95	C_A		0.050		0.055	0.079	0.075		0.038	0.065
	C_B		0.041	0.072	0.045			0.067	0.056	0.029
0.90	C_A		0.055		0.060	0.080	0.079		0.043	0.068
	C_B		0.037	0.070	0.040			0.062	0.052	0.025
0.85	C_A		0.060		0.066	0.082	0.083		0.049	0.072
	C_B		0.031	0.065	0.034			0.057	0.046	0.021
0.80	C_A		0.065		0.071	0.083	0.086		0.055	0.075
	C_B		0.027	0.061	0.029			0.051	0.041	0.017
0.75	C_A		0.069		0.076	0.085	0.088		0.061	0.078
	C_B		0.022	0.056	0.024			0.044	0.036	0.014
0.70	C_A		0.074		0.081	0.086	0.091		0.068	0.081
	C_B		0.017	0.050	0.019			0.038	0.029	0.011
0.65	C_A		0.077		0.085	0.087	0.093		0.074	0.083
	C_B		0.014	0.043	0.015			0.031	0.024	0.008
0.60	C_A		0.081		0.089	0.088	0.095		0.080	0.085
	C_B		0.010	0.035	0.011			0.024	0.018	0.006
0.55	C_A		0.084		0.092	0.089	0.096		0.085	0.086
	C_B		0.007	0.028	0.008			0.019	0.014	0.005
0.50	C_A		0.086		0.094	0.090	0.097		0.089	0.088
	C_B		0.006	0.022	0.006			0.014	0.010	0.003

표 9-5 계수법에 의한 2-방향 슬래브 설계용 계수
[고정하중에 의한 정(+)모멘트 계수, $\omega_u = 1.4D$]

Ratio $m = l_1/l_2$		case1	case2	case3	case4	case5	case6	case7	case8	case9
1.00	C_A DL	0.036	0.018	0.018	0.027	0.027	0.033	0.027	0.020	0.023
	C_B DL	0.036	0.018	0.027	0.027	0.018	0.027	0.033	0.023	0.020
0.95	C_A DL	0.040	0.020	0.021	0.030	0.028	0.036	0.031	0.022	0.024
	C_B DL	0.033	0.016	0.025	0.024	0.015	0.024	0.031	0.021	0.017
0.90	C_A DL	0.045	0.022	0.025	0.033	0.029	0.039	0.035	0.025	0.026
	C_B DL	0.029	0.014	0.024	0.022	0.013	0.021	0.028	0.019	0.015
0.85	C_A DL	0.050	0.024	0.029	0.036	0.031	0.042	0.040	0.029	0.028
	C_B DL	0.026	0.012	0.022	0.019	0.011	0.017	0.025	0.017	0.013
0.80	C_A DL	0.056	0.026	0.034	0.039	0.032	0.045	0.045	0.032	0.029
	C_B DL	0.023	0.011	0.020	0.016	0.009	0.015	0.022	0.015	0.010
0.75	C_A DL	0.061	0.028	0.040	0.043	0.033	0.048	0.051	0.036	0.031
	C_B DL	0.019	0.009	0.018	0.013	0.007	0.012	0.020	0.013	0.007
0.70	C_A DL	0.068	0.030	0.046	0.046	0.035	0.051	0.058	0.040	0.033
	C_B DL	0.016	0.007	0.016	0.011	0.005	0.009	0.017	0.011	0.006
0.65	C_A DL	0.074	0.032	0.054	0.050	0.036	0.054	0.065	0.044	0.034
	C_B DL	0.013	0.006	0.014	0.009	0.004	0.007	0.014	0.009	0.005
0.60	C_A DL	0.081	0.034	0.062	0.053	0.037	0.056	0.073	0.048	0.036
	C_B DL	0.010	0.004	0.011	0.007	0.003	0.006	0.012	0.007	0.004
0.55	C_A DL	0.088	0.035	0.071	0.056	0.038	0.058	0.081	0.052	0.037
	C_B DL	0.008	0.003	0.009	0.005	0.002	0.004	0.009	0.005	0.003
0.50	C_A DL	0.095	0.037	0.080	0.059	0.039	0.061	0.089	0.056	0.038
	C_B DL	0.006	0.002	0.007	0.004	0.001	0.003	0.007	0.004	0.002

표 9-6 계수법에 의한 2-방향 슬래브 설계용 계수

[활하중에 의한 정(+)모멘트 계수, $\omega_u = 1.7L$]

Ratio $m = l_1 / l_2$		case1	case2	case3	case4	case5	case6	case7	case8	case9
1.00	C_A LL	0.036	0.027	0.027	0.032	0.032	0.035	0.032	0.028	0.030
	C_B LL	0.036	0.027	0.032	0.032	0.027	0.032	0.035	0.030	0.028
0.95	C_A LL	0.040	0.030	0.031	0.035	0.034	0.038	0.036	0.031	0.032
	C_B LL	0.033	0.025	0.029	0.029	0.024	0.029	0.032	0.027	0.025
0.90	C_A LL	0.045	0.034	0.035	0.039	0.037	0.042	0.040	0.035	0.036
	C_B LL	0.020	0.022	0.027	0.026	0.021	0.025	0.029	0.024	0.022
0.85	C_A LL	0.050	0.037	0.040	0.043	0.041	0.046	0.045	0.040	0.039
	C_B LL	0.026	0.019	0.024	0.023	0.019	0.022	0.026	0.022	0.020
0.80	C_A LL	0.056	0.041	0.045	0.048	0.044	0.051	0.051	0.044	0.042
	C_B LL	0.023	0.017	0.022	0.020	0.016	0.019	0.023	0.019	0.017
0.75	C_A LL	0.061	0.045	0.051	0.052	0.047	0.055	0.056	0.049	0.046
	C_B LL	0.019	0.014	0.019	0.016	0.013	0.016	0.020	0.016	0.013
0.70	C_A LL	0.068	0.049	0.057	0.057	0.051	0.060	0.063	0.054	0.050
	C_B LL	0.016	0.012	0.016	0.014	0.011	0.013	0.017	0.014	0.011
0.65	C_A LL	0.074	0.053	0.064	0.062	0.055	0.064	0.070	0.059	0.054
	C_B LL	0.013	0.010	0.014	0.011	0.009	0.010	0.014	0.011	0.009
0.60	C_A LL	0.081	0.058	0.071	0.067	0.059	0.068	0.077	0.065	0.059
	C_B LL	0.010	0.007	0.011	0.009	0.007	0.008	0.011	0.009	0.007
0.55	C_A LL	0.088	0.062	0.080	0.072	0.063	0.073	0.085	0.070	0.063
	C_B LL	0.008	0.006	0.009	0.007	0.005	0.006	0.009	0.007	0.006
0.50	C_A LL	0.095	0.066	0.088	0.077	0.067	0.078	0.092	0.076	0.067
	C_B LL	0.005	0.004	0.007	0.005	0.004	0.005	0.007	0.005	0.004

표 9-7 ACI-318-63 방법 2의 모멘트 계수표

모멘트	단변경간						장변경간
	m = 단변경간/장변경간						모든 m에 대하여
	1.0	0.9	0.8	0.7	0.6	0.5 이하	
경우1-내부패널							
연속단의 부모멘트	0.033	0.040	0.048	0.055	0.063	0.083	0.033
불연속단의 부모멘트	–	–	–	–	–	–	–
중앙부의 정모멘트	0.025	0.030	0.036	0.041	0.047	0.062	0.025
경우 2-1단 불연속							
연속단의 부모멘트	0.041	0.048	0.055	0.062	0.069	0.085	0.041
불연속단의 부모멘트	0.021	0.024	0.027	0.031	0.035	0.042	0.021
중앙부의 정모멘트	0.031	0.036	0.041	0.047	0.052	0.064	0.031
경우 3-2단 불연속							
연속단의 부모멘트	0.049	0.057	0.064	0.071	0.078	0.090	0.049
불연속단의 부모멘트	0.025	0.028	0.032	0.036	0.039	0.045	0.025
중앙부의 정모멘트	0.037	0.043	0.048	0.054	0.059	0.068	0.037
경우 4-3단 불연속							
연속단의 부모멘트	0.058	0.068	0.074	0.082	0.090	0.098	0.058
불연속단의 부모멘트	0.029	0.033	0.037	0.041	0.045	0.049	0.029
중앙부의 정모멘트	0.044	0.050	0.056	0.062	0.068	0.074	0.044
경우 5-4단 불연속							
연속단의 부모멘트	–	–	–	–	–	–	–
불연속단의 부모멘트	0.033	0.038	0.043	0.047	0.053	0.055	0.033
중앙부의 정모멘트	0.050	0.057	0.064	0.072	0.080	0.083	0.050

예제 9-4 **다음 그림과 같이 단변의 길이가 5m, 장변의 길이가 6.2m인 직사각형 슬래브의 모서리에 위치한 슬래브 판에 생기는 휨모멘트를 구하라. 다만, 고정하중** $W_d = 5\ \mathrm{kN/m^2}$**이고, 하중** $W_l = 12\ \mathrm{kN/m^2}$**이다.**

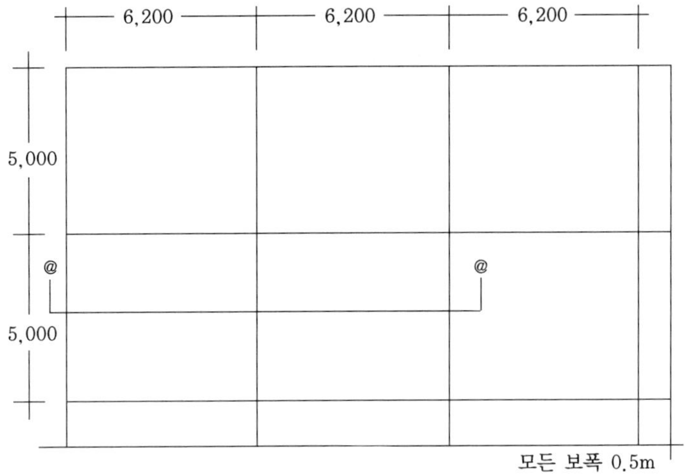

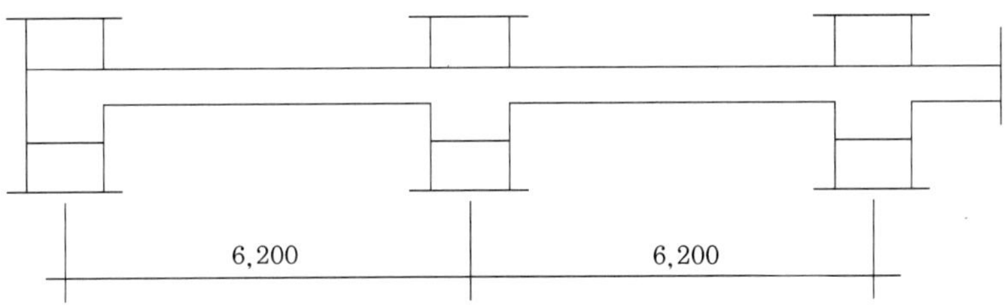

단면 ⓐ－ⓐ

풀 이 (1) 장변에 대한 단변의 비 및 계수하중의 산정

이 슬래브는 단변방향의 순경간 $l_1 = 5 - 0.5 = 4.5\,\text{m}$

장변방향의 순경간 $l_2 = 6.2 - 0.5 = 5.7\,\text{m}$이므로 단변($l_1$)의 장변($l_2$)방향의 길이에 대한 비는

$m = 4.5/5.7 = 0.80$로서 2방향 슬래브이다.

$W_u = 1.4(W_d) + 1.7(W_l) = 1.4(5) + 1.7(12) = 7 + 20.4$

$= 27.4\ \text{kN/m}^2$

모멘트 계수법에 의하여 휨모멘트를 산정한다. 본 예제와 같이 4번이 지지된 2방향 슬래브의 경우, ACI 318-63, 2002(e)에서 규정하는 최소 두께는

h＝주변길이$/180 = 2(4.5 + 5.7)/180 = 0.113\,\text{m}$가 된다.

(2) 중간대의 부(−)모멘트의 계산

중간대의 부(−)모멘트에 대한 계수는 표 9-4의 경우 4에서 구할 수 있다.

$m=0.80$에 대한 계수는 다음과 같다.

m	$C_{A,neg}$	$C_{b,neg}$
0.80	0.071	0.029

단변방향의 부(−)모멘트

$M_a = C_{A,neg} \times W_u \times l_1^2 = 0.071 \times 27.4 \times (4.5)^2 = 39.40\,\text{kNm/m}$

장변방향의 부(−)모멘트

$M_b = C_{B,neg} \times W_u \times l_2^2 = 0.029 \times 27.4 \times (5.7)^2 = 25.8\,\text{kNm/m}$

(3) 중간대의 정(+)모멘트의 계산

중간대의 정(+)모멘트에 대한 계수를 구할 경우에는 고정하중에 대해서는 표 9-5의 경우 4를 이용한다. $m=0.80$에 대한 계수는 다음과 같다.

고정하중에 대하여

m	$C_{A,DL}$	$C_{B,DL}$
0.80	0.039	0.016

활하중에 대하여

m	$C_{A,LL}$	$C_{B,LL}$
0.80	0.048	0.020

단변방향의 정(+)모멘트

$$M_a = C_{A,DL}(1.4W_D)\,l_1^2 + C_{A,LL}(1.7W_L)\,l_1^2$$
$$= 0.039(7.0)(4.5)^2 + 0.048(20.4)(4.5)^2 = 25.4\,\text{kNm/m}$$

장변방향의 정(+)모멘트

$$M_b = C_{B,DL}(1.4W_D)\,l^2 + C_{B,LL}(1.7W_L)\,l_2^2$$
$$= 0.016(7)(5.7)^2 + 0.020(20.4)(5.7)^2 = 16.9\,\text{kNm/m}$$

(4) 불연속단에서는 정모멘트의 1/3 크기의 부모멘트를 사용하므로 불연속단에서,

단변방향의 부(−)모멘트 $M_a = -(1/3)(25.4) = -8.50\,\text{kNm/m}$

장변방향의 부(−)모멘트 $M_b = -(1/3)(16.9) = -5.60\,\text{kNm/m}$

(5) 중간대의 정 · 부모멘트를 표시하면 다음과 같다.

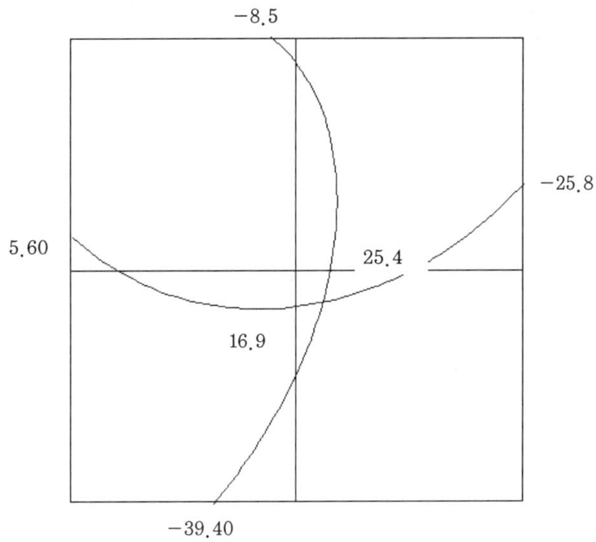

(6) 주열대의 정 · 부모멘트 계산

주열대의 단변방향에 대한 휨모멘트는 중간대와의 경계선에서는 M_a이며, 판의 단부로 가면서 직선적으로 감소하여 단부에서는 $M_a/3$가 되므로 주열대의 평균 휨모멘트는 $(M_a + M_a/3) - 2/3\,M_a$가 된다.

장변방향에 대하여도 마찬가지로 평균 휨모멘트는 $(M_b + M_b/3)/2 = 2/3M_b$가 된다.

그러므로 주열대에 대한 평균 휨모멘트는 다음과 같다.

단변방향 부(−)모멘트

끝　단 : $M_a = -8.5 \times 2/3 = -5.7\,\text{kNm/m}$

연속단 : $M_a = -39.4 \times 2/3 = -26.3\,\text{kNm/m}$

장변방향 부(−)모멘트

끝　단 : $M_b = -5.6 \times 2/3 = -3.7\,\text{kNm/m}$

연속단 : $M_b = -25.8 \times 2/3 = -17.2\,\text{kNm/m}$

단변방향 정(+)모멘트

$M_a = 25.4 \times 2/3 = 16.9\,\text{kNm/m}$

장변방향 정(+)모멘트

$M_b = 16.9 \times 2/3 = 11.3\,\text{kNm/m}$

예제 9-5 **예제 [9-4] 문제를 ACI 318-63의 방법 2에 의해 산정하라. 다만, 슬래브 두께는 0.15m로 가정한다.**

풀 이 (1) 장변에 대한 단변의 비 및 계수하중의 산정

이 슬래브는 단변 방향의 경간 $l_1 = 5 - 0.5 + 0.3 = 4.8\,\text{m}$

장변 방향의 경간

$l_2 = 6.2 - 0.5 + 0.3 = 6\,\text{m}$이므로 단변($l_1$)의 장변($l_2$)방향의 길이에 대한 비

$m = 4.8/6 = 0.80$으로서 2방향 슬래브이다.

$W_u = 1.4(W_d) + 1.7(W_l) = 1.4(5) + 1.7(12) = 7 + 20.4$

$= 27.4\,\text{kN/m}^2$

여기서는 ACI 318-63의 방법 2에 의하여 휨모멘트를 산정한다.

(2) 중간대의 모멘트의 계산

중간대의 모멘트에 대한 계수는 2번 불연속의 경우에서 구할 수 있다. $m = 0.80$에 대한 계수는 다음과 같다.

단변경간

m	연속단	불연속단	중앙부
0.80	−0.064	−0.032	0.048

장변 경간

m	연속단	불연속단	중앙부
전체	−0.049	−0.025	0.037

단변 방향

연속단 부(−)모멘트

$M_u = C \times W_u \times l_1^2 = -0.064 \times 27.4 \times 4.8^2 = -40.4\,\text{kNm/m}^2$

불연속단 부(−)모멘트

$M_u = C \times W_u \times l_1^2 = -0.032 \times 27.4 \times 4.8^2 = -20.2\,\text{kNm/m}^2$

중앙부 정(+)모멘트

$M_u = C \times W_u \times l_1^2 = 0.048 \times 27.4 \times 4.8^2 = 30.3\,\text{kNm/m}^2$

장변 방향

연속단 부(-)모멘트

$M_u = C \times W_u \times l_2^2 = -0.049 \times 27.4 \times 6^2 = -48.33\,\text{kNm/m}^2$

불연속단 부(-)모멘트

$M_u = C \times W_u \times l_2^2 = -0.025 \times 27.4 \times 6^2 = -24.66\,\text{kNm/m}^2$

중앙부의 정(+)모멘트

$M_u = C \times W_u \times l_1^2 = 0.037 \times 27.4 \times 6^2 = 36.50\,\text{kNm/m}^2$

중간대에 대하여 모멘트를 표시하면 다음과 같다.

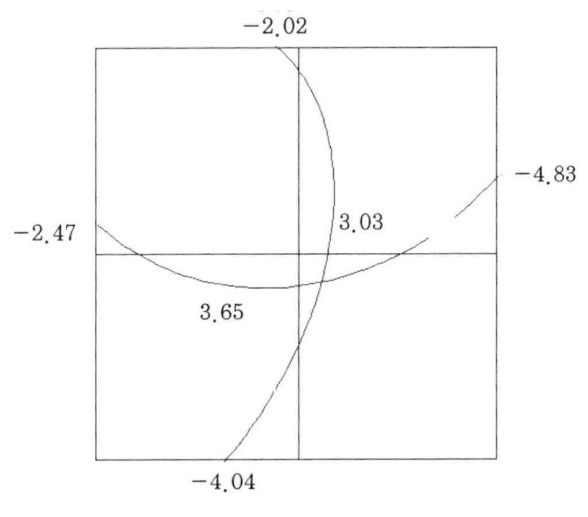

(3) 주열대의 모멘트 계산

주열대에 대한 평균 휨모멘트는 중간대의 휨모멘트의 2/3로서 다음과 같다.

단변방향 부(-)모멘트

연속단 : $M_a = -40.4 \times 2/3 = -26.9\,\text{kNm/m}$

끝 단 : $M_a = -24.66 \times 2/3 = -16.44\,\text{kNm/m}$

정(+)모멘트

중앙부 : $M_a = 30.3 \times 2/3 = 20.2\,\text{kNm/m}$

장변방향 부(-)모멘트

연속단 : $M_b = -48.3.3 \times 2/3 = -32.22\,\text{kNm/m}$

끝 단 : $M_b = -19 \times 2/3 = -12.7\,\text{kNm/m}$

정(+)모멘트

중앙부 : $M_b = 36.5 \times 2/3 = 24.33\,\text{kNm/m}$

예제 9-6 **다음 설계조건에 대한 4변 고정 슬래브를 설계하여라.**

고정하중 : $w_d = 7\,\text{kN/m}^2$ **(슬래브 자중 포함)**

활하중 : $w_l = 3\,\text{kN/m}^2$

보의 중심거리 : $l_x \times l_y = 3.7\,\text{m} \times 6.4\,\text{m}$

보의 폭 : $b = 400\,\text{mm}$

$f_{ck} = 24\,\text{MPa}$, $f_y = 400\,\text{MPa}$

풀 이 ① 슬래브 두께 산정 :

ACI 318-63, 2002(e)에서 규정하는 최소두께는

$$h_{\min} \doteqdot \frac{2(3,700+6,400)}{180} = 112.2\,(\text{mm})$$

$\therefore h = 120\,\text{mm}$로 한다.

② 계수모멘트 산정 :

$m = \dfrac{3.3}{6} = 0.55$이므로 (표 9-4)~(표 9-6)에서 모멘트 계수를 구하면 다음 표와 같다.

계수 \ 하중	계수하중	고정하중	활하중
모멘트 계수	$C_A = 0.084$	$C_{AD} = 0.035$	$C_{AL} = 0.062$
	$C_B = 0.007$	$C_{BD} = 0.003$	$C_{BL} = 0.006$

$l_1 = 3.7 - 0.4 = 3.3\,(\text{m})$

$l_2 = 6.4 - 0.4 = 6.0\,(\text{m})$

$$\begin{aligned} w_u &= 1.4w_D + 1.7w_L \\ &= 1.4 \times 7 + 1.7 \times 3 \\ &= 14.9\,(\text{kN/m}^2) \end{aligned}$$

A. 단변 방향 (주근) :

(단부) : $M_u = -C_a w_u l^2 = -0.084 \times 14.9 \times 3.3^2 = -13.63$ (kNm/m)

(중앙) : $M_u = C_{AD}(1.4w_D)\, l_1^2 + C_{AL}(1.7w_L)\, l_1^2$

$= 0.035 \times 1.4 \times 7 \times 3.3^2 + 0.062 \times 1.7 \times 3 \times 3.3^2$

$= 7.2$ (kNm/m)

B. 장변 방향 (부근) :

(단부) : $M_u = -C_b w_u l^2 = -0.007 \times 14.9 \times 6^2 = -3.8$ (kNm/m)

(중앙) : $M_u = C_{BD}(1.4w_D)\, l_2^2 + C_{BL}(1.7w_L)\, l_2^2$

$= 0.003 \times 1.4 \times 7 \times 6^2 + 0.006 \times 1.7 \times 3 \times 6^2$

$= 2.2$ (kNm/m)

③ 철근 산정 :

A. 단변 방향 :

(단부) : $R_n = \dfrac{M_u}{\phi b d^2} = \dfrac{13.63 \times 10^6}{0.9 \times 1,000 \times 90^2} = 1.87$ (MPa)

$$p = \frac{0.85 f_{ck}}{f_y}\left[1 - \sqrt{1 - \frac{2R_n}{0.85 f_{ck}}}\right]$$

$$= \frac{0.85 \times 24}{400}\left[1 - \sqrt{1 - \frac{2 \times 1.87}{0.85 \times 24}}\right]$$

$= 0.0027 > p_{\min} = 0.0020$

$\therefore A_s = pbd = 0.0027 \times 1,000 \times 90 = 243$ (mm^2/m)

따라서 HD13－@250mm로 배근한다.

(중앙) : $R_n = \dfrac{M_u}{\phi b d^2} = \dfrac{7.2 \times 10^6}{0.9 \times 1,000 \times 90^2} = 0.988$ (MPa)

$$p = \frac{0.85 f_{ck}}{f_y}\left[1 - \sqrt{1 - \frac{2R_n}{0.85 f_{ck}}}\right]$$

$$= \frac{0.85 \times 24}{400}\left[1 - \sqrt{1 - \frac{2 \times 0.988}{0.85 \times 24}}\right]$$

$= 0.0025 > p_{\min} = 0.0020$

$\therefore A_s = pbd = 0.0025 \times 1,000 \times 90 = 225$ (mm^2/m)

따라서 HD10－@250mm로 배근한다.

B. 장변 방향 :

$$(단부) : R_n = \frac{M_u}{\phi b d^2} = \frac{3.8\times10^6}{0.9\times1,000\times90^2} = 0.521\ (\mathrm{MPa})$$

$$p = \frac{0.85 f_{ck}}{f_y}\left[1-\sqrt{1-\frac{2R_n}{0.85 f_{ck}}}\right]$$

$$= \frac{0.85\times24}{400}\left[1-\sqrt{1-\frac{2\times0.521}{0.85\times24}}\right]$$

$$= 0.0013 > p_{\min} = 0.0020$$

$$\therefore A_s = pbd = 0.0020\times1,000\times120 = 240\ (\mathrm{mm^2/m})$$

따라서 HD10 – @250 mm로 배근한다.

(중앙) : (단부) 배근에 준한다.

10 Chapter 벽체(Wall)의 설계

10-1 내력벽과 전단벽

철근콘크리트 건축물을 구성하는 주요 구조요소인 벽체는 일반적으로 수직하중과 수평하중을 지지하는 기능을 가진 구조벽(Structural wall)이다. 구조벽의 주기능은 소속된 구조시스템에 따라 결정되며, 하중작용에 대한 주 저항기능을 고려하여 내력벽 또는 전단벽으로 구분하여 다룰 수 있다. 그러나 이러한 구분은 구조설계개념상 구조벽의 기능과 성능을 유효하게 차별화하기 위하여 구조기준의 소정 규정에 따라 인위적으로 구분하는 것에 불과하며, 구조벽에 대한 본질적인 구분이 될 수는 없다.

10-1-1 전단벽(Shear wall)

전단벽이란 벽면에 평행하게 작용하는 수평력에 저항하도록 설계된 벽체로서 수직격막판(Vertical diaphragm)의 기능을 가진 구조벽이다. 따라서 전단벽에 대한 하중작용은 수평력에 의한 면내 휨과 전단력만이 주대상이며, 수직하중에 대한 지지는 부차적이고 그 크기도 구조기준에 따라 소정의 수준만을 대상으로 하는 사례가 있다. 그리고 전단벽의 경우 세장비의 영향이나 면외 강도에 대한 고려는 제외될 수도 있다. 순수한 의미의 전단벽이라 하면 면내 수평전단력만을 부담하도록 골조 속에 배치한 전단판벽(Infill panel)의 경우를 들 수 있다.

10-1-2 내력벽(Bearing wall)

일반적으로 내력벽은 수직하중과 면외 휨모멘트에 대한 지지기능을 우선으로 하지만 면내 수평력에 대해서도 전단벽으로서의 기능을 동시에 갖게 된다. 따라서 내력전단벽(Load-bearing shear wall)이라고도 한다. 내력벽 구조방식의 아파트 건축물을 구성하는 구조벽은 내력벽(또는 내력전단벽)의 대표적인 사례라 할 수 있다.

10-2 실용 설계법

(1) 실용 설계법은 계수축하중의 합력이 벽두께(h)의 중앙 $h/3(e \le h/6)$ 내에 위치하는 직사각형 단면내력벽 설계에 적용할 수 있다.

(2) 벽체의 최소 두께는 벽높이 또는 벽길이 중 작은 값의 1/25 이상, 그리고 100 mm 이상이어야 한다.

(3) 내력벽에 작용하는 계수축하중 P_u는 축하중강도 ϕP_{nw}보다 작아야 한다.

$$P_u \le \phi P_{nw} \tag{10-1}$$

$$\phi P_{nw} = 0.55\,\phi f_{ck} A_g \left[1 - \left(\frac{K l_c}{32 h}\right)^2\right] (\phi = 0.7) \tag{10-2}$$

$$A_g = b_e h \tag{10-3}$$

$$b_e = b + 4h \tag{10-4}$$

여기서, A_g : 전체 단면적

K : 유효길이계수

b : 보단면폭

b_e : 벽체의 유효수평길이

h : 벽체의 두께

l_c : 벽체의 높이

P_{nw} : 실용설계법에 의한 벽체의 축하중강도

그리고 유효길이계수 K값은 다음과 같다.

① 상 · 하단이 횡구속 벽체로서

㉠ 상 · 하 양단 중의 한쪽 또는 양쪽의 회전이 구속된 경우 $K = 0.8$

㉡ 상 · 하 양단의 회전이 구속되지 않은 경우 $K = 1.0$

② 비횡구속 벽체 $K = 2.0$

10-3 압축재 설계법

벽체의 단면이 장방형이 아니거나 편심에 의한 모멘트의 영향이 커서 벽체의 단면에 압축응력과 인장응력이 생기는 내력벽은 압축재로 설계하여야 하며, 압축재로 설계할 때는 기둥의 설계법을 따라야 한다.

다만, 압축재로 설계되는 벽체의 수직철근비가 0.01 이하이거나 수직철근이 압축철근으로 산정된 것이 아닐 때에는 횡방향 띠철근으로 묶지 않아도 된다. 일반적으로 횡방향의 철근은 최소철근비로 배근하는 것이 실용적이다.

10-4 내력벽의 설계

(1) 건축물을 구성하는 구조벽은 축하중과 더불어 면내 휨모멘트 및 면외 휨모멘트가 서로 동시에 작용하거나 또는 별도로 작용하게 된다. 일반적으로 구조벽은 전단벽의 기능과 내력벽의 기능을 모두 구비하여야 한다. 이러한 구조벽을 내력전단벽 또는 내력벽이라 한다.

(2) 내력벽의 설계는 기준이 규정하는 각종 하중계수와 하중조합을 모두 고려한 하중작용에 대한 구조해석에 의하여 결정되는 단면응력, 즉 최대 소요강도에 대하여 안전하도록 설계하여야 한다.

10-4-1 내력벽의 설계요령

면내 및 면외 휨과 축하중이 작용하는 내력벽의 단면산정은 축하중 P_n가 집중 작용하는 것으로 가정한 부분에 대해서 벽체의 면내 및 면외 설계강도가 안전하도록 다음 순서에 따라 검토한다.

(1) 설계조건

축하중 : P_u

면내 휨모멘트 : M_u

면외 휨모멘트 : M_{ul} 또는 M_{cl} (벽체단위길이)

내력벽의 길이 : l_w

내력벽의 두께 : h

내력벽의 높이 : l_c 또는 l_u

설계 기준 강도 : f_{ck} 또는 f_y

(2) 내력벽의 설계 축하중강도 산정

설계 축하중강도는 면외 편심 e_1 및 세장비(면외)를 고려하여 다음 요령에 따라 산정한다. 다만, 내력벽 단위길이에 대한 설계강도로 한다.

$e_1 \leq 0.1h$일 때 : $\phi P_{nl(\max)}$ 또는 ϕP_{nw}

$0.1h < e_1 \leq h/6$일 때 : ϕP_{nw}

$e_1 > h/6$일 때 : ϕP_{n1}

(3) 축하중 P_n에 대한 유효벽 길이의 소요장 b' 산정

$$b' = P_u / \phi P_{nw}$$

위 식에서 설계 축하중강도는 면외 편심 e_1의 크기에 따라 ϕP_{nw} 대신 $\phi P_{nl(\max)}$나 ϕP_{n1}을 적용할 수 있다. 그리고 유효벽 길이 b의 산정은 소요장 b'를 근거로 하여 등가 직사각응력블록 길이 a를 확정한 다음에 결정한다.

(4) 등가 직사각응력블록 길이 a의 확정

면내 편심 : $e = M_u / P_u$

a의 가정값 : $a = l_w - 2e$

① $e < 0.5l_w$이고 $l_w - 2e \geq 0.8b'$일 때

$a = l_w - 2e$로 정한다. 따라서 $b = 1.25a$이다.

이 경우의 소요 철근량은 $A_s = A_s' = 0$이 된다.

만일 $(l_w - 2e)$보다 작은 a값을 취했을 때에는 철근량이 부(−)로 산출된다.

② $e < 0.5l_w$이고 $l_w - 2e < 0.8b'$일 때

$a \geq 0.8b'$로 정한다. 그리고 $b = 1.25a$이다.

이 때의 소요 철근량은 $A_s = A_s' > 0$이 산출된다.

③ $e \geq 0.5 l_w$이고 $l_w - 2e \leq 0$일 때

$a \geq 0.8b'$로 정한다. 그리고 $b = 1.25a$이다.

이 때의 소요 철근량은 $A_s = A_s' > 0$이고,

특히, a를 크게 잡으면 철근량이 과다하게 산출될 수 있다.

④ 철근의 응력 f_s 및 f_s'의 산정

$$c = a / \beta_1$$

$$f_s = E_s \frac{0.003(d-c)}{c} \leq f_y$$

$$f_s' = E_s \frac{0.003(c-d_2)}{c} \leq f_y$$

⑤ 소요 철근량 A_s 및 A_s'의 산정

$$P_n = C_c + C_s - T_s$$

$$M_n = C_c\left(\frac{l_w}{2} - \frac{a}{2}\right) + C_s\left(\frac{l_w}{2} - d_2\right) + T_s\left(\frac{l_w}{2} - d_1\right)$$

$$P_n \cdot e = M_n$$

⑥ 전단강도 및 전단보강 철근의 산정

10-4-2 내력벽 벽체의 최소 두께

(1) 벽체의 최소 두께는 수직 또는 수평 지점간의 거리 중 작은 값의 1/25 이상 또는 100 mm 이상으로 한다. 즉

$$h = \min\left(\frac{l_c}{25}, \frac{l_w}{25}\right), \quad 100\,\text{mm 이상}$$

여기서, l_c : 벽체의 높이, l_w : 벽체의 폭, h : 벽체의 두께

그리고 지하실 외벽 및 기초 위 벽체는 200 mm 이상으로 하고 복근으로 배근한다.

(2) 최소 철근비

① 압축력만 받을 때 다음 값 이상으로 한다.

㉠ 수직근 : 0.0012 ($f_y \geq 400$ (MPa), D16 이하 이형철근)

0.0015(기타의 이형철근)

㉡ 수평근 : 0.0020 ($f_y \geq 400$ (MPa), D16 이하 이형철근)

0.0025(기타의 이형철근)

㉢ 수직 및 수평철근의 간격은 벽두께의 3배 이하 또는 400mm 이하로 하여야 한다.

② 압축력과 전단을 받을 때 :

수직 전단보강 철근비 ρ_n은 다음 값 이상으로 한다.

$$0.0025 \text{와 } 0.0025 + 0.5\left(2.5 - \frac{l_c}{l_w}\right)(\rho_h - 0.0025) \qquad (10-5)$$

여기서, ρ_h : 벽체의 수평 철근비

수평 전단보강 철근비 ρ_n : 0.0025

(3) 전단 보강근의 간격 :

다음 값 중 가장 작은 값 이하로 한다.

수직 보강근 간격 : $S_v = \frac{l_w}{3}$, $3h$, 400mm

수평 보강근 간격 : $S_h = \frac{l_w}{5}$, $3h$, 400mm

예제 10-1 **콘크리트 내력벽이 3,000mm 간격으로 설치된 단면폭 $b = 200$ mm인 보의 계수 축하중 $P_u = 400$ kN이 작용하는 높이 $l_c = 3,500$ mm의 내력벽을 설계하여라. 다만, $f_{ck} = 21$ MPa, $f_y = 400$ MPa, $K = 1$ 이다.**

풀 이 ① 벽두께 산정 :

$$h_{\min} = \frac{l_w}{25} = \frac{3,000}{25} = 120\,(\text{mm})\text{이므로}$$

$$P_u = \phi(0.85 f_{ck} A_1)$$

$$= 0.7(0.85 \times 21 \times 200 \times h) \times 10^{-3} = 2.499h\ (\text{kN})$$

$$h = \frac{400}{2.499} = 160.1\,(\text{mm}) > 120\,(\text{mm})$$

$\therefore\ h = 170\,(\text{mm})$로 한다.

$P_u = 2.499 \times 170 = 424.8\,(\text{kN}) > 400\,(\text{kN})$ $\quad\therefore$ O.K

② 벽체의 축하중강도 산정 :

벽체의 유효 수평길이는

$$b_e = b + 4h = 200 + 4 \times 170 = 880\,(\text{mm})$$

$$\phi P_{nw} = 0.55\,\phi f_{ck} A_g \left[1 - \left(\frac{K l_c}{32h}\right)^2\right]$$

$$= 0.55 \times 0.7 \times 21 \times 880 \times 170 \left[1 - \left(\frac{1 \times 3,500}{32 \times 170}\right)^2\right] \times 10^{-3}$$

$$= 708.84\,(\text{kN}) > P_u = 400\,(\text{kN}) \quad \therefore \text{O.K}$$

③ 배근설계 :

최소 철근비로 수직 및 수평 철근을 배근하면 되므로

(수직근) : $A_{\min} = 0.0012 \times 1,000 \times 170 = 204\,(\text{mm}^2/\text{m})$

HD10을 복근으로 배근하면 배근 간격은

$$S_n = \frac{2 \times 71 \times 1,000}{204} = 696.1\,(\text{mm}) \rightarrow 400\,(\text{mm})$$

$\therefore\ 2 -$ HD10@400(mm) (복근)

(수평근) : $A_{\min} = 0.002 \times 1,000 \times 170 = 340\,(\text{mm}^2/\text{m})$

HD10을 복근으로 배근하면 배근 간격은

$$S_h = \frac{2 \times 71 \times 1,000}{340} = 417.7\,(\text{mm}) \rightarrow 400\,(\text{mm})$$

$\therefore\ 2 -$ HD10@400(mm) (복근)

④ 배근도 :

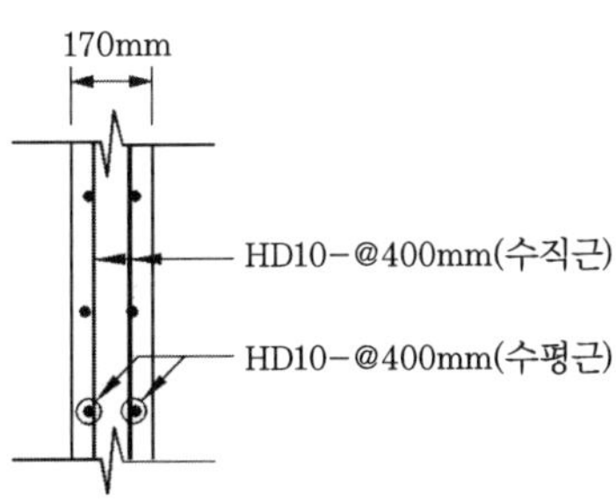

예제 10-2 **아래 그림과 같은 전단벽면을 설계하여라.**
단, $f_{ck}=21\,\text{MPa}$, $f_y=400\,\text{MPa}$

풀 이 ① 콘크리트 단면의 전단강도 산정

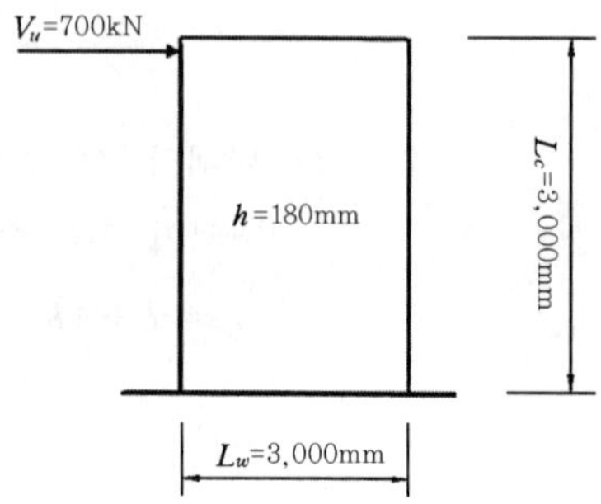

$$\phi V_c=\phi\frac{1}{6}\sqrt{f_{ck}}hd$$

$$=0.85\times\frac{1}{6}\times\sqrt{21}\times180\times1,600\times10^{-3}$$

$$=187\,(\text{kN})<V_u=700\,(\text{kN})$$

따라서 전단보강이 필요하다.

② 수평 전단보강 설계 :

$$V_u\le\phi V_n$$

$$\phi V_n=\phi(V_c+V_s)$$

$$=\phi V_c+\phi\frac{A_v f_y d}{S_h}$$

$$\frac{A_v}{S_h}=\frac{V_u-\phi V_c}{\phi f_y d}=\frac{(700-187)\times10^3}{0.85\times400\times0.8\times2,000}=0.943\,(\text{mm})$$

HD13을 복근으로 배근하면 배근 간격은

$$S_h=\frac{2\times127}{0.943}=270(\text{mm})\rightarrow250(\text{mm})$$

$\therefore$ 2 − HD13@250 (mm) (복근)

최소 철근비를 검토하면 :

$$p_h=\frac{2\times127}{180\times250}=0.0056>p_{h(\min)}=0.0025\qquad\therefore\ \text{O.K}$$

그리고 수평 배근 간격을 검토하면,

$$S_{h(\max)}=\frac{l_w}{5},\ 3h,\ 400=400\,(\text{mm})\ge S_h=250\,(\text{mm})\qquad\therefore\ \text{O.K}$$

③ 수직 전단보강 설계 :

$$p_n=0.0025+0.5\left(2.5-\frac{l_c}{l_w}\right)(p_h-0.0025)$$

$$=0.0025+0.5\left(2.5-\frac{300}{200}\right)(0.0056-0.0025)$$

$$=0.0041>0.0025\qquad\therefore\ \text{O.K}$$

$$A_{sv}=0.0041\times1,000\times180=738\,(\text{mm}^2/\text{m})$$

HD13을 복근으로 배근하면 배근 간격은

$$S_n = \frac{2\times127\times1,000}{738} = 344.2\,(\text{mm}) \rightarrow 300\,(\text{mm})$$

$$S_{n(\max)} = \frac{l_w}{3},\ 3h\ ,\ 400 = 400\,(\text{mm}) > S_n = 300\,(\text{mm}) \qquad \therefore\ \text{O.K}$$

$\therefore$ 2 − HD13@300(mm) (복근)

④ 휨모멘트에 대한 설계 :

$$M_u = V_u l_c = 700\times3.0 = 2,100\,(\text{kNm})$$

$$d = 0.8\times2,000 = 1,600\,(\text{mm})$$

$$R_n = \frac{M_u}{\phi h d^2} = \frac{2,100,000,000}{0.9\times180\times1,600^2} = 5.064\,(\text{MPa})$$

$$p = \frac{0.85 f_{ck}}{f_y}\left[1 - \sqrt{1 - \frac{2R_n}{0.85 f_{ck}}}\right]$$

$$= \frac{0.85\times21}{400}\left[1 - \sqrt{1 - \frac{2\times5.064}{0.85}\times21}\right]$$

$$= 0.0153$$

$$\therefore\ A_{s(reg)} = 0.0153\times180\times1,600 = 4,407\,(\text{mm}^2)$$

따라서 벽체 양단부에 HD19 − 16(4,592 mm^2)로 배근한다.

⑤ 배근도 :

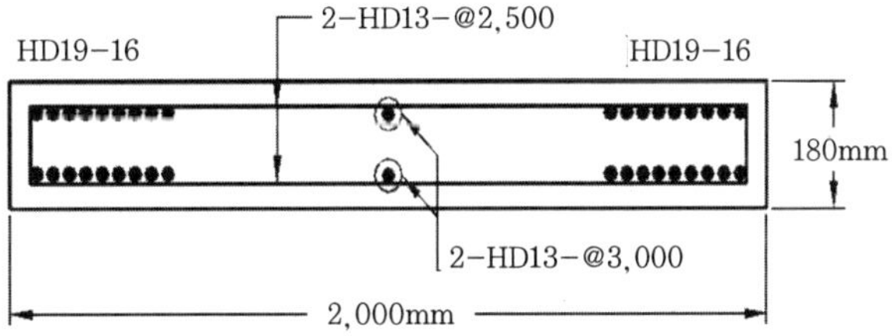

10-5 휨과 축하중을 받는 내력벽

10-5-1 편심거리 e와 등가장방형응력 블록 a의 관계

내력벽의 소요인장 및 압축철근량을 무시할 때($A_s = A_s' = 0$) 공칭축하중 P_n과 소성중심($x = l_w/2$)에 대한 공칭 휨모멘트 M_n의 균형조건식은 다음과 같다.

$$P_n = C_c + C_s - T_s = C_c \tag{10-6}$$

$$M_n = C_c\left(\frac{l_w}{2} - \frac{a}{2}\right) + C_s\left(\frac{l_w}{2} - d_2\right) + T_s\left(\frac{l_w}{2} - d_1\right)$$

$$= C_c\left(\frac{l_w}{2} - \frac{a}{2}\right) \qquad (A_s = A_s' = 0) \tag{10-7}$$

$$e = M_u/P_u \tag{10-8}$$

$$a = l_w - 2e \tag{10-9}$$

$$C_c = 0.89 f_{ck} ha \tag{10-10}$$

$$C_s = A_s'(f_s' - 0.89 f_{ck}) = 0 \tag{10-11}$$

$$T_s = A_s \cdot f_s = 0 \tag{10-12}$$

여기서, $d_1(d_2)$: 인장(압축)연단에서 인장(압축) 철근의 중심거리

식 (10-7)은 소요철근량 $A_s = A_S' = 0$ 이 되는 최적조건을 제공하는 a와 e의 관계식이다.

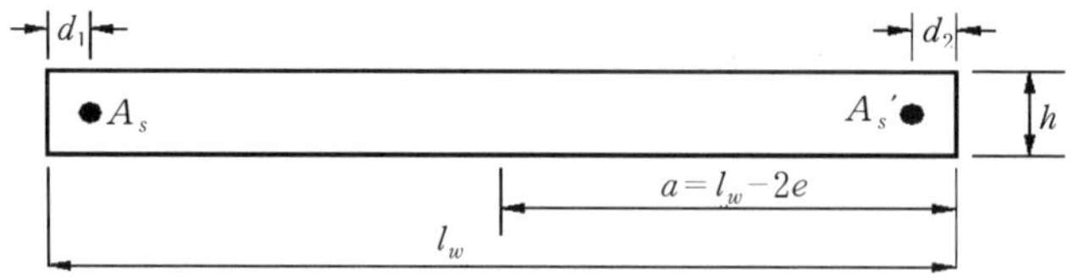

그림 10-1 a와 e의 관계

10-5-2 내력벽의 설계요령

(1) 내력벽의 단위길이에 대한 축하중강도를 산정한다. 축하중강도는 면외 편심거리 e_1 및 세장비를 고려하여 다음 요령으로 산정한다.

$e_1 \leq 0.1h$일 때 $\phi P_{n1(\max)}$ 또는 ϕP_{nw}

$0.1h < e_1 \leq h/6$일 때 ϕP_{nw}

$e_1 > h/6$일 때 ϕP_{n1}, ϕM_{n1}

(2) 계수축하중 P_u에 대한 유효벽길이의 소요량 b'를 산정한다.

$$b' = P_u / \phi P_{nw} \tag{10-13}$$

다만, 유효벽길이 b는 소요량 b'를 근거로 하여 장방형 응력블록높이 a가 확정된 다음에 결정한다.

(3) 등가사각형응력블록높이 a의 확정

㉠ $e < 0.5\,l_w$이고, $l_w - 2e \geq 0.8b'$일 때

$a = l_w - 2e$, $b = 1.25a$, $A_s = A_s' = 0$

만일 ($l_w - 2e$)보다 작은 a값은 소요 철근량 (A_s, A_s')이 부(-)로 산출된다.

㉡ $e < 0.5\,l_w$이고, $l_w - 2e < 0.8b'$일 때

$a \geq 0.8b'$, $b = 1.25a$, $A_s = A_s' > 0$

㉢ $e \geq 0.5\,l_w$일 때

$l_w - 2e \leq 0$, $a \geq 0.8b'$, $b = 1.25a$, $A_s = A_s' > 0$

다만, a의 값이 커지면 휨철근량이 과다하게 산출되기 때문에 가급적이면 벽두께 h를 증가시켜 a값을 작게 취하는 것이 유리하다.

(4) 휨철근의 인장 및 압축응력도 f_s 및 f_s'를 산정한다.

$$c = a/\beta_1 \quad (\beta = 0.85) \tag{10-14}$$

$$f_s = E_s \frac{0.003(d-c)}{c} \leq f_y \tag{10-15}$$

$$f_s' = E_s \frac{0.003(c-d_2)}{c} \leq f_y \tag{10-16}$$

다만, f_s'가 f_y보다 클 때는 f_y값으로 한다.

여기서, c : 압축 연단에서 중립축까지의 거리

$E_s = 2.0 \times 10^5$ MPa

(5) 휨철근량 (A_s, A_s') 산정

소요 휨철근량은 다음 식으로부터 산정한다.

$$P_n e = M_n \tag{10-17}$$

10-6 내력벽의 전단강도와 전단보강설계

(1) 내력벽의 면내로 수평하게 작용하는 계수전단력 V_u는 벽체단면의 전단강도 ϕV_n와의 관계

$$V_u \le \phi V_n = V_c + V_s \tag{10-18}$$

$$V_n = 2.65\sqrt{f_{ck}}hd \tag{10-19}$$

$$d = 0.8\, l_w \tag{10-20}$$

(2) 내력벽의 전단강도

① 벽체에 압축력이 작용할 때의 콘크리트 전단강도는

$$V_c = \frac{1}{6}\sqrt{f_{ck}}hd \tag{10-21}$$

② 벽체에 인장력 N_u가 작용할 때, 콘크리트의 전단강도는 다음 식의 값 이하로 한다.

$$V_c = \frac{1}{6}\left(1 + \frac{N_u}{3.5A_g}\right)\sqrt{f_{ck}}hd \tag{10-22}$$

다만, 아래 식 (10-23) 및 (10-24)의 값 중에서 작은 값을 취하여도 된다.

$$V_c = 0.28\sqrt{f_{ck}}bd + \frac{N_u d}{4\, l_w} \tag{10-23}$$

$$V_c = \left[0.05\sqrt{f_{ck}} + \frac{l_w\left\{0.10\sqrt{f_{ck}} + 0.2\dfrac{N_u}{l_w h}\right\}}{\left\{\dfrac{M_u}{V_u} - \dfrac{l_w}{2}\right\}}\right] \tag{10-24}$$

위의 식에서 인장력 N_u는 음(-)으로 취급하고, $\left(\dfrac{N_u}{V_u} - \dfrac{l_w}{2}\right)$의 값이 음(-)이면 식 (10-24)을 적용하지 않는다.

③ 전단보강근의 전단강도 :

$$V_s = \frac{A_s f_y d}{S_h} \tag{10-25}$$

여기서, S_h : 수평전단 보강근의 간격

예제 10-3 **다음 조건과 같은 장방형단면의 내력벽을 설계하여라.**

벽두께 : $h = 200\,\text{mm}$

벽높이 : $l_c = 3,500\,\text{mm}$

벽체의 폭 : $l_w = 2,500\,\text{mm}\ (d = 0.8\,l_w)$

휨철근 : $A_s = A_s' =$ 미정

$d_1 = d_2 = 100\,\text{mm}$

$f_{ck} = 24\,\text{MPa}$, $f_y = 400\,\text{MPa}$

$P_u = 2,500\,\text{kN}$, $M_u = 2,200\,\text{kNm}$, $V_u = 600\,\text{kN}$ (면내)

$M_{u1} = 30\,\text{kNm/m}$ (면외)

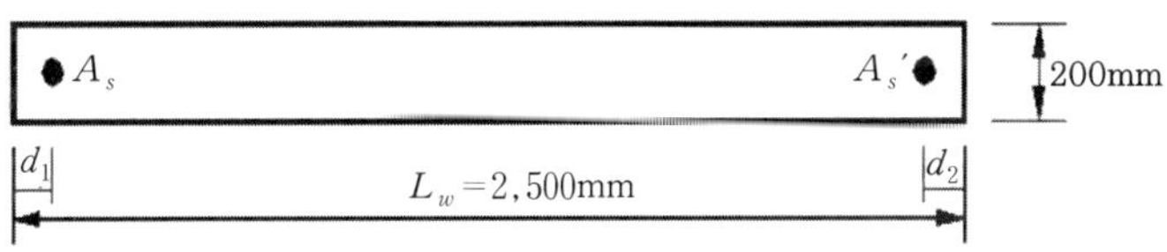

풀 이 ① 내력벽 단위길이의 축하중강도 산정 :

$$\phi P_{nw} = 0.55\,\phi f_{ck} A_g \left[1 - \left(\frac{K l_c}{32h}\right)^2\right] (\phi = 0.7)$$

$$= 0.55 \times 0.7 \times 24 \times 200 \times 1,000 \times \left[1 - \left(\frac{0.8 \times 3,500}{32 \times 200}\right)^2\right]$$

$$= 1494.3\,(\text{kN/m})$$

② 유효벽길이의 소요장 산정 :

$b' = P_u / \phi P_{nw} = 2,500/1,494.3 = 16.73\,(\text{mm})$

$0.8\,b' = 0.8 \times 1,673 = 1,340\,(\text{mm})$

③ 등가사각형응력블록 a의 산정 :

$e = M_u / P_u = 2,200,000,000 / 2,500 = 800\,(\text{mm}) < 0.5\,l_w$

$= 0.5 \times 2,500 = 1,250\,(\text{mm})$

$a = l_w - z\,e = 2,500 - 2 \times 800 = 900(\text{mm}) < 0.8\,b' = 1,340\,(\text{mm})$일 때

$a \ge 0.8b'$ 이어야 하므로

$a = 0.8\,b' = 1,340\,(\text{mm})$이다.

$b = 1.25\,a = 1.25 \times 1,340 = 1,675\,(\text{mm})$

$c = a / \beta_1 = 1,340 / 0.85 = 1,576\,(\text{mm})$

④ 면외 축하중 강도 검토 :

$$\frac{P_u}{b} = \frac{2,500,000}{1,675} = 1,492.5\,(\text{kN/m}) < \phi P_{nw} = 1,494.3\,(\text{kN/m})$$

$$e_1 = \frac{M_1}{P_u / b} = \frac{30}{1,492.5} \times 10^2$$

$$= 2.01\,(\text{cm}) < \frac{h}{6} = \frac{20}{6} = 3.33\,(\text{cm}) \quad \therefore \text{ O.K}$$

$$h = 200\,(\text{mm}) > \frac{l_w}{25} = \frac{2,500}{25} = 100\,(\text{mm}) \quad \therefore \text{ O.K}$$

⑤ 면내 강도 검토 및 휨철근 산정 :

$$f_s = E_s \frac{0.003(d-c)}{c}$$

$$= 200,000 \times \frac{0.003(0.8 \times 2500 - 1576)}{1576}$$

$$= 161.4\,\text{MPa} < f_y = 400\,\text{MPa}$$

$$f_s' = 200,000 \times \frac{0.003(1576 - 100)}{1576}$$

$$= 562\,\text{MPa} > f_y = 400\,\text{MPa}$$

$\therefore f_s' = 400\,\text{MPa}$

$C_c = 0.85 \times 24 \times 200 \times 1340 \times 10^{-3} = 5467.2\,(\text{kN})$

$C_s = A_s'(400 - 0.85 \times 24) \times 10^{-3} = 0.3796\,A_s'$

$T_s = A_s f_s = 161.4 \times 10^{-3} A_s = 0.1614 A_s$이므로

$P_n = C_c + C_s - T_s = 5,467.2 + 0.3796\,A_s' - 0.1614\,A_s$

$= 5,467.2 + 0.2182\,A_s \; (A_s = A_s')$

$$M_n = C_c\left(\frac{l_w}{2} - \frac{a}{2}\right) + C_s\left(\frac{l_w}{2} - d_2\right) + T_s\left(\frac{l_w}{2} - d_1\right)$$

$$= 5,467.2\left(\frac{2.5}{2} - \frac{1.34}{2}\right) + 0.3796 A_s'\left(\frac{2.5}{2} - 0.1\right)$$

$$+ 0.1614 A_s\left(\frac{2.5}{2} - 0.1\right)$$

$$= 3,170.98 + 0.44 A_s' + 0.19 A_s$$

$$= 3,170.98 + 0.63 A_s \ (A_S = A_s')$$

$$P_n e = (5,467.2 + 0.2182 A_s) \times 0.8$$

$$= 4,373.76 + 0.17 A_s$$

$P_n e = M_n$에서

$$4,373.76 + 0.17 A_s = 3,170.98 + 0.63 A_s$$

$$\therefore A_s = \frac{4,373.76 - 3,170.98}{0.63 - 0.17} = 2,614\ (\text{mm}^2)$$

$\therefore$ 14 − HD16 (2,786 mm^2)

휨철근 : $A_s = A_s' = 2,786\ (\text{mm}^2)$ (HD16 − 14)

$$\phi P_n = 0.7(5467.2 + 0.2182 \times 27.86)$$

$$= 3,831.29\ (\text{kN}) > P_u = 2,500\ (\text{kN}) \qquad \therefore \text{O.K}$$

$$\phi M_n = 0.7(3,170.98 + 0.63 \times 26.14)$$

$$= 2,208.16\ (\text{kNm}) > M_u = 2,200\ (\text{kNm}) \qquad \therefore \text{O.K}$$

⑥ 전단강도 및 전단 보강단면 산정 :

$$V_u = 600\ (\text{kN})$$

$$d = 0.8\, l_w = 0.8 \times 2,500 = 2,000\ (\text{mm})$$

$$\phi V_c = \phi \frac{1}{6} \sqrt{f_{ck}}\, hd$$

$$= 0.85 \times \frac{1}{6} \sqrt{24} \times 200 \times 2,000 \times 10^{-3}$$

$$= 277.60\ (\text{tf}) < V_u = 600\ (\text{kN})$$

따라서 전단 보강근이 필요하다.

a) 수평 전단 보강근 :

$$V_s = \frac{V_u - \phi V_c}{\phi} = \frac{600 - 277.60}{0.85} = 379.29\ (\text{kN})$$

HD10 − 2를 복근으로 사용하면 수평전단 보강근의 간격 S_h는

$$S_h = \frac{A_s f_y d}{V_s} = \frac{2\times71\times400\times2,000}{379.29\times10^3} = 299\,(\text{mm}) \rightarrow 250(\text{mm})$$

$$\rho_h = \frac{A_s}{hS_h} = \frac{2\times71}{200\times250} = 0.00284 > 0.0025 \qquad \therefore \text{ O.K}$$

∴ 2 − HD10@250 (mm) (복근)

b) 수직 전단 보강근 :

$$\rho_n = 0.0025 + 0.5\left(2.5 - \frac{h_w}{l_w}\right)(\rho_h - 0.0025)$$

$$= 0.0025 + 0.5\left(2.5 - \frac{3,500}{2,500}\right)(0.00284 - 0.0025)$$

$$= 0.00268 > 0.0025 \qquad \therefore \text{ O.K}$$

2 − HD10를 복근으로 사용하면 수직 전단 보강근의 간격 S_n는

$$S_n = \frac{A_s}{hp_n} = \frac{2\times71}{200\times0.00268} = 264\,(\text{mm}) \rightarrow 250\,(\text{mm})$$

∴ 2 − HD10@250 (mm) (복근)

⑦ 내력벽의 단면 배근도 :

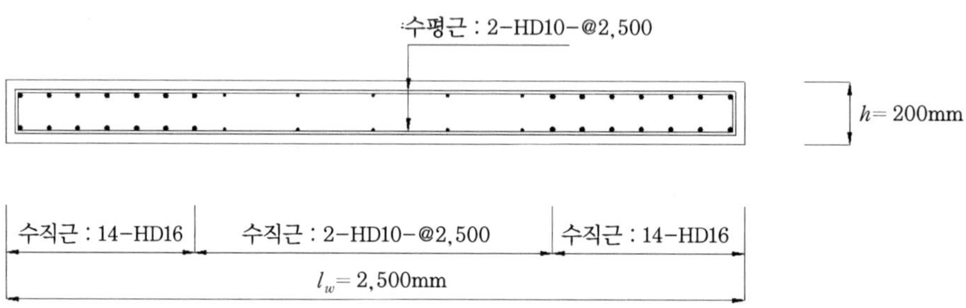

Chapter 11 기초(Foundation) 설계

11-1 일반사항

기초는 기둥과 벽을 지지하는 구조재로서 다음 사항을 고려하여 설계하여야 한다.

① 지반의 허용지내력을 초과하면 안 된다.

② 과도한 침하, 부동침하, 회전이 방지되어야 한다.

③ 전복이나 미끄러짐에 대한 안전이 유지되어야 한다.

기둥하중이 기초에 의해 지반으로 전달될 때 지반은 압축을 받게 되고, 침하량은 지반의 종류, 하중강도, 지표면에서의 깊이, 기초의 종류 등에 따른다. 같은 구조에서 서로 다른 기초가 서로 다른 침하량을 가지면 새롭게 응력을 설계하여야 한다. 과도한 부동침하는 건물의 비구조재에 손상을 입히며 영향을 받는 부분에 파괴도 일으킨다.

수직하중은 일반적으로 기초의 중심에 작용한다. 작용하는 하중이 편심으로 작용하면 휨모멘트가 발생한다. 이 경우에는 기초의 한쪽이 다른 쪽보다도 큰 압축을 받으므로 한쪽의 침하가 더 크게 되고, 회전이 일어날 가능성도 생긴다.

서로 다른 기초에 지반반력이 다르면, 예를 들면, 건물의 기초가 일부는 흙에 일부는 암반에 위치하는 경우 부동침하가 발생할 것이다. 이런 경우에는 서로 분리할 수 있도록 조인트를 설치하는 것이 일반적이다.

지표면에서의 기초의 깊이는 기초설계에서 매우 중요하고, 지표면에서는 다음 Rankin 방정식에 의해서 기초깊이를 계산할 수도 있다.

$$h = \frac{q_u}{w}\left(\frac{1-\sin\varphi}{1+\sin\varphi}\right)^2 \qquad (11-1)$$

여기서, h : 지표면에서의 깊이

q_u : 지반의 허용지내력

w : 흙의 단위 중량

ϕ : 정지각

동결이 일어나는 한대지방에서는 동결작용의 지반을 변화시킬 수 있으므로 동결되는 깊이 이하에 기초를 두어야 한다.

11-2 기초의 종류

일반적인 기초의 종류는 기초판 모양에 따라 그림 11-1과 같이 다양한 형태를 가지며, 각 기초 종류의 특성은 다음과 같다.

(1) 벽기초 : 내력벽을 지지하거나 또는 비내력벽을 지지하는 데 사용된다. 벽기초는 벽을 따라 제한된 폭과 연속적인 길이를 가진다. 벽기초는 일정한 두께를 가지고 층을 이루거나 경사진 상부를 가질 수 있다.

(2) 독립기초 : 기둥을 지지하는 데 사용된다. 독립기초는 장방형, 원형 등으로 만들 수 있다. 독립기초는 가장 경제적인 기초이며, 기둥 간격이 상대적으로 클 때 사용된다.

(3) 복합기초 : 2개 이상 3개의 기둥을 지지한다. 복합기초의 형상은 기둥하중에 따라 장방형이나 사다리꼴로 할 수 있다. 복합기초는 2개의 기둥이 너무 가까이 위치하여 독립기초를 사용하지 못할 때나 또는 기둥 하나가 대지 경계선에 붙어 있을 때 사용한다.

(4) 캔틸레버 또는 스터럽 기초 : 보나 스터럽으로 연결된 2개의 독립기초로 구성되어 있으며 2개의 독립기둥을 지지한다. 이 기초는 한쪽 기초가 편심기둥을 지지하고 가장 가까이 위치한 기초가 어느 정도 멀리 위치해 있을 때 사용된다. 이 기초는 복합기초 대신 사용되며 더 경제적이다.

(5) 연속기초 : 일련의 3개 이상의 기둥을 지지한다. 연속기초는 제한된 폭을 가지며, 모든 기둥에 대해 연속적이다.

(6) 온통기초 : 일반적으로 건물 전체 모든 기둥을 지지한다. 온통기초는 다음의 경우에 사용된다.

㉠ 지내력이 작을 때
㉡ 기둥하중이 클 때
㉢ 독립기초가 사용되지 못할 때
㉣ 말뚝이 사용되지 못할 때
㉤ 전체 기초시스템에서 부동침하가 감소되어야 할 때

(7) 말뚝기초 : 말뚝과 같이 사용되는 기초로서 내력벽 또는 말뚝이 지지하는 경우이다. 내력벽 또는 기둥과 말뚝 사이에는 말뚝 캡(Pile caps)을 두어 하중을 전달시킨다.

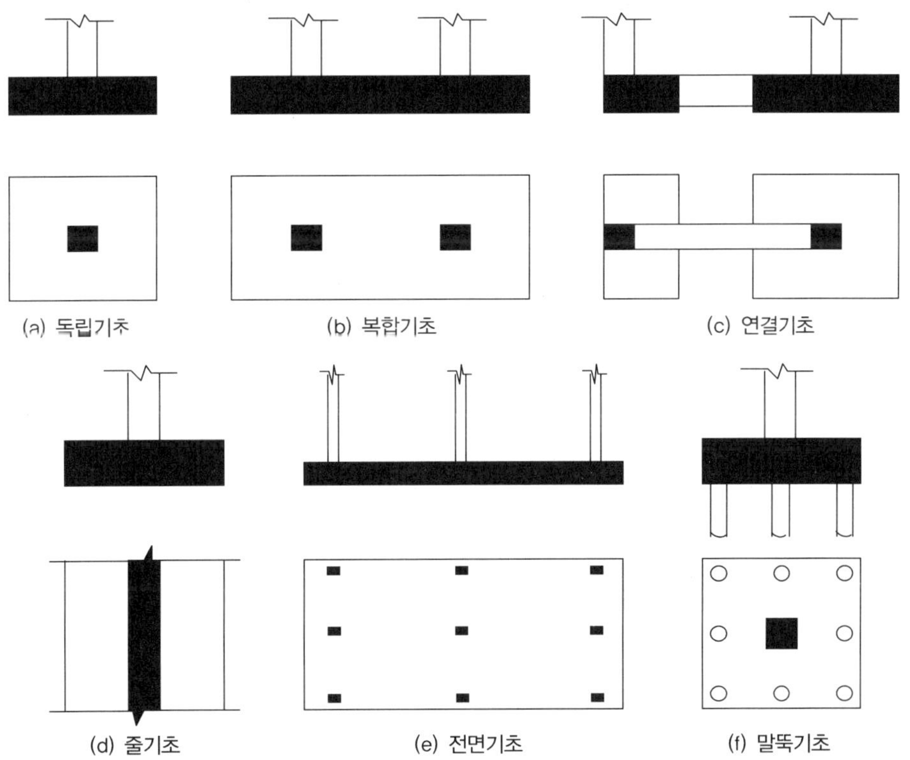

그림 11-1 기초의 종류

11-3 기초의 설계

11-3-1 기초의 면적

기초면적은 지반의 허용지내력(부록 : 부표 1-29 참조)을 초과하지 않는 실제 외부하중(계수를 곱하지 않은 힘과 모멘트)에 의해 구할 수 있다.

일반적으로 필요한 기초면적 A_f는

(1) 장기 중심축하중을 받는 경우 :

$$A_f = \frac{D+L}{q_e} \left(= \frac{\text{총하중(자중포함)}}{\text{허용지내력}} \right) \tag{11-2}$$

여기서, q_e : 순허용지내력

(2) 풍하중 W나 지진하중 E 등의 단기 중심축하중을 받는 경우 :

$$A_f = \frac{D+L}{q_a(\text{장기})} \tag{11-3}$$

$$A_f = \frac{D+L+W(\text{혹은}E)}{q_a(\text{단기})} \tag{11-4}$$

위의 식 (11-3)과 식 (11-4)의 값 중 큰 값을 취한다.

이상과 같이 기초면적이 결정되면 계수축하중 P_u를 기초면적으로 나눈 지내력 q_u은

$$q_u = \frac{P_u}{A_f} \tag{11-5}$$

이고, 이 값은 강도설계법으로 기초를 설계하는데 필요하다.

11-3-2 설계용 하중과 지반반력

기초판을 설계하기 위한 설계용 하중과 지반반력은 하중계수를 적용한 계수하중을 사용하며, 이때 기초의 자중이나 상재하중은 포함하지 않는다. 고정하중(D)과 활하중(L)만이 작용하는 경우 다음의 하중조합을 고려하여야 한다.

$$U = 1.4D + 1.7L$$

11-3-3 기초판의 깊이 결정 및 전단내력 검토

(1) 기초판 상단에서 하단 철근까지의 깊이는 흙에 놓이는 기초의 경우 150mm 이상, 말뚝기초의 경우 300mm 이상이어야 하며, 흙에 묻혀 있는 콘크리트에 대한 철근의 피복두께는 80mm 이상으로 하여야 한다.

(2) 또한 기초판은 다우얼의 정착을 위한 최소 깊이를 가져야 한다.
압축을 받는 이형철근의 경우

$$\text{정착길이 : } l_d = l_{db} \times \text{보정계수} \geq 200\,\text{mm} \quad (11\text{-}6)$$

$$\text{기본정착길이 : } l_{db} = \frac{0.25 d_b f_y}{\sqrt{f_{ck}}} \geq 0.04 d_b f_y \quad (11\text{-}7)$$

보정계수

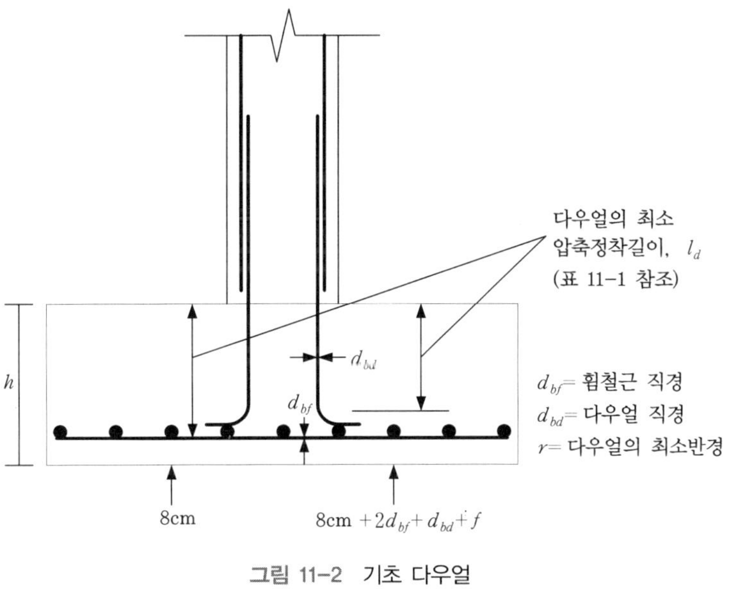

그림 11-2 기초 다우얼

표 11-1 다우얼의 압축정착길이(SD 40, 보정계수 = 1인 경우)

철근크기	정착길이 l_d(mm)		
	$f_{ck}=21$(MPa)	$f_{ck}=24$(MPa)	$f_{ck}=27$(MPa)
D13	284	265	250
D16	349	327	308
D19	415	388	366
D22	480	449	423
D25	546	510	481

(3) 전단내력 검토

기초의 깊이는 대부분 전단내력에 의해 결정되며, 전단강도는 1-방향 전단과 2-방향 전단 중 보다 불리한 것에 의해 결정된다. 이때 기초판에 놓이는 콘크리트 기둥이 원형이나 정다각형 모양인 경우 같은 면적의 정사각형 부재로 환산하여 산정할 수 있다.

① 1-방향 전단설계 단면과 전단강도

기초판에 대한 1-방향 전단강도는 일반보에서와 같이 기둥면으로부터 d 거리의 위치에서 다음과 같이 검토한다.

$$V_u \leq \phi V_u,\ \phi = 0.85 \quad (11-8)$$

$$V_n = V_c + V_s = V_c \text{ (전단보강을 하지 않을 때)} \quad (11-9)$$

$$V_c = \frac{1}{6}\sqrt{f_{ck}}\,b_w d \quad (11-10)$$

따라서 기초판에 대한 1-방향 전단강도의 검토식은 $V_u \leq 0.85 \times \frac{1}{6}\sqrt{f_{ck}}\,b_w d$이 된다.

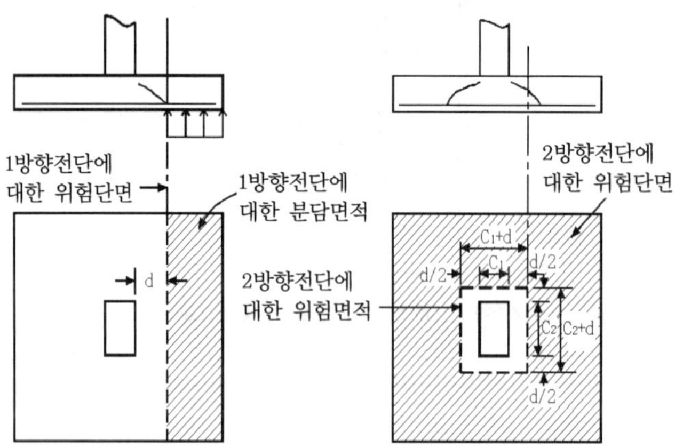

그림 11-3 기초판의 전단에 대한 분담면적과 위험단면

② 2-방향 전단설계 단면과 전단강도

기초판의 2-방향 전단강도는 기둥 주변으로부터 $d/2$ 위치에서 b_o가 최소가 되는 단면에 대하여 다음과 같이 검토하여 이때 전단편심으로 인하여 추가되는 전단응력에 대해서도 구해야 한다.

$$V_u \leq \phi V_u,\ \phi = 0.85 \quad (11-11)$$

$$V_n = V_c + V_s = V_c \text{ (전단보강을 하지 않을 때)} \tag{11-12}$$

V_c는 다음 3식 중 가장 작은 값으로 한다.

$$V_c = \frac{1}{6}\left(1 + \frac{2}{\beta_c}\right)\sqrt{f_{ck}}\, b_o d \tag{11-13}$$

$$V_c = \frac{1}{6}\left(\frac{\alpha_s d}{2b_o} + 1\right)\sqrt{f_{ck}}\, b_o d \tag{11-14}$$

$$V_c = \frac{1}{3}\sqrt{f_{ck}}\, b_o d \tag{11-15}$$

여기서, β_c=기둥의 긴변 길이 / 짧은변 길이

b_o=위험단면의 둘레 길이

α_s=40(내부기둥, 위험단면의 수가 4인 경우)

30(외부기둥, 위험단면의 수가 3인 경우)

20(모서리 기둥, 위험단면의 수가 2인 경우)

③ 기초판의 1-방향 전단강도와 2-방향 전단강도의 관계

정방형 기둥을 지지하는 기초판의 2-방향 전단강도는 1방향 전단강도의 2배이다. 다만, 직사각형 기둥을 지지하는 기초판의 2-방향 전단강도는 식 (11-13)에 따라 β_c가 2 이상인 경우 감소하기 시작하여 β_c가 점점 커질 경우 2-방향 전단강도는 1-방향 전단강도와 같아지게 된다.

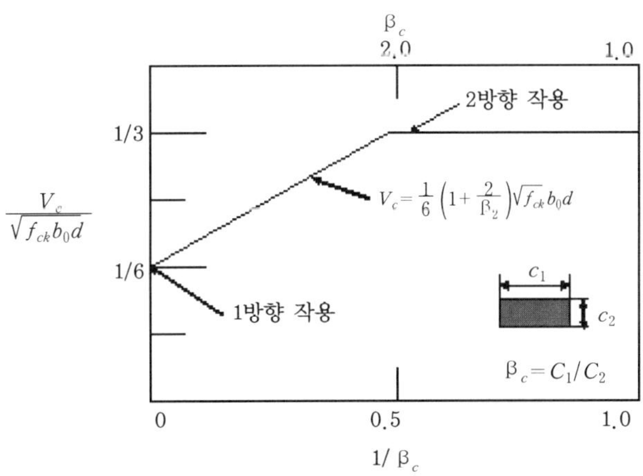

그림 11-4 기초의 콘크리트 전단강도

11-3-4 기초판의 휨모멘트 계산과 휨철근 산정

(1) 휨모멘트 및 휨철근량 산정

모멘트에 대한 위험단면은 기둥면이고, 위험단면에서 계수모멘트 M_u를 계산하면 기초에 대한 소요 철근량은 다음 식으로 구한다.

$$A_s = \frac{M_u}{\phi f_y (d - \frac{a}{2})} \tag{11-16}$$

식 (11-16)에서 약산법으로 $d - \frac{a}{2} = 0.9d$로 가정하여 A_s를 구할 수 있다. A_s를 구한 다음 $a = \frac{A_s f_y}{0.85 f_{ck} b}$를 이용하여 a가 가정된 a와 유사한지 검토한다.

(2) 최소 휨철근량

휨재에 대해 최소 휨철근량을 규정하는 것은 균열단면인 철근콘크리트의 모멘트 강도가 비균열 단면인 무근콘크리트의 모멘트강도보다 크게 하여 콘크리트 부재 단면의 갑작스런 파괴를 방지하기 위한 것으로서, 기초판에 대하여 경간방향으로 보강되는 인장철근의 최소단면적으로 규정값을 적용하였다.

① 수축 · 온도철근 (f_y가 400 MPa 이하인 이형철근 배근시)

$$\rho_{\min} = 0.0020 \text{(전체 단면적에 대해)}$$

② 휨부재의 최소 철근량

$$A_{s,\min} = \frac{1.4}{f_y} b_w d \tag{11-17}$$

다만, 해석상 필요한 철근량의 3/4 이상을 배근할 경우에는 식 (11-7)의 적용을 받지 않는다.

(3) 최대 휨철근량

휨재에 대해 최대 휨철근량을 제한하는 것은 부재가 휨파괴될 경우 압축 콘크리트가 극한 변형률에 도달하기 전에 인장철근이 먼저 항복하도록 하여 휨재의 취성파괴를 방지하기 위한 것으로서 기준에서 정하는 단근보의 최대 휨철근량은 다음과 같다.

$$\rho_{\max} = 0.75 \rho_b \tag{11-18}$$

$$\rho_b = 0.85 \beta_1 \frac{f_{ck}}{f_y} \times \frac{600}{600 + f_y} \tag{11-19}$$

따라서 상기 (1)에서 산정된 휨철근량 ρ가 ρ_{max}보다 클 경우 압축철근을 배근하거나 부재 단면을 키워야 한다. 일반적으로 기초판에서 휨철근량 ρ가 ρ_{max}을 초과하는 경우는 거의 없으며 기초판의 과도한 처짐을 방지하기 위해서는 ρ를 $0.5\rho_{max}(=0.375\rho_b)$ 이하로 제한하는 것이 바람직하다.

(4) 휨철근의 정착

휨철근의 정착에 대한 위험단면은 모멘트에 대한 위험단면과 동일하게 정착설계를 해야 한다. 기초판에서의 휨철근 정착길이는 다음과 같다.

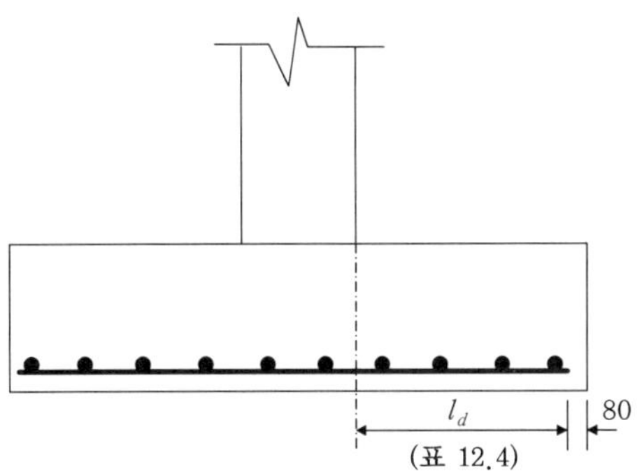

그림 11-5 휨철근의 정착길이

정착길이 : $l_d = l_{db} \times$보정계수$\geq 300\,\text{mm}$

기본정착길이 : $l_{db} = \dfrac{0.6 d_b f_y}{\sqrt{f_{ck}}}$

보정계수 $= 0.8\alpha\beta\lambda$ (D19 이하)

$= \alpha\beta\lambda$(D22 이상)

또는 보다 정밀한 식 (8.2.2)를 적용할 경우에는

$$l_d = \frac{0.90 d_b f_y}{\sqrt{f_{ck}}} \frac{\alpha\beta\gamma\lambda}{\left(\dfrac{c+K_{tr}}{d_b}\right)} \geq 300\,\text{mm}$$

이 식에 대하여 보정계수

$\alpha = \beta = \lambda = 1.0, K_{tr} = 0$

$\gamma = 0.8$ (D19 이하)

$= 1.0$ (D22 이상)

$$\frac{c+K_{tr}}{d_b} \leq 2.5$$

c = 철근간격 또는 피복두께에 관련된 치수(mm)

= 50 mm(철근중심간 거리의 $\frac{1}{2}$ 가정)를 대입하면

다음의 표 11-2를 구할 수 있다.

표 11-2 판에서의 휨철근의 정착길이(SD 40)

철근 크기	정착길이 l_d (mm)		
	f_{ck} = 21 MPa	f_{ck} = 24 MPa	f_{ck} = 27 MPa
D13	327	306	300
D16	403	377	355
D19	478	447	422
D22	761	712	671
D25	982	919	867

다만, 기초판의 크기가 작아 휨철근의 정착길이를 확보할 수 없는 경우에는 기초판의 크기를 키우는 대신 철근직경이 작은 휨철근을 사용하거나 표준갈고리를 사용할 수 있으며, 표준갈고리를 갖는 이형철근의 정착길이는 다음 그림과 같다.

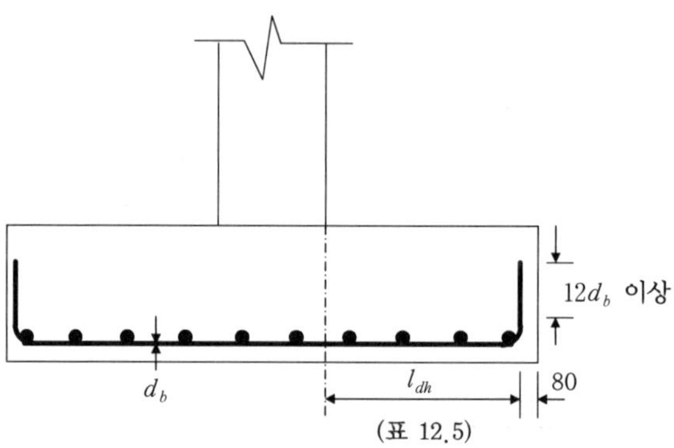

그림 11-6 갈고리의 정착길이

정착길이 : $l_{dh} = l_{hb} \times$ 보정계수 $\geq 8d_b$ 또한 150 mm

기본정착길이 : $l_{hb} = \dfrac{100d_b}{\sqrt{f_{ck}}}$

보정계수 = 0.7(콘크리트 피복두께 보정계수)을 대입하면
다음의 표 11-3을 구할 수 있다.

표 11-3 표준갈고리를 갖는 이형철근의 정착 l_{dh}(보정계수 = 0.7인 경우)

철근 크기	정착길이 l_d(mm)		
	f_{ck} = 21 MPa	f_{ck} = 24 MPa	f_{ck} = 27 MPa
D13	199	186	176
D16	245	229	216
D19	291	272	256
D22	337	315	297
D25	382	358	337

예제 11-1 **고정하중 120kN/m(벽자중 포함), 활하중 80kN를 받는 벽두께 300mm인 줄기초를 설계하여라.**
다만, f_{ck} = 24(MPa), f_y = 400(MPa), 장기 허용지내력 q_a = 200 kN/m² 이다.
흙과 콘크리트의 평균중량 : 20 kN/m³

풀 이 ① 기초판의 폭 산정 :

기초판의 높이 250 (mm)로 가정하면, 순 허용지내력 q_e 및 기초판 폭 B를 계산하면

$q_e = q_a -$ (흙과 콘크리트의 무게)

$= 200 - 20 \times 1.5$

$= 170\ (\text{kN/m}^2)$

식 (11-2)에서

$$A_f = \frac{(120 + 80)}{170} = 11,800\ (\text{mm}^2)$$

$\therefore B = 1,200\ (\text{mm})$

② 기초판의 유효높이 d 산정 :

단위길이당 계수하중 w_u 및 지반반력 q_s은

$w_u = 1.4 \times 120 + 1.7 \times 80 = 304\ (\text{kN/m})$

$$q_s = \frac{304}{1.2} = 253.3\ (\text{kN/m}^2)$$

$d = 150$ (mm)로 가정하면, 1면 전단 작용의 경우

$$V_u = 253.3\left[\frac{1.2-0.3}{2} - \frac{0.3}{2}\right] = 76 \text{ (kN)}$$

식 (11-6)에서

$$\phi V_c = \phi\left(\frac{1}{6}\sqrt{f_{ck}}\, b_w d\right)$$

$$= 0.85 \times \frac{1}{6}\sqrt{24} \times 1,000 \times 150$$

$$= 104103 \text{ (N)} = 104 \text{ (kN)}$$

76 (kN) < 104 (kN)　　∴ O.K

기초판의 높이 h는

$\therefore\ h = 250$ (mm)

③ 휨철근의 산정 :

A. 조적조 벽체의 경우 휨모멘트에 대한 단위길이당의 휨모멘트 산정 :

위험단면의 위치는 $\frac{t}{4} = \frac{300}{4} = 75$ (mm)이므로 단위길이의 계수휨모멘트는

$$M_u = 253.3 \times \left(\frac{1.2-0.3}{2} + \frac{0.3}{4}\right)^2 \times \frac{1}{2}$$

$$= 253.3 \times (0.525)^2 \times \frac{1}{2}$$

$$= 34.9 \text{ (kNm)}$$

B. 필요한 철근 A_s산정 :

$$R_u = \frac{M_u}{\phi b d^2}$$

$$= \frac{34.9 \times 10^6}{0.9 \times 1,000 \times 150^2}$$

$$= 1.72 \text{ (N/mm}^2\text{)}$$

$$\rho = \frac{0.85 f_{ck}}{f_y}\left[1 - \sqrt{1 - \frac{2R_u}{\phi f_{ck}}}\right]$$

$$= \frac{0.85 \times 24}{400}\left[1 - \sqrt{1 - \frac{2 \times 1.72}{0.85 \times 24}}\right]$$

$$= 0.0043 > \rho_{\min} = 0.0018$$

$$A_s = 0.0043 \times 1,000 \times 150 = 645 \text{ (mm}^2\text{/m)}$$

∴ HD16 − @300

그리고 이것과 직교되는 방향으로는 건조수축에 대한 배근으로

HD13 − @300으로 배근한다.

예제 11-2 **다음 조건의 정사각형 독립기초를 설계하여라.**

고정하중 : $P_D = 1{,}500\,\text{kN}$

활 하 중 : $P_L = 1{,}000\,\text{kN}$

장기 허용지내력 : $q_a = 300\,\text{kN/m}^2$

기둥의 크기 : $500\,\text{mm} \times 800\,\text{mm}$

흙과 콘크리트의 평균중량 : $20\,\text{kN/m}^2$

$$f_{ck} = 24\,(\text{MPa}), \quad f_y = 400\,(\text{MPa})$$

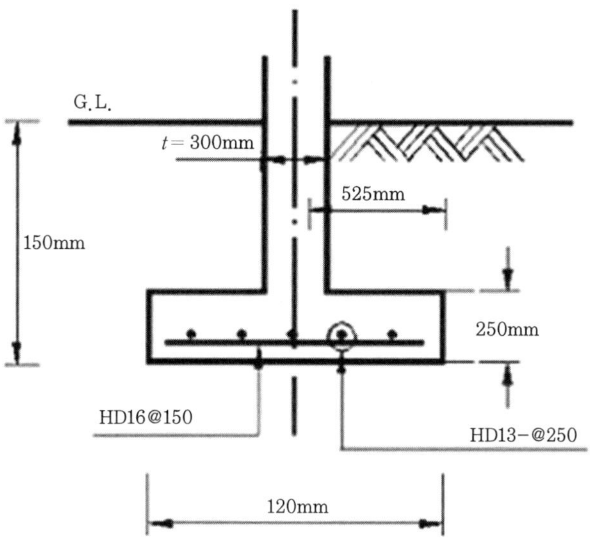

풀 이 ① 기초판의 면적 산정 :

A. 순 허용지지력 :

G.L에서 기초 저면까지 깊이를 1.5m로 하면

$$q_e = 300 - 20 \times 1.5 = 270\,(\text{kN/m}^2)$$

B. 기초판 면적 :

기초판의 저면적을 산정할 때에는 사용하중을 사용하므로

$$A_f = \frac{1{,}500 + 1{,}000}{270} = 9.26\,(\text{m}^2)$$

$$A_f = 3.5\,(\text{m}) \times 3.5\,(\text{m}) = 12.25\,(\text{m}^2)$$

② 설계용 계수축하중과 지반반력(q_u) 산정 :

$$P_u = 1.4 \times 1,500 + 1.7 \times 1,000 = 3,800\ (\mathrm{kN})$$

$$q_u = \frac{3,800}{12.25} = 310.20\ (\mathrm{kN/m^2})$$

③ 기초판의 깊이 계산 :

A. 1-방향 전단에 대한 소요깊이 :

$$V_u = 310.20\left(\frac{3.5-0.5}{2} - d\right) \times 3.5$$

$$= 310.20(1.5 - d) \times 3.5$$

$$= 1,628.55 - 1,085.70d\ (\mathrm{kN})$$

$$\phi V_c = \phi\left(\frac{1}{6}\sqrt{f_{ck}}\, b_w d\right)$$

$$= 0.85 \times \frac{1}{6} \times \sqrt{24} \times 3,500d \times 10^3 \times 10^{-3}$$

$$= 2,429.08d(\mathrm{kN})$$

$V_n \leq \phi V_c$이므로

$$1,628.55 - 1,085.70d \leq 2,429.08d$$

$$\therefore\ d_{\min} \geq 0.46\ (\mathrm{m})$$

B. 2-방향 전단에 대한 소요깊이 :

$$V_u = 310.20 \times \{3.5 \times 3.5 - (0.5 + d)(0.8 + d)\}$$

$$= 3,675.87 - 403.26d - 310.20d^2\ (\mathrm{kN})$$

$$b_0 = 2(0.5 + 0.8) + 4d = 2.6 + 4d\ (\mathrm{m})$$

$\beta_c = \dfrac{80}{50} = 1.6 < 2$ 이므로 식(11-15)으로 검토한다.

$$\phi V_c = \phi \frac{1}{3}\sqrt{f_{ck}}\, b_o d$$

$$= 0.85 \times \frac{1}{3} \times \sqrt{24} \times (2,600 + 4d \times 10^3)\, d \times 10^3 \times 10^{-3}$$

$$= 3,608.91d + 5,552.18d^2\ (\mathrm{kN})$$

$$V_u \leq \phi V_c$$

$$3,675.87 - 403.26d - 310.20d^2 \leq 3,608.91d + 5,552.18d^2$$

$$0 \leq 5,862.38d^2 + 4,012.17d - 3,675.87$$

$$d_{\min} = 520\ \mathrm{mm}$$

C. 기초의 깊이 :

기초의 최소 소요깊이

$$h_{\min} = d_{\min} + d_b + \text{피복두께}$$

$$= 520 + 22 + 80 = 622\ (\text{mm})$$

따라서 기초깊이 $h = 700\,\text{mm}$ 유효깊이 $d = 600\,\text{mm}$로 설계한다.

④ 휨철근의 산정 :

$$M_u = 310.20 \times 3.5 \times \frac{1.5^2}{2} = 1221.41\ (\text{kNm})$$

$$R_n = \frac{M_u}{\phi b d^2} = \frac{1221.41 \times 10^6}{0.9 \times 3500 \times 600^2} = 1.08\ (\text{N/mm}^2)$$

$$p = 0.85 \frac{f_{ck}}{f_y}\left[1 - \sqrt{1 - \frac{2R_n}{0.85 f_{ck}}}\right]$$

$$= 0.85 \times \frac{24}{400} \times \left[1 - \sqrt{1 - \frac{2 \times 1.08}{0.85 \times 24}}\right]$$

$$= 0.0028 < p_{\min} = 0.002$$

$$\therefore\ A_s = 0.0028 \times 3{,}500 \times 600 = 5{,}880\ (\text{mm}^2)$$

따라서 HD22 − 16 (6,192 mm²)로 양방향을 동일하게 배관한다. (또는 HD22 − @2,000로 양방향 배관한다)

⑤ 인장철근의 정착길이 검토 :

$$l_{db} = \frac{0.9 d_b f_y}{\sqrt{f_{ck}}} = \frac{0.9 \times 22 \times 400}{\sqrt{24}} = 1616\ (\text{mm})$$

철근 배근 위치, 에폭시도막 여부 및 콘크리트 종류에 따른 보정계수

$\alpha = \beta = \gamma = \lambda = 1.0$이므로

$$l_{d(req)} = l_{db} \times \frac{\alpha\beta\gamma\lambda}{\frac{c + K_{tr}}{d_b}} = 11616 \times \left(\frac{1 \times 1 \times 1 \times 1}{2.5}\right) = 647\,\text{mm}$$

또는 식 (11−6) 및 표 11−2에 의하여

$$l_{d(req)} = 647\,\text{mm}$$

$$l_d = \frac{3500 - 500}{2} - 80 = 1{,}420\ (\text{mm}) > l_{d(req)} \qquad \therefore\ \text{O.K}$$

⑥ 배근도

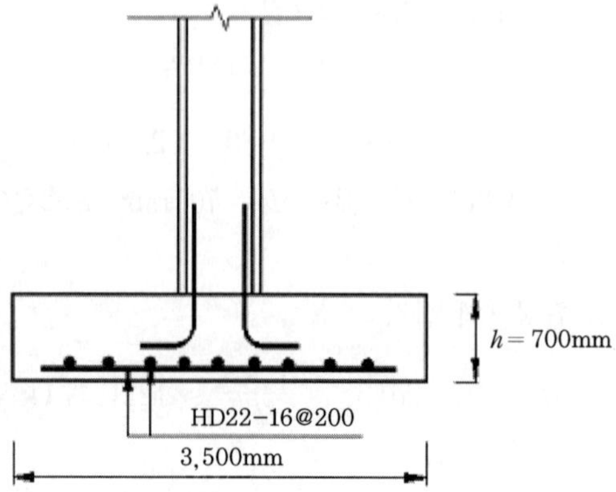

예제 11-3 **다음 조건의 직사각형 독립기초를 설계하여라.**

고정하중 : $P_D = 1,000\,\text{kN}$, $M_d = 100\,\text{kNm}$

활 하 중 : $P_L = 800\,\text{kN}$, $M_l = 80\,\text{kNm}$

흙과 콘크리트의 평균중량 : $20kN/m^2$

장기 허용지내력 : $q_a = 400\,\text{kN/m}^2$

기둥의 크기 : $400\,\text{mm} \times 600\,\text{mm}$

$f_{ck} = 24\,(\text{MPa})$, $f_y = 400\,(\text{MPa})$

풀 이 ① 기초판의 저면적 산정 :

A. 순 허용지지력 :

$$q_e = 400 - 20 \times 1.5 = 370\,(\text{kN/m}^2)$$

B. 기초판 면적 :

기초판의 저면적을 산정할 때에는 사용하중을 사용한다.

$$P = 1,000 + 800 = 1,800\,(\text{kN})$$

$$M = 100 + 80 = 180\,(\text{kNm})$$

$$e = \frac{M}{P} = \frac{180 \times 10^3}{1,800} = 100\,(\text{mm})$$

기초의 크기를 $2,500\,\text{mm} \times 3,000\,\text{mm}$로 가정하면

$\frac{L}{6} = \frac{3,000}{6} = 500\,(\text{mm}) > e$ 이므로 기초저면 전체가 유효하다.

$$A_f = 2.5 \times 3.0 = 7.50\,(\mathrm{m}^2)$$

$$Z_f = 2.5 \times \frac{3.0^2}{6} = 3.75\,(\mathrm{m}^3)$$

$$q_{1,2} = \frac{P}{A_f} \pm \frac{M}{Z_f} = \frac{1,800}{7.5} \pm \frac{180}{3.75}$$
$$= 288,192\,(\mathrm{kN/m^2}) < q_e$$

∴ O.K

따라서 2,500 mm × 3,000 mm 직사각형 기초로 한다.

② 설계용 계수축하중과 지반 반력 산정 :

기초판의 깊이와 보강근을 설계할 때는 계수하중을 사용하므로

$$P_u = 1.4 \times 1,000 + 1.7 \times 800 = 2,760\,(\mathrm{kN})$$

$$M_u = 1.4 \times 100 + 1.7 \times 80 = 276\,(\mathrm{kNm})$$

$$e = \frac{M_u}{P_u} = \frac{276 \times 10^3}{2,760} = 100\,(\mathrm{mm}) < L/6 = 500\,(\mathrm{mm}) \qquad \therefore \text{O.K}$$

$$q_{1,2} = \frac{P_u}{A_f} \pm \frac{M_u}{Z_f} = \frac{2760}{7.5} \pm \frac{276}{3.75}$$
$$= 441.6,\quad 294.4\,(\mathrm{kN/m^2})$$

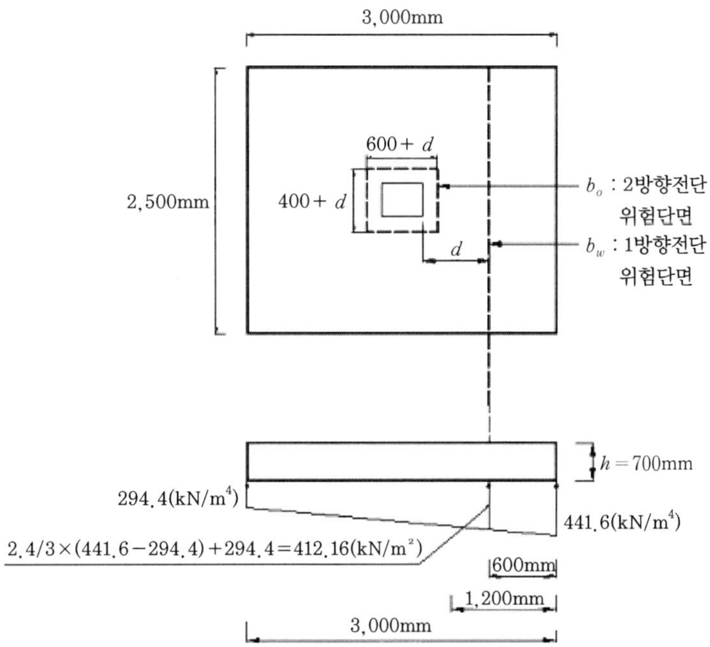

③ 기초판에 대한 전단 검토 :

기초깊이 $h = 700\,\text{mm}$ 유효높이 $d = 600\,\text{mm}$로 가정한다.

A. 1-방향 전단 검토 :

$$V_u = \frac{441.6 + 412.16}{2} \times 2.5 \times 0.6 = 640.32\,(\text{kN})$$

$$\begin{aligned}\phi V_c &= \phi\left(\frac{1}{6}\sqrt{f_{ck}}\,b_w d\right)\\ &= 0.85 \times \frac{1}{6} \times \sqrt{24} \times 2,500 \times 600 \times 10^{-3}\\ &= 1,041.03\,(\text{kN})\end{aligned}$$

$V_u < \phi V_c$ $\therefore$ O.K

B. 2-방향 전단 검토 :

$$V_u = \frac{2,760}{7.5}(2.5 \times 3 - 1 \times 1.2) = 2,242.8\,(\text{kN})$$

$$b_0 = 2(600 + 400 + 600 + 600) = 4,400\,(\text{mm})$$

$$\begin{aligned}\phi V_c &= \phi\frac{1}{6}\left(\frac{\alpha_s \cdot d}{2b_o} + 1\right)\sqrt{f_{ck}}\,b_0 d\\ &= 0.85 \times \frac{1}{6}\left(\frac{40 \times 600}{2 \times 4,400} + 1\right)\sqrt{24} \times 4,400 \times 600 \times 10^{-3}\\ &= 6,829.18\,(\text{kN})\end{aligned}$$

$$\beta_c = \frac{600}{400} = 1.5$$

$\alpha_s = 40$ (내부기둥)이므로

$$\begin{aligned}\phi V_c &= \phi\frac{1}{3}\sqrt{f_{ck}}\,b_o d = 0.85 \times \frac{1}{3} \times \sqrt{24} \times 4,400 \times 600 \times 10^{-3}\\ &= 36,644.4\,(\text{kN})\ (\text{지배})\end{aligned}$$

$V_u < \phi V_c = 3,664.44\,(\text{kN})$ $\therefore$ O.K

④ 휨철근의 산정 :

A. 장변 방향

검토 단면(기둥면)에서 지반반력은

$$\begin{aligned}q_u &= 441.6 - \frac{(441.6 - 294.4) \times 1.2}{3}\\ &= 382.72\,(\text{kN/m}^2)\end{aligned}$$

$$M_u = \left[\frac{382.72 \times 1.2^2}{2} + (441.6 - 382.72) \times 1.2^2 \times \frac{2}{3}\right] \times 2.5$$

$$= 830.21\,(\text{kN} \cdot \text{m})$$

$$R_n = \frac{M_u}{\phi b_w d^2} = \frac{830.21 \times 10^6}{0.9 \times 2,500 \times 600^2} = 1.02\,(\text{kN/mm}^2)$$

$$\rho = 0.85 \times \frac{24}{400} \times \left[1 - \sqrt{1 - \frac{2 \times 1.02}{0.85 \times 24}}\right]$$

$$= 0.0026 < \rho_{\min} = 0.002$$

$$\rho_{\max} = 0.75 \times 0.85 \times 0.85 \times \frac{24}{400} \times \frac{600}{600 + 400}$$

$$= 0.0195 > \rho$$

∴ O.K

$A_s(reg) = \rho bd = 0.0026 \times 2,500 \times 600 = 3,900\,(\text{mm}^2)$(지배)

∴ HD22 − 11(4,257 mm^2)

B. 단변 방향도 장변 방향에 준하여 HD22−11로 배근한다.

⑤ 인장철근 정착길이 검토 :

정착길이는 정착길이가 짧은 단변방향의 HD22 철근을 검토한다.

$$l_{db} = \frac{0.9 d_b f_y}{\sqrt{f_{ck}}} = \frac{0.9 \times 22 \times 400}{\sqrt{24}} = 1,616\,(\text{mm})$$

철근 배근위치, 에폭시도막 여부 및 콘크리트의 종류에 따른 보정계수

$\alpha = \beta = \gamma = \lambda = 1.0$이므로

$$l_{d(req)} = l_{db} \times \frac{\alpha\beta\gamma\lambda}{\frac{c + K_{tr}}{d_b}} = 11,616 \times \left(\frac{1 \times 1 \times 1 \times 1}{2.5}\right) = 647\text{ mm}$$

또는 식 (11−6) 및 표 11−2에 의하여

$l_{d(req)} = 647\,\text{mm}$

$l_d = \dfrac{3,000 - 600}{2} - 80 = 1,120\,(\text{mm}) > l_{d(req)}$ ∴ O.K

⑥ 배근도

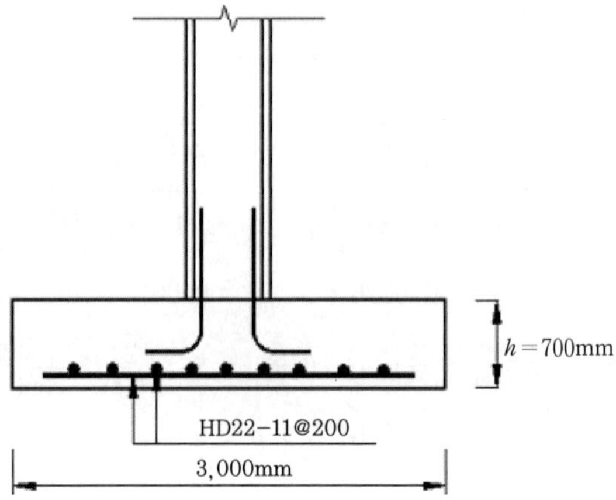

예제 11-4 **다음 조건과 같은 말뚝기초를 설계하여라.**

고정하중에 의한 축력 = 1,000 kN, **모멘트 =** 200 kNm

활하중에 의한 축력 = 500 kN, **모멘트 =** 100 kNm

$f_{ck} = 24$ (MPa), $f_y = 400$ (MPa)

사용 R.C말뚝 $\phi 30$, **말뚝의 허용지지력** $R_a = 300$ kN/1본

기둥단면 = 500 mm × 500 mm

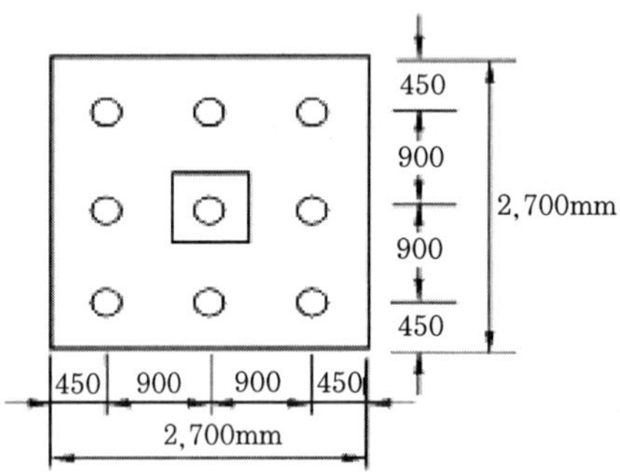

풀 이 ① 말뚝 본수 산정 :

$\Sigma P = 1,000 + 500 = 1,500$ (kN)

$\Sigma M = 200 + 100 = 300$ (kNm)

기초가 휨을 받기 때문에 기초 중심에 대한 말뚝군의 등가 단면2차모멘트는

$\Sigma x_i^{\,2} = 2(3 \times 900^2 + 3 \times 0^2) = 4.86$ (m^2)

기초 자중을 축력의 10%로 가정할 때 임의의 말뚝에 작용하는 하중은 다음과

같다.

$$P_i = \frac{P}{N} \pm \frac{M_x Y_i}{\Sigma Y_i^2} \pm \frac{M_y X_i}{\Sigma X_i^2}$$

$$= \frac{1.1 \times 1,500}{9} + \frac{300 \times 0.9}{4.86}$$

$$= 238.9\ (\text{kN/1본}) < 300\ (\text{kN/1본})$$

∴ O.K

② 설계용 말뚝 계수하중 산정 :

기초판 전체에 작용하는 계수하중과 말뚝의 반력은

$$P_u = 1.4 \times 1,000 + 1.7 \times 500 = 2,250\ (\text{kN})$$

$$M_u = 1.4 \times 200 + 1.7 \times 100 = 450\ (\text{kNm})$$

$$P_i = \frac{P_u}{n} \pm \frac{M_{uy} X_i}{\Sigma X_i^2}$$

$$P_1 = \frac{2,250}{9} - \frac{450 \times 0.9}{4.86} = 166.67\ (\text{kN/1본})$$

$$P_2 = \frac{2,250}{9} + \frac{450 \times 0.9}{4.86} = 333.33\ (\text{kN/1본})$$

$$P_3 = \frac{2,250}{9} = 250\ (\text{kN/1본})$$

③ 전단력 검토

A. 1면 전단 검토 :

기초 두께 $h = 700\,\text{mm}$, $d = 600\,\text{mm}$로 하면

$$V_u = 3 \times 333.33 = 999.99\ (\text{kN})$$

$$\phi V_c = \phi\left(\frac{1}{6}\sqrt{f_{ck}}\right) b_w d$$

$$= 0.85 \times \frac{1}{6} \times \sqrt{24} \times 2,700 \times 600 \times 10^{-3}$$

$$= 1,124.32\ (\text{kN})$$

$$V_u = 999.99\ (\text{kN}) < \phi V_c = 1,124.32\ (\text{kN})$$

∴ O.K

B. 2방향 전단 검토 :

$$V_u = 3 \times 166.67 + 3 \times 333.33 + 2 \times 250 = 2,000\ (\text{kN})$$

$\beta_c = \frac{50}{50} = 1$

$b_o = 4(500 + 600) = 4,400\,(\text{mm})$이므로

$\phi V_c = \phi \frac{1}{3}\sqrt{f_{ck}}\,b_o d$

$= 0.85 \times \frac{1}{3} \times \sqrt{24} \times 4,400 \times 600 \times 10^{-3} = 3,664.44\,(\text{kN})$

$V_u = 2,000\,(\text{kN}) < \phi V_c = 3,664.44\,(\text{kN})$

∴ O.K

④ 필요한 철근 산정 :

$M_u = 3 \times 333.33 \times (0.9 - 0.25) = 649.99\,(\text{kNm})$

$R_n = \frac{M_u}{\phi b d^2} = \frac{649.99 \times 10^6}{0.90 \times 2,700 \times 600^2} = 0.74\,(\text{N/mm}^2)$

$p = \frac{0.85 f_{ck}}{f_y}\left[1 - \sqrt{1 - \frac{2R_n}{0.85 f_{ck}}}\right]$

$= \frac{0.85 \times 24}{400}\left[1 - \sqrt{1 - \frac{2 \times 0.74}{0.85 \times 24}}\right]$

$= 0.0019 > p_{\min} = 0.0018$

$A_s = 0.0019 \times 2,700 \times 600 = 3,078\,(\text{mm}^2)$

$@ = \frac{3.87 \times 2700}{30.78} = 339.47\,(\text{mm})$

$\rightarrow @300\,(\text{mm})$

∴ HD22－@300

⑤ 배근 단면도 :

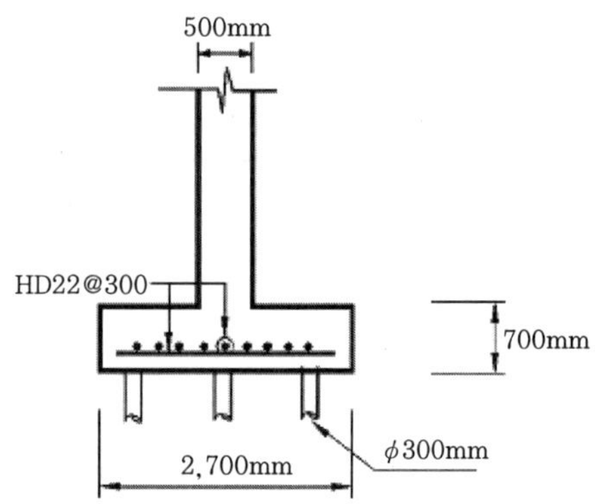

12 옹벽(Retaining wall)의 설계

Chapter

12-1 옹벽의 종류

옹벽은 설계 높이에 따라 일반적으로 아래 3종류로 크게 대변할 수 있다.

① 중력식 옹벽(석공 옹벽, 무근 콘크리트 옹벽) : 3m 이하

② 캔틸레버식 옹벽 : 3m~8m

③ 부벽식 옹벽(뒤 부벽식 옹벽, 앞 부벽식 옹벽) : 8m 이상

12-2 옹벽에 작용하는 토압

12-2-1 땅 표면하중이 없을 때 토압

옹벽의 수평방향 단위면적에 자용하는 토압(Earth pressure) P_{a1}은

$$P_{a1} = K_a r H \quad (\mathrm{kN/m^2}) \tag{12-1}$$

$$K_a = \frac{1-\sin\phi}{1+\sin\phi}$$

여기서, K_a : 주동 토압계수

r : 흙의 단위중량 (kN/m³)

H : 옹벽의 높이

12-2-2 땅 표면하중이 있을 때 토압

땅 표면에 등분포하중 $q\,(\mathrm{kN/m^2})$가 작용할 때 토압 P_{a2}은

$$P_{a2} = K_a q \tag{12-2}$$

12-3 옹벽의 안전검토

12-3-1 안전율

옹벽의 수평방향 활동(Sliding)에 대한 안전율은 옹벽에 작용하고 수평력의 1.5배 이상이어야 하고, 전도에 대한 저항모멘트는 횡토압에 의한 전도모멘트의 2.0배 이상이어야 한다.

12-3-2 전도(Overturning)에 대한 기초판 폭 검토

그림 (12-1)과 같이 토압에 의한 수평분력 P_h와 옹벽 및 상부흙의 중량 W와의 합력 R의 작용점 D점이 A점에서 1/3의 위치에 있을 때가 가장 경제적이다.

따라서 이러한 조건에서 D점으로부터 W가 작용하는 지점까지의 거리는 $\frac{l+3b}{6}$가 되므로

$$W \times \frac{l+3b}{6} = F_s \cdot P_A \cdot \frac{H}{3} \tag{12-3}$$

$$P_A = P_{a1} \times \frac{H}{2} = \frac{1}{2} K_a \cdot r \cdot H^2 \tag{12-4}$$

$$W = r \cdot H(l-b) \tag{12-5}$$

여기서, F_s : 전도에 대한 안전율$\left(= \frac{\text{안전모멘트}}{\text{전도모멘트}} > 2\right)$

P_A : 수평방향 단위폭에 작용하는 토압의 합력

식 (12-4)와 식 (12-5)를 식 (12-3)에 대입하면

$$rH(l-b)\frac{l+3b}{6} = F_s \cdot K_a r H^3/6 \tag{12-6}$$

이고, 식 (12-6)에서 기초판 폭 l을 구하는 식은 다음과 같다.

$$l = \sqrt{4b^2 + F_s K_a H^2} - b \tag{12-7}$$

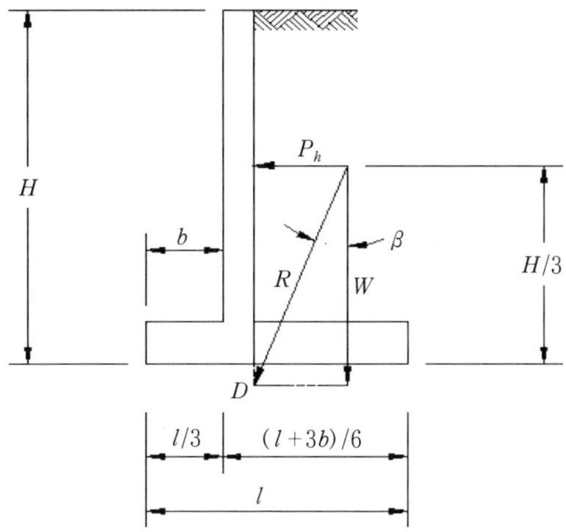

그림 12-1 옹벽의 안정검토에 필요한 사항

예제 12-1 **다음 설계 조건의 캔틸레버 옹벽을 설계하여라.**

$H_0 = 4.8\,\text{m}$ $H = 5.5\,\text{m}$

$l = 3.0\,\text{m}$ $f_{ck} = 24\,\text{MPa}$

$f_y = 400\,\text{MPa}$

허용지내력 : $\rho_a = 150\,\text{kN/m}^2$ **흙의 내부 마찰각 :** $\phi = 30°$

콘크리트 마찰계수 : $\mu = 0.5$ **주동 토압계수 :** $K_a = 0.33$

흙의 단위 중량 : $r = 17\,(\text{kN/m}^3)$

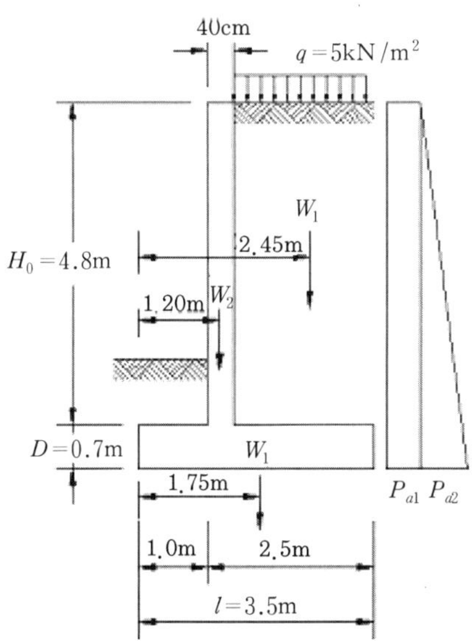

풀 이 ① 토압산정 :

$P_{a1} = K_a \cdot r \cdot H = 0.33 \times 17 \times 5.5 = 30.86\,(\mathrm{kN/m^2})$

$P_{a2} = K_a \cdot \rho = 0.33 \times 5 = 1.65\,(\mathrm{kN/m^2})$

② 기초판 폭 산정 :

$$l = \sqrt{4b^2 + F_s K_a H^2} - b$$

$$= \sqrt{4 \times 1^2 + 1.5 \times 0.33 \times 5.5^2} - 1$$

$$= 3.36\,(\mathrm{m})$$

$\therefore l = 3.5\,(\mathrm{m})$

③ 전도 검토 :

전도 모멘트 $= 1.65 \times \dfrac{5.5^2}{2} + 30.85 \times \dfrac{5.5^2}{6} = 180.49\,(\mathrm{kNm})$

작용 하중 계산 :

$W_1 = 17 \times 2.1 \times 4.8 = 171.36\,(\mathrm{kN})$

$W_2 = 24 \times 0.4 \times 4.8 = 46.08\,(\mathrm{kN})$

$W_3 = 24 \times 3.5 \times 0.7 = 58.80\,(\mathrm{kN})$

$\Sigma W = W_1 + W_2 + W_3 = 276.24\,(\mathrm{kN})$

안전 모멘트 $= 171.36 \times 2.45 + 46.08 \times 1.2 + 58.80 \times 1.75$
$= 578.03\,(\mathrm{kN \cdot m})$

전도에 대한 안전율 $= \dfrac{578.03}{180.49} = 3.20 > 2.0$ ∴ O.K

④ 활동 검토 :

수평 토압의 합 $P_A = 1.65 \times 5.5 + 30.85 \times 5.5/2 = 93.91\,(\mathrm{kN})$

밑면 마찰력 $= \mu \cdot \Sigma W = 0.5 \times 276.24 = 138.12\,(\mathrm{kN})$

활동에 대한 안전율 $= \dfrac{138.12}{93.91} = 1.47 < 1.5$ ∴ O.K

⑤ 접지압 (Soil pressure) 검토 :

$R = \Sigma W = 276.24\,(\mathrm{kN})$

$x = \dfrac{578.03 - 180.49}{276.24} = 1.44\,(\mathrm{m})$

$$e = l/2 - x = \frac{3.5}{2} - 1.44 = 0.31\,(\text{m}) < l/6 = 0.58\,(\text{m})$$

$$\rho_e = \frac{R}{l} \pm \frac{6R \cdot e}{l^2}$$

$$= \frac{276.24}{3.5} \pm \frac{6 \times 276.24 \times 0.31}{3.5^2}$$

$$= 120.87\,(\text{kN/m}^2),\ \ 36.98\,(\text{kN/m}^2) < \rho_a = 150\,(\text{kN/m}^2)$$

∴ O.K

⑥ 기초판 설계 :

A. 뒷굽판(Heel) 설계 :

상재하중 $= 1.7 \times 5 \times 1.0 = 8.5\,(\text{kN/m}^2)$

상부 흙 $= 1.4 \times 17 \times 4.8 = 114.24\,(\text{kN/m}^2)$

기초자중 $= 1.4 \times 24 \times 0.7 = 23.52\,(\text{kN/m}^2)$

$\Sigma W_u = 146.26\,(\text{kN/m}^2)$

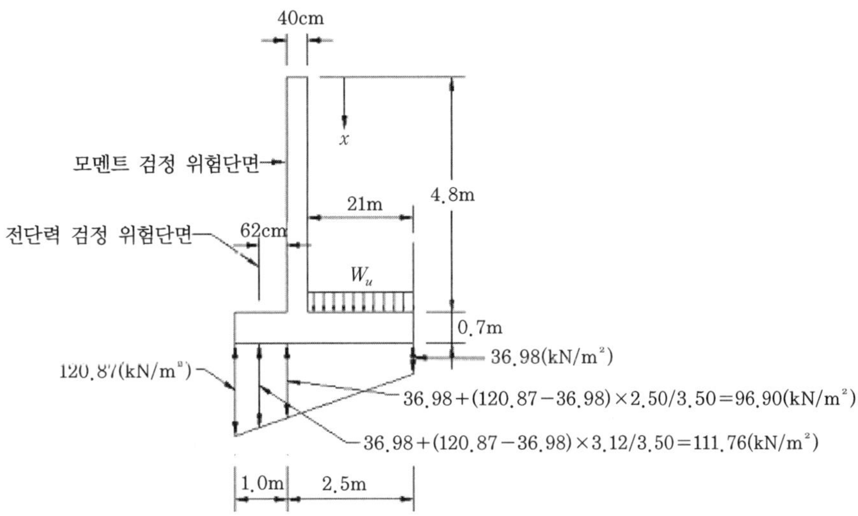

1) 극한 계수 휨모멘트와 전단력 계산 :

$$M_u = W_u \cdot \frac{l^2}{2}$$

$$= 146.62 \times \frac{2.1^2}{2}$$

$$= 323.30\,(\text{kNm})$$

$$V_u = W_u \cdot l$$
$$= 146.62 \times 2.1$$
$$= 307.90\,(\text{kN})$$

2) 전단 검토 :

$$\phi V_c = \phi 0.53\sqrt{f_{ck}}bd$$
$$= 0.8 \times \frac{1}{6}\sqrt{24} \times 1,000 \times 620 \times 10^{-3}$$
$$= 404.98\,(\text{kN}) > V_u = 307.90\,(\text{kN})$$

∴ O.K

3) 철근량 산정 :

$$R_n = \frac{M_u}{\phi bd^2} = \frac{323.30 \times 10^6}{0.85 \times 1,000 \times 620^2} = 0.99\,(\text{kN/mm}^2)$$
$$\rho_{req} = \frac{0.85 f_{ck}}{f_y}\left[1 - \sqrt{1 - \frac{2R_n}{0.85 f_{ck}}}\right]$$
$$= \frac{0.85 \times 24}{400}\left[1 - \sqrt{1 - \frac{2 \times 0.99}{0.85 \times 24}}\right]$$
$$= 0.0025$$
$$\rho_{\min} = \frac{1.4}{f_y} = 0.0035$$

$\rho_{req} < \rho_{\min}$ 이므로

$\rho_{dsn} = 0.0035$ 이다.

$$\therefore A_s = \rho bd = 0.0035 \times 1,000 \times 620 = 2,170\,(\text{mm}^2/\text{m})$$

따라서 8-HD19 (2,298 mm^2)이므로 HD19@125mm로 배근한다.

B. 앞굽판(Toe) 설계 :

1) 극한계수 휨모멘트와 전단력 계산 :

횡토압계수가 1.8이므로

$$M_u = 1.8 \times \left[96.90 \times \frac{1^2}{2} + (120.87 - 96.90) \times \frac{1^2}{3}\right] - 1.4 \times 24 \times 0.7 \times \frac{1^2}{2}$$
$$= 89.83\,(\text{kNm})$$

$$V_u = 1.8 \times \frac{120.87 + 96.90}{2} \times 0.38 - 1.4 \times 24 \times 0.7 \times 0.38$$
$$= 73.30(\text{kN})$$

2) 전단 검토 :

$$V_c = 0.8 \times \frac{1}{6} \times \sqrt{24} \times 1,000 \times 620 \times 10^{-3}$$
$$= 404.98(\text{kN}) > V_u = 73.30\,(\text{kN})$$

∴ O.K

3) 철근량 산정 :

$$R_n = \frac{M_u}{\phi bd^2} = \frac{89.83 \times 10^6}{0.85 \times 1,000 \times 620^2} = 0.27\,(\text{kN/mm}^2)$$

$$\rho_{req} = \frac{0.85 f_{ck}}{f_y}\left[1 - \sqrt{1 - \frac{2R_n}{0.85 f_{ck}}}\right]$$
$$= \frac{0.85 \times 24}{400}\left[1 - \sqrt{1 - \frac{2 \times 0.27}{0.85 \times 24}}\right]$$
$$= 0.0007 < \rho_{\min} = \frac{1.4}{400} = 0.0035$$

$\rho_{dsn} = 0.0035$이다.

$$\therefore A_s = \rho_{dsn} bd = 0.0035 \times 1,000 \times 620 = 2,170\,(\text{mm}^2/\text{m})$$

따라서 HD19@125mm로 배근한다.

⑦ 전단벽의 단면 계산 :

1) 극한 계수 휨모멘트와 전단력 계산 :

x 지점의 극한 휨모멘트와 전단력을 구하는 식은

$$M_{ux} = K_a \times 1.4r \times x \times \frac{x}{2} \times \frac{x}{3} = 1.4K_a r x^3/6$$

$$V_{ux} = K_a \times 1.4r \times x \times \frac{x}{2} = 1.4K_a r x^2/2$$

2) $x = 2\text{m}$일 때 전단 검토 및 단면 계산 :

$$M_u = 0.33 \times 1.4 \times 17 \times 2^3/6 = 10.47\,(\text{kNm})$$

$$V_u = 0.33 \times 1.4 \times 17 \times 2^2/2 = 15.71\,(\text{kN})$$

피복의 두께를 8cm로 하면

$$\phi V_c = \phi \frac{1}{6}\sqrt{f_{ck}}\, b_w d$$

$$= 0.8\times\frac{1}{6}\times\sqrt{24}\times1,000\times320\times10^{-3}$$

$$= 209.02(kN) > V_u = 15.71\,(\mathrm{kN})$$

∴ O.K

$$R_n = \frac{M_u}{\phi bd^2} = \frac{10.47\times10^6}{0.85\times1,000\times320^2} = 0.12\,(\mathrm{kN/mm^2})$$

$$\rho_{req} = \frac{0.85\times24}{400}\left[1-\sqrt{1-\frac{2\times0.12}{0.85\times24}}\right]$$

$$= 0.0003 < p_{\min} = 0.0035$$

$\rho_{\min} = 0.0035$

$\rho_{req} = 0.0035$이다.

∴ $A_s = \rho_{dsn} bd = 0.0035\times1,000\times320 = 1,120\,(\mathrm{mm^2/m})$

따라서 5－HD19 (14.35 $\mathrm{cm^2}$)이므로 HD19@200mm로 배근한다.

3) $x=4\,\mathrm{m}$일 때 전단 검토 및 단면 계산 :

$M_u = 1.4\times0.33\times17\times4^3/6 = 83.78\,(\mathrm{kNm})$

$V_u = 1.4\times0.33\times17\times4^2/2 = 62.83\,(\mathrm{kN})$

$\phi V_c = 209.02\,(\mathrm{kN}) > V_u = 62.83\,(\mathrm{kN})$

∴ O.K

$$R_n = \frac{M_u}{\phi bd^2} = \frac{83.78\times10^6}{0.85\times1,000\times320^2} = 0.96\,(\mathrm{kN/mm^2})$$

$$\rho_{req} = \frac{0.85\times24}{400}\left[1-\sqrt{1-\frac{2\times0.96}{0.85\times24}}\right]$$

$$= 0.0024 < \rho_{\min} = 0.0035$$

∴ $A_s = \rho_{dsn} bd = 0.0035\times1,000\times320 = 1,120\,(\mathrm{mm^2/m})$

따라서 HD19@200mm로 배근한다.

4) $x=5\mathrm{m}$일 때 전단검토 및 단면계산 :

$M_u = 1.4\times0.33\times17\times5^3/6 = 163.63\,(\mathrm{kNm})$

$V_u = 1.4\times0.33\times17\times5^2/2 = 98.17\,(\mathrm{kN})$

$\phi V_c = 209.02\,(\mathrm{kN}) > V_u = 98.17\,(\mathrm{kN})$

∴ O.K

$$R_n = \frac{M_u}{\phi bd^2} = \frac{163.63\times10^6}{0.85\times1,000\times320^2} = 1.88\ (\mathrm{kN/mm^2})$$

$$\rho_{req} = \frac{0.85\times24}{400}\left[1-\sqrt{1-\frac{2\times1.88}{0.85\times24}}\right]$$

$$= 0.0049 > \rho_{\min} = 0.0035$$

$$\rho_{\max} = 0.75p_b = 0.75\times\left[\frac{0.85\beta_1 f_{ck}}{f_y}\times\frac{600}{600+f_y}\right]$$

$$= 0.75\times\left[\frac{0.85\times0.85\times24}{400}\times\frac{600}{600+400}\right]$$

$$= 0.0195$$

$\rho_{\min} < \rho_{req} < \rho_{\max}$ 이므로

$\rho_{dsn} = 0.0049$ 이다

$\therefore\ A_s = \rho\, bd = 0.0049\times1,000\times320 = 1,568\ (\mathrm{mm^2/m})$

따라서 HD19＋22@200mm로 배근한다.

⑧ 배근도 :

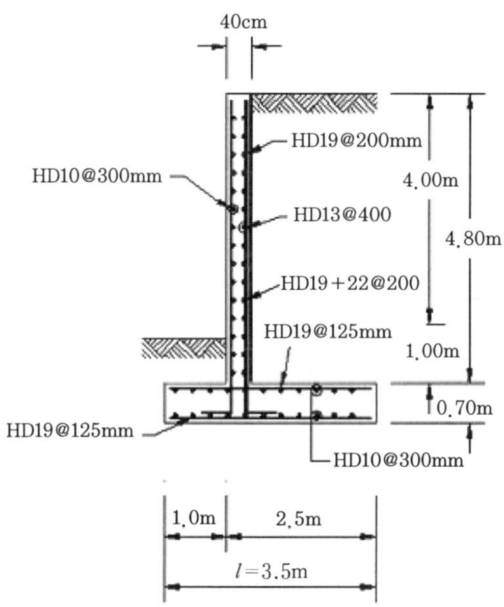

예제 12-2 **다음 그림과 같은 지하실 외벽을 설계하여라.**
다만, 지하수위 3.5m**에 위치하고, 상재하중** $w = 12\mathrm{kN/m^2}$**, 지하실벽의 폭은** 3m**이다.** $f_{ck} = 24\,\mathrm{MPa}$, $f_y = 400\,\mathrm{MPa}$
흙의 내부 마찰각 : $\phi = 30°$

흙의 단위 체적중량 :

지하수위 상부 : $\gamma = 17\,\text{kN/m}^3$, $\gamma' = 7\,\text{kN/m}^3$, $\gamma_w = 10\,\text{kN/m}^3$

지하수위 하부 : $\gamma = 18\,\text{kN/m}^3$, $\gamma' = 8\,\text{kNf/m}^3$, $\gamma_w = 10\,\text{kN/m}^3$

정지 토압계수 : $K_0 = 1 - \sin\phi = 1 - \sin 30° = 0.5$

풀 이

① 횡력 산정 :

벽면의 깊이에 따른 횡압

하중조합 : $U = 1.7L + 1.8H$ (수압이 있을 경우)

지면 : $P = 1.7(0.5 \times 12) = 10.20\,(\text{kN/m}^2)$

지하 1층바닥 : $P = 10.20 + 1.8(0.5 \times 17 \times 3.0) = 56.10\,(\text{kN/m}^2)$

지하수위면 : $P = 56.10 + 1.8(0.5 \times 17 \times 0.5) = 63.75(kN/m^2)$

지하 2층바닥 : $P = 63.75 + 1.8(0.5 \times 8 \times 3.5) + 1.8 \times 35 = 151.95\,(\text{kN/m}^2)$

기초바닥면 : $P = 151.95 + 1.8(0.5 \times 8 \times 1.2) + 1.8 \times 12 = 182.19\,(\text{kN/m}^2)$

하중조합 : $U = 1.7L + 1.4F$ (수압이 없는 경우)

지면 : $P = 1.7(0.5 \times 12) = 10.20\,(\text{kN/m}^2)$

지하 1층바닥 : $P = 10.20 + 1.7(0.5 \times 17 \times 3.0) = 53.55\,(\text{kN/m}^2)$

지하 2층바닥 : $P = 53.55 + 1.7(0.5 \times 17 \times 4) = 111.35\,(\text{kN/m}^2)$

기초바닥면 : $P = 111.35 + 1.7(0.5 \times 17 \times 1.2) = 128.69\,(\text{kN/m}^2)$

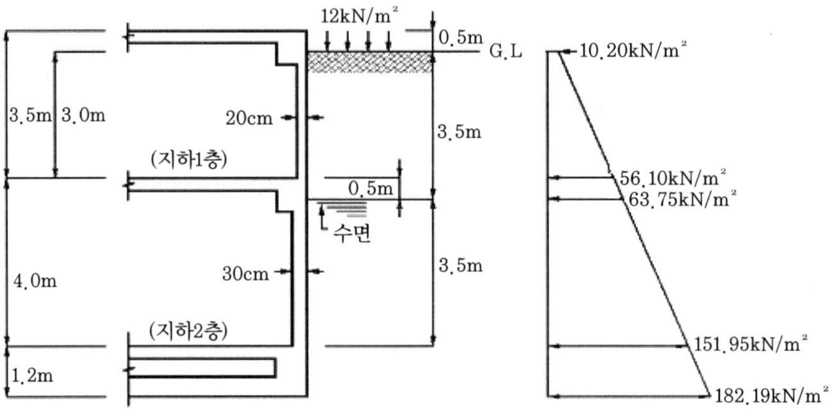

② 응력 설계 :

A. 지하 1층 부분 :

그림에서

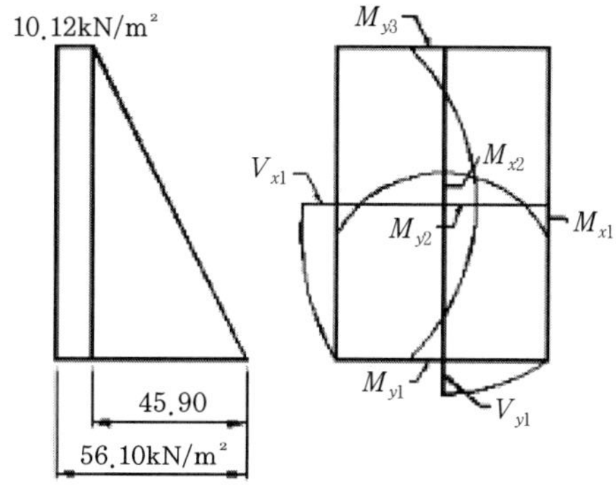

$\lambda = 3.5/3 = 1.17$이므로

$M_{x1} = (0.063 \times 10.20 + 0.033 \times 45.90) \times 3^2 = 19.42\ (\text{kNm/m})$

$M_{x2} = (0.025 \times 10.20 + 0.013 \times 45.90) \times 3^2 = 7.67\ (\text{kNm/m})$

$M_{y1} = (0.050 \times 10.20 + 0.038 \times 45.90) \times 3^2 = 20.29\ (\text{kNm/m})$

$M_{y2} = (0.016 \times 10.20 + 0.010 \times 45.90) \times 3^2 = 5.60\ (\text{kNm/m})$

$M_{y3} = (0.058 \times 10.20 + 0.042 \times 45.90) \times 3^2 = 22.67\ (\text{kNm/m})$

$V_{x1} = (0.48 \times 10.20 + 0.27 \times 45.90) \times 3 = 51.86\ (\text{kN/m})$

$V_{y1} = (0.45 \times 10.20 + 0.36 \times 45.90) \times 3 = 63.34\ (\text{kN/m})$

B. 지하 2층 부분 :

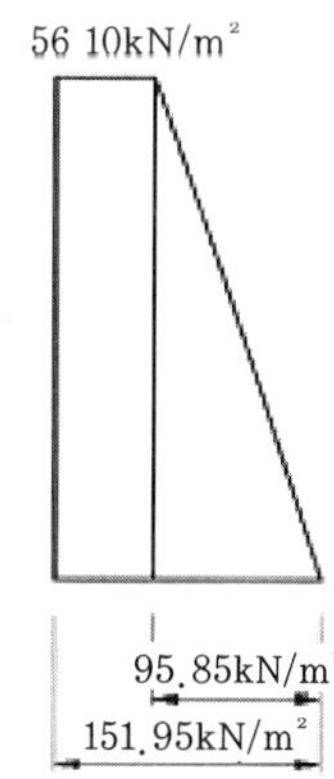

$\lambda = 4/3 = 1.33$

$M_{x1} = (0.070 \times 56.10 + 0.042 \times 95.85) \times 3^2$

$= 71.57\ (\text{kNm/m})$

$M_{x2} = (0.030 \times 56.10 + 0.015 \times 95.85) \times 3^2$

$= 28.09\ (\text{kNm/m})$

$M_{y1} = (0.056 \times 56.10 + 0.041 \times 95.85) \times 3^2$

$= 63.64\ (\text{kNm/m})$

$M_{y2} = (0.013 \times 56.10 + 0.010 \times 95.85) \times 3^2$

$= 15.19\ (\text{kNm/m})$

$M_{y3} = (0.056 \times 56.10 + 0.016 \times 95.85) \times 3^2 = 42.08\ (\text{kNm/m})$

$V_{x1} = (0.51 \times 56.10 + 0.30 \times 95.85) \times 3 = 172.10\ (\text{kN/m})$

$V_{y1} = (0.46 \times 56.10 + 0.35 \times 95.85) \times 3 = 178.06\ (\text{kN/m})$

③ 전단 검토 :

피복의 두께를 5로 가정하면

지하 1층 벽의 전단강도 :

$$\phi V_c = 0.85 \times \frac{1}{6} \times \sqrt{24} \times 1,000 \times 120 = 83.28\,(\text{kN})$$

지하 2층 벽의 전단강도 :

$$\phi V_c = 0.85 \times \frac{1}{6} \times \sqrt{24} \times 1,000 \times 220 = 152.68\,(\text{kN})$$

위치	벽두께(mm)	작용전단력(kN)	전단강도(kN)	판정
지하 1층 하부	200	63.34	< 83.28	적합
지하 2층 하부	350	178.06	< 152.68	부적합

④ 철근량 산정 :

A. 지하 1층 부분 :

1) 수평근 :

(단부) : $R_n = \dfrac{M_u}{\phi b d^2} = \dfrac{19.42 \times 10^6}{0.9 \times 1,000 \times 120^2} = 1.50\ (\text{kN/mm}^2)$

$$\rho = \frac{0.85 f_{ck}}{f_y}\left[1 - \sqrt{1 - \frac{2R_n}{0.85 f_{ck}}}\right]$$

$$= \frac{0.85 \times 24}{400}\left[1 - \sqrt{1 - \frac{2 \times 1.50}{0.85 \times 24}}\right]$$

$$= 0.0039 > \rho_{\min} = 0.002$$

$$A_s = \rho b d = 0.0039 \times 1,000 \times 120 = 468\,(\text{mm}^2/\text{m})$$

HD13 + 16을 사용할 때 배근 간격은

$$@ = \frac{1,000 \times 1.628}{4.68} = 347\,(\text{mm}) \rightarrow 300\,\text{mm}$$

$\therefore\ 2 - \text{HD}13@250\,(\text{mm})$

(중앙) : $R_n = \dfrac{7.67 \times 10^6}{0.9 \times 1,000 \times 120^2} = 0.59\ (\text{kN/mm}^2)$

$$\rho = 0.0014 < \rho_{\min} = 0.002$$

$$A_s = 0.002 \times 1,000 \times 200 = 400\,(\text{mm}^2/\text{m})$$

HD13을 사용할 때 배근간격은

$$@ = \frac{1,000 \times 1.27}{4} = 316\,(\text{mm}) \rightarrow 300\,(\text{mm})$$

$\therefore\ 2 - \text{HD}13@300\,(\text{mm})$

2) 수직근 :

(단부) : $R_n = \dfrac{20.29\times10^6}{0.9\times1,000\times120^2} = 1.57\ (\mathrm{kN/mm^2})$

$\rho = 0.0041 > \rho_{\min} = 0.0012$

$A_s = 0.0041\times1,000\times120 = 492\ (\mathrm{mm^2/m})$

HD13 + 16을 사용할 때 배근간격은

$@ = \dfrac{1,000\times1.628}{4.92} = 330\,(\mathrm{mm}) \rightarrow 300\,(\mathrm{mm})$

$\therefore$ 2 − HD13@300 (mm)

(중앙) : $R_n = \dfrac{5.60\times10^6}{0.9\times1,000\times120^2} = 0.43\ (\mathrm{kN/mm^2})$

$\rho = 0.0011 < \rho_{\min} = 0.0012$

$A_s = 0.0012\times1,000\times200 = 240\ (\mathrm{mm^2/m})$

HD13을 사용할 때 배근간격은

$@ = \dfrac{1,000\times1.27}{2.4} = 516\,(\mathrm{mm}) \rightarrow 300\,(\mathrm{mm})$

$\therefore$ 2 − HD13@300 (mm)

B. 지하 2층 부분 :

1) 수평근 :

(단부) : $R_n = \dfrac{71.57\times10^6}{0.9\times1,000\times220^2} = 1.64\ (\mathrm{kN/mm^2})$

$\rho = 0.0043 > \rho_{\min} = 0.002$

$A_s = 0.0043\times1,000\times220 = 946\ (\mathrm{mm^2/m})$

HD16을 사용할 때 배근간격은

$@ = \dfrac{1,000\times1.99}{9.46} = 210\,(\mathrm{mm}) \rightarrow 200\,(\mathrm{mm})$

$\therefore$ 2 − HD16@200 (mm)

(중앙) : $R_n = \dfrac{28.09\times10^6}{0.9\times1,000\times220^2} = 0.64\ (\mathrm{kN/mm^2})$

$\rho = 0.0016 < \rho_{\min} = 0.002$

$A_s = 0.002\times1,000\times300 = 600\ (\mathrm{mm^2/m})$

HD13을 사용할 때 배근간격은

$$@ = \frac{1,000 \times 1.99}{6} = 331\,(\text{mm}) \rightarrow 200\,(\text{mm})$$

$\therefore$ 2 − HD16@200 (mm)

2) 수직근 :

(단부) : $R_n = \dfrac{63.64 \times 10^6}{0.9 \times 100 \times 220^2} = 1.46\,(\text{kN/mm}^2)$

$\rho = 0.0038 > \rho_{\min} = 0.0012$

$A_s = 0.0038 \times 1,000 \times 220 = 836(\text{mm}^2/\text{m})$

HD16을 사용할 때 배근간격은

$$@ = \frac{1,000 \times 1.99}{8.36} = 238\,(\text{mm}) \rightarrow 200\,(\text{mm})$$

$\therefore$ 2 − HD16@200 (mm)

(중앙) : $\therefore$ 2 − HD16@200 (mm)

⑤ 배근도 :

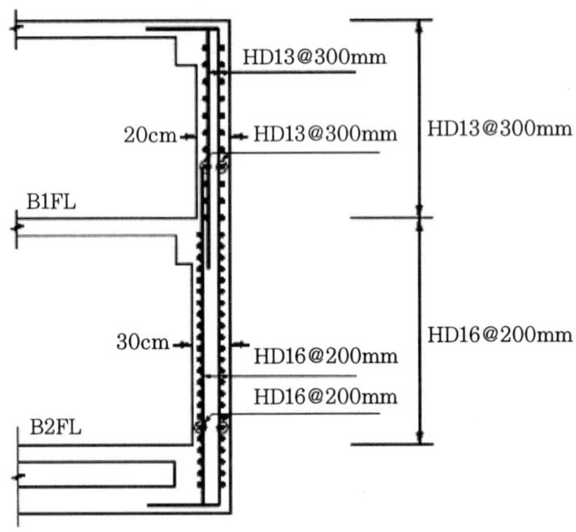

부 록

▶ 부록 1. 하중(Load)표

▶ 부록 2. 철근에 대한 제수표

▶ 부록 3. 직사각형보의 공칭모멘트 계수

▶ 부록 4. 직사각형 기둥의 강도 상관곡선

부록 1 하중(Load)표

1-1 하중의 조합

〈부표 1-1〉 하중의 조합

		일 반 지 역	다 설 지 역
장 기 응 력	일 반	$G+P$	$G+P+S$
단 기 응 력	적 설 시	$G+P+S$	$G+P+S$
	폭 풍 시	$G+P+W$	$\frac{G+P+W}{G+P+S+W}$
	지 진 시	$G+P+K$	$G+P+S+K$

[주] : G=고정하중에 의한 응력, W=풍하중에 의한 응력, P=적재하중에 의한 응력
K=지진력에 의한 응력, S=설하중에 의한 응력

1-2 고정하중(Dead Load)

〈부표 1-2〉 각종 건축 재료의 중량

재 료 명	kN/㎥	두께 1cm당 kN/㎡	비 고
무근콘크리트(plain concrete)	23	0.23	
철근콘크리트(reinforced concrete)	24	0.24	
구조용 강재(structural steel)	78.5	0.785	
주 철(cast iron)	72.5	–	
목 재(timber)	6	0.6	평 균 치
벽 돌(brick)	19	–	
화 강 석(granite)	27	0.27	
대 리 석(marble)	26	0.26	

〈부표 1-2〉 각종 건축재료의 중량(계속)

재 료 명	kN/㎥	두께 1cm당 kN/㎡	비 고
경량콘크리트(light concrete)	10~18	–	슬 래 그
유 리(glass)	25	0.25	
인조석 · 시멘트 몰탈 · 타일	20~23	0.20	
회 반 죽(lime plaster)	16	0.16	
흙 · 모래	21	0.21	
납	114	–	
압연동	89	–	

〈부표 1-3〉 건축물 각부 중량표

건축물 부 분	종 별 중 량(kN/㎡)				비 고
지붕	기와 지붕	부토가 없을 경우	지붕면에 대하여	65	지붕널 및 서까래를 포함하고 중도리는 포함하지 아니한다.
지붕	기와 지붕	부토가 있을 경우	지붕면에 대하여	100	지붕널 및 서까래를 포함하고 중도리는 포함하지 아니한다.
지붕	석면슬레이트 지붕	중도리에 직접 이을 경우	지붕면에 대하여	25	중도리는 포함하지 아니한다.
지붕	석면슬레이트 지붕	기타의 경우	지붕면에 대하여	35	지붕널 및 서까래를 포함하고 중도리는 포함하지 아니한다.
지붕	골철판 지 붕	중도리에 직접 이을 경우	지붕면에 대하여	5	중도리는 포함하지 아니한다.
지붕	박철면 지붕		지붕면에 대하여	20	지붕널 및 서까래를 포함하고 중도리는 포함하지 아니한다.
지붕	유리 지붕		지붕면에 대하여	30	철재틀을 포함하고 중도리는 포함하지 아니한다.
지붕	후형 슬레이트 지붕		지붕면에 대하여	45	지붕널 및 서까래를 포함하고 중도리는 포함하지 아니한다.
목 조 의 중 도 리	중도리의 지점간의 거리가 2m 이상인 경우			5	
목 조 의 중 도 리	중도리의 지점간의 거리가 4m 이상인 경우			10	
반자	살대 반자		반자면에 대하여	10	
반자	섬유리 반자 · 널판자 · 판반자 · 금속반자		반자면에 대하여	15	
반자	목모시멘트널판자		반자면에 대하여	20	달대 · 달대받이, 기타의 바탕을 포함한다.
반자	우물 반자		반자면에 대하여	30	달대 · 달대받이, 기타의 바탕을 포함한다.
반자	회반죽 반자		반자면에 대하여	40	
반자	몰탈 반자		반자면에 대하여	60	

〈부표 1-3〉 건축물 각부 중량표(계속)

<table>
<tr><th>건축물
부 분</th><th colspan="5">종 별 중 량(kN/㎡)</th><th>비 고</th></tr>
<tr><td rowspan="10">바
닥</td><td rowspan="5">목 조
바 닥</td><td colspan="2">널바닥</td><td rowspan="10">바닥면에 대하여</td><td>15</td><td>장선을 포함한다.</td></tr>
<tr><td colspan="2">다다미바닥</td><td>35</td><td>바닥널판, 장선을 포함한다.</td></tr>
<tr><td rowspan="3">바
닥
보</td><td>스팬 4m 이하의 경우</td><td>10</td><td></td></tr>
<tr><td>스팬 6m 이하의 경우</td><td>17</td><td></td></tr>
<tr><td>스팬 8m 이하의 경우</td><td>25</td><td></td></tr>
<tr><td rowspan="4">콘 크
리 트
바 닥</td><td colspan="2">널바닥</td><td>20</td><td>장선 · 장선받이를 포함한다.</td></tr>
<tr><td colspan="2">플로어링블록 바닥</td><td>15</td><td rowspan="3">마감두께 1cm마다 그 cm의 수치를 곱한다.</td></tr>
<tr><td colspan="2">모르타르, 인조석 및 타일 붙임</td><td>20</td></tr>
<tr><td colspan="2">아스팔트 방수층</td><td>15</td></tr>
<tr><td colspan="3">목조건축물의 벽의 골구</td><td>15</td><td>기둥, 샛기둥 및 가새를 포함한다.</td></tr>
<tr><td rowspan="7">벽</td><td rowspan="3">목 조
건 축
물 의
마 감</td><td colspan="2">비늘판붙임, 판벽붙임
또는 섬유판 붙임</td><td rowspan="7">벽면에 대하여</td><td>10</td><td rowspan="3">벽 바탕을 포함, 골구는 포함하지 아니한다.</td></tr>
<tr><td colspan="2">졸대회반죽벽</td><td>35</td></tr>
<tr><td colspan="2">철망모르타르벽</td><td>65</td></tr>
<tr><td colspan="3">목조건축물의 외벽</td><td>85</td><td>골구를 포함한다.</td></tr>
<tr><td rowspan="3">콘 크
리 트
조 벽
마 감</td><td colspan="2">회반죽</td><td>17</td><td rowspan="3">마감두께 1cm마다 그 cm의 수치를 곱한다.</td></tr>
<tr><td colspan="2">몰탈 및 인조석</td><td>20</td></tr>
<tr><td colspan="2">타일붙임</td><td>20</td></tr>
</table>

1-3 적재하중(Live Load)

1-3-1 실의 종류별 적재하중(건축법 시행령 제82조)

〈부표 1-4〉 각종 실의 적재하중(단위 : kN/㎡)

	실 의 종 류	(1) 바닥구조 계산용	(2) 보, 기둥, 기초 계 산 용	비 고
a	거주실, 숙박실, 병실류	180	130	
b	사무실 류	300	180	
c	교 실 류	230	210	

〈부표 1-4〉 각종 실의 적재하중(단위 : kN/㎡)(계속)

	실 의 종 류		(1) 바닥구조 계산용	(2) 보, 기둥, 기초 계 산 용	비 고
d	상점의 매장류		300	240	백화점과 점포의 판매장
e	집회실류	고 정 석	300	270	극장, 영화관, 연예장, 관람장, 공회당, 집회장의 객석 또는 집회실
f		기 타	360	330	
g	차고, 자동차 통로		550	400	
h	복도, 현관, 계단		c, d, e, f의 실에 접속되었을 때에는 f의 값을 사용한다.		
i	옥상광장, 발코니		a의 값을 사용한다. 다만 c, d에서는 d의 값을 사용한다.		

[주] 1) 창고업으로 하는 창고의 바닥 적재하중은 실황에 따른다. 다만, 적재하중이 400kg/㎡ 미만일 때에는 400kg/㎡로 한다.

2) 기둥 또는 기초의 수직축방향력을 산정할 때에는 건물이 지지하는 바닥수에 따라 부표 1-4의 (2)란 값을 부표 1-5의 수치를 곱한 값까지 감할 수 있다. 다만 e, f 및 창고는 제외한다.

〈부표 1-5〉 적재하중의 절감

지지하는 바닥수	2	3	4	5	6	7	8	9 이상
계 수	0.95	0.90	0.85	0.80	0.75	0.70	0.65	0.60

〈해설〉

5층 건물의 제1층 기둥은 2, 3, 4, 5층의 4개 일반층 바닥과 지붕 바닥을 지지하므로 지지하는 바닥의 수는 5개가 된다. 부표 1-5에서 적재하중은 부표 3-4의 값의 80%만 취하면 된다. 따라서 이 건물이 사무실이라 하면 2, 3, 4, 5층 바닥의 적재하중은 180kg/㎡×0.80=144kg/㎡, 지붕바닥의 적재하중은 130×0.80=104kg/㎡로 보고서 1층 기둥이 받는 수직하중의 계산을 한다. 한 개 기둥이 받는 바닥면적이 각각 30㎡라고 하면 2~5층까지의 적재하중은 144kg/㎡×30㎡×4개층=17.28t, 지붕의 그것은 104×30=3.12t, 계 20.4t이 된다. 이 건물의 3층 기둥이 받는 적재하중은 그가 지지하는 바닥수가 4, 5층 및 지붕의 3개 층이다. 그래서 부표 1-5에 의해서 적재하중은 부표 1-4의 수치의 90%로 잡으면 된다.

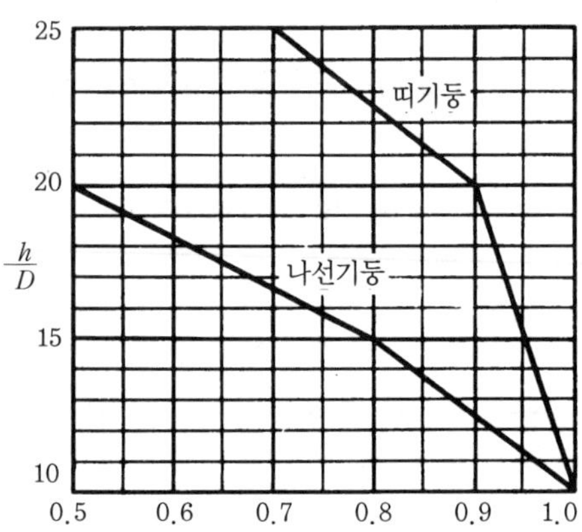

〈부도 1-1〉 장주의 감소계수

1-3-2 창고의 적재하중

〈부표 1-6〉 창고 적재물품의 설계용 하중

물 품 명		포장별	단위용적당 중 량 (kN/㎥)	적 재 높 이 (m)	바 닥 면 당 중 량 (kN/㎥)	설계용 평균 적재하중 (kN/㎥)
곡물 및 식료품	쌀류	대	950	1.8	1,700	1,250~1,500
	콩류	〃	640	2.4	1,550	1,250~1,500
	소맥분	〃	640	1.5	1,000	1,250~1,500
	설탕	〃	690	1.5	1,050	1,250~1,500
	통조림류	상	930	1.8	1,700	1,250~1,500
	소금	대	1,100	1.5	1,700	1,250~1,500
	청과류	상	560	2.4	1,350	1,000~1,250
	음료	〃	640	2.4	1,350	1,250~1,500
건축재료	붉은벽돌		1,200	1.8	2,200	1,500~2,000
	시멘트	대	1,450	1.8	2,600	1,500~2,000
	석회	〃	850	1.5	1,300	1,500~2,000
	목재		750	1.8	1,350	1,500~2,000
기타	원면, 원모 및 직물류	곤	—	2.4	—	1,000~1,250
	자동차부속품	상	650	2.4	1,550	1,500~2,000
	전기기기류	〃	650	2.4	1,550	1,500~2,000
	경기계류	〃	320	2.4	800	1,500~2,000
	힘석		4,450	0.6	2,700	1,500~2,000
	철선		1,200	1.35	1,600	1,500~2,000
	자동차타이어		480	1.8	900	1,000~1,250
	유리 및 도자기류	상	650	2.4	1,600	1,000~1,250
	피혁 및 피혁제품	권	650	2.4	1,600	1,000~1,250
	신문지, 모조지 등 시류		950	1.8	1,750	1,250~1,500
	서적	상	1,050	1.8	1,900	1,500~2,000
	생고무	곤	800	2.4	1,900	1,500~2,000
	엽연초	〃	560	2.4	1,350	1,250~1,500
	비료	입	980	1.8	1,800	1,500~2,000
	석유, 중유류	드럼	800~950	1.8	1,450	1,250~1,500

〈부표 1-7〉 건축물의 종류별 각 부분의 적재하중(단위 : kN/m²)

종 류		건축물의 부분	적재하중
1	주택	가. 주거용 건축물의 거실 · 공용실 · 복도 나. 병원의 수술실 · 병실 · 복도 다. 숙박시설의 객실 · 공용실 · 복도 라. 공동주택의 노대	200 200 200 300
2	사무실	가. 사무실 · 로비 · 복도 나. 문서보관실	250 500
3	학교	가. 교실 · 복도 나. 실험실(일반) 다. 실험실(중량물)	250 300 500
4	판매장	상점 · 백화점	350
5	집회 및 유흥장	가. 극장 · 발코니 · 복도 나. 무대 · 무도장 다. 식당 라. 주방(영업용) 마. 집회장(고정식) 바. 집회장(이동식) 사. 연회장	350 500 350 700 350 400 400
6	체육시설	가. 체육관 바닥 · 옥외경기장 나. 스텐드(고정식) 다. 스텐드(이동식)	500 400 450
7	도서관	가. 열람실 나. 서고(개가식) 다. 서고(2단 서가식)	250 700 1,000
8	차고 및 차로	가. 승용차 전용 나. 일반차량 다. 트럭 · 중량차량	300 500 1,200
9	창고	가. 경량품 저장창고 나. 중량품 저장창고	500 1,000
10	공장	가. 경공업공장 나. 중공업공장	500 1,00
11	옥상	가. 사무실 · 학교 · 주거용 건축물 나. 옥상플라자 · 테라스 · 옥상정원 다. 적재물이 거의 없는 옥상 라. 30° 이상 경사지붕 · 곡면지붕 마. 헬리콥터 정착장(대형인 경우를 제외한다.)	200 500 100 80 500

1-4 적설하중(건축물의 구조기준 등에 관한 규칙 제12조)

[적설하중]

① 건축물에 대한 적설하중은 다음의 산식에 의하여 산정한다.

$$S = P \times Z_s \times C_s$$

S : 적설하중(킬로그램/제곱미터)

P : 눈의 평균단위중량(적설깊이 1센티미터당 킬로그램/제곱미터)

Z_s : 수직최심적설깊이(센티미터)

C_s : 지붕의 경사도 및 형상 등에 따른 계수

② 제1항의 규정에 의한 눈의 평균단위중량은 통상의 경우 부 1-8에 의하되, 중간 값은 직선보간의 방법으로 구한다.

③ 제1항의 규정에 의한 수직최심적설 깊이는 부 1-9의 값 또는 실제의 조사 · 연구에 의한 값으로 한다. 이 경우 실제의 조사 · 연구에 의하는 경우에는 그 근거를 명시하여야 한다.

④ 제1항의 규정에 의한 지붕의 경사도 및 형상 등에 따르는 계수는 부 1-10에 의한다.

⑤ 지붕면에 있어 적설량이 부분적으로 집중 또는 편중될 우려가 있을 때에는 그 영향을 고려하여 적설하중을 산정하여야 한다.

⑥ 풍하중 또는 지진하중과의 조합이 고려될 경우에는 적설 기간에 따라 다음 표의 계수를 곱하여 적설하중을 산정한다. 다만, 중간기간일 때의 적설하중은 직선보간의 방법으로 구한다.

적설기간	1개월 미만	3개월 미만
계 수	0	0.5

⑦ 건축물의 외벽은 직접 접하는 적설량으로 인한 측압의 영향이 구조안전에 영향을 미친다고 인정될 경우에는 그 영향을 고려하여야 한다.

〈부표 1-8〉 눈의 평균단위중량

수직최심적설깊이(cm)	평균단위중량(P), (적설량 1cm당 N/m^2)
50 이하	1.0
100	1.5
150	2.0
200 이상	3.0

〈부표 1-9〉 지역별 수직최심적설깊이

지역 구분	지 역	수직최심적설량
Ⅰ	여수 · 전주 · 충무 · 부산 · 울산 · 제주 · 서귀포	30mm
Ⅱ	인천 · 서울 · 수원 · 서산 · 대전 · 이리 · 전주 · 광주 · 울진 · 포항	50mm
Ⅲ	군산 · 목포 · 춘천 · 청주 · 추풍령 · 대구	70mm
Ⅳ	속초 · 강릉 · 대관령	150mm
Ⅴ	울릉도	350mm

〈부표 1-10〉 지붕경사도 및 형상 등에 따른 계수

<table>
<tr><td>지붕모양</td><td colspan="3">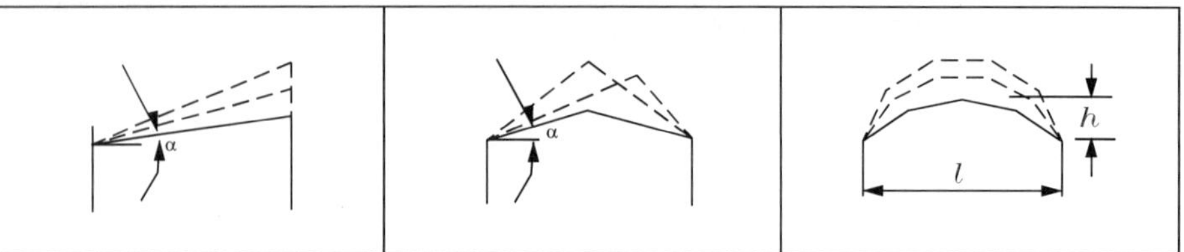
</td></tr>
<tr><td>적설하중분포 및 계수</td>
<td>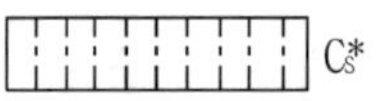

표 준 값
<table>
<tr><td rowspan="2">α</td><td colspan="2">C_S</td></tr>
<tr><td>바람막이가 있을때</td><td>바람막이가 없을때</td></tr>
<tr><td>0~30</td><td>0.8</td><td>0.6</td></tr>
<tr><td>40</td><td>0.6</td><td>0.4</td></tr>
<tr><td>50</td><td>0.4</td><td>0.3</td></tr>
<tr><td>60</td><td>0.2</td><td>0.15</td></tr>
<tr><td>70~90</td><td>0</td><td>0</td></tr>
</table></td>
<td>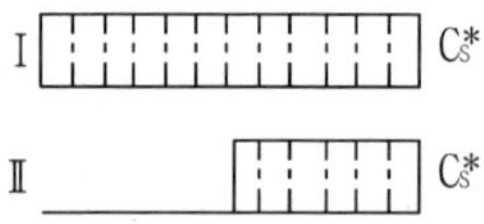

$\alpha \leqq 20°$ 일 때 : Ⅰ를 사용한다.
$\alpha > 20°$ 일 때 : Ⅰ 및 Ⅱ를 사용한다.
Ⅰ $C_S^* = 0.8 - \frac{\alpha - 30}{50}$
Ⅱ $C_S^* = 1.25\left(0.8 - \frac{\alpha - 30}{50}\right)$</td>
<td>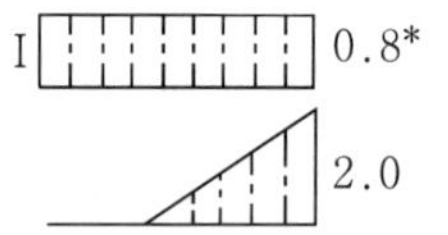

$\frac{h}{l} \leqq \frac{1}{10}$ 일 때 : Ⅰ를 사용한다.
$\frac{h}{l} > \frac{1}{10}$ 일 때 : Ⅰ 및 Ⅱ를 사용한다.</td></tr>
<tr><td>지붕모양</td><td colspan="3">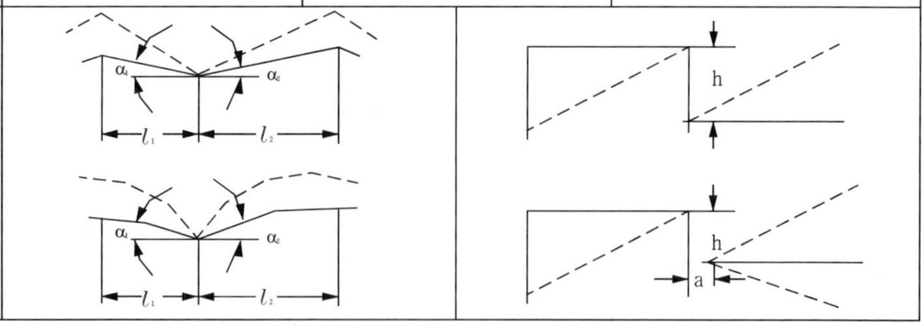
</td></tr>
</table>

비고 : 1. 바람막이가 없는 지붕에서는 바람에 의한 눈의 흩날림을 고려하여 눈표로 표시한 계수의 값(C_s)을 25%까지 감소시킬 수 있다.

2. 계산식에서 $\frac{a-30}{50}$ 은 $a>30$ 일 때에만 적용된다.

3. C_s는 지붕의 경사도 및 형상 등에 따른 계수를 말한다.

1-5 풍하중

[풍하중]

① 건축물에 작용하는 풍하중은 다음의 산식에 의하여 산정한다.

$$P = pA$$

$$p = C_q$$

A : 건축물 또는 그 부분의 유효수압면적(제곱미터)

P : 풍하중(킬로그램)

C : 풍력계수

p : 풍압(킬로그램/제곱미터)

q : 설계속도압(킬로그램/제곱미터)

② 제1항의 규정에 의한 풍압은 그 수압면에 대하여 직각방향으로 작용하는 것으로 한다. 이 경우 풍압은 설계속도압에 풍력계수를 곱하여 산정하되, 풍압은 1제곱미터당 50킬로그램 이상이어야 하며, 특히 내력부분에 대하여는 제곱미터당 80킬로그램 이상이어야 한다.

③ 제1항의 규정에 의한 풍력계수는 다음의 방법에 의하여 산정하되, 적절한 풍동실험에 의하여 풍력계수를 따로 정할 수 있다. 이 경우 풍압을 받는 면에 대한 풍력계수는 그 풍상면측풍력계에 실내압계수 또는 그 풍상면측풍력계수를 가산하여 산정한다.

1. 외벽이 있는 밀폐형 건축물의 풍력계수는 다음의 기준에 의한다.
   - 가. 건축물의 외벽면 및 지붕면에 대한 풍력계수는 그 단면형상에 따라 각각 부표 1-12에 의하되, 경사지붕의 풍상면에 대한 풍력계수는 부표 1-13에, 곡면지붕의 풍력계수는 부표 1-14에, 곡면지붕의 풍상면의 풍력계수는 부표 1-15에 의하며, 부표 1-12 및 부표 1-14에 표시되지 아니한 단면형상에 대한 풍력계수는 그와 유사한 단면 형상의 외벽면 및 지붕의 경우에 준하는 값을 사용할 수 있다.
   - 나. 건축물의 실내압계수는 ±0.3으로 하며, 실내압 벽면과 지붕등의 전체 실내면에 균등히 분포하는 것으로 한다.
2. 외벽이 없거나 외벽의 일부가 개방된 건축물의 풍력계수는 다음의 기준에 의한다.
   - 가. 풍상측 또는 풍하측의 벽면이 개방된 경우 당해 건축물의 풍력계수는 부표 1-16에 의하되, 지붕면의 풍력계수는 부표 1-13에 의한다.
   - 나. 독립지붕의 풍력계수는 부표 1-17에 의하며, 지붕면의 경사각도가 중간값일 때에는 직선보간의 방법에 의하여 풍력계수의 값을 산정한다.

3. 정사각형 및 정섬각형 단면의 래티스구조물의 풍력계수는 다음의 기준에 의한다.
   가. 각형부재일 때의 풍력계수는 부표 1-18에 의한다.
   나. 원형부재일 때의 풍력계수는 부표 1-18의 각형부재의 값에 부표 1-19의 보정계수를 곱한 값으로 한다.
   다. 정사각형 단면의 대각선방향의 풍향에 대한 풍력계수는 부표 1-18의 값에 $1.0+0.75\phi$를 곱한 값으로 한다. 다만, 충심률 ϕ는 부재의 실제 수압면적을 구면의 외곽면적으로 나눈 값을 말한다.
   라. 정삼각형 단면에 대한 풍력계수는 풍향에 관계없이 부표 1-18에 의한다.
4. 굴뚝 · 탱크 및 이와 유사한 공작물로서 정사각형 · 정다각형 및 원형단면을 가진 각종 공작물의 풍력계수는 부표 1-20에 의한다.
5. 지붕면의 둘레, 용마루 및 벽면의 모서리 부분 등 건축물의 국부에 작용하는 풍압은 부표 1-21에 의한 국부풍력계수를 사용하여 산정한다. 다만, 국부풍압이 작용하는 폭은 그 수압면의 최소폭의 10분의 1이 되는 치수로 하되, 3미터 이내로 한다.
6. 외장재 또는 이와 유사한 건축물의 부분에 작용하는 풍압은 부표 1-21의 국부풍력계수에 의하여 산정한다.

④ 제1항의 규정에 의한 설계속도압은 다음의 방법에 의하여 산정한다.

1. 설계속도압은 부표 1-22의 값에 의하되, 해안에 직접 면하는 장소나 산정, 산의 능선, 절벽 등 지형과 환경의 영향으로 특히 강풍의 작용이 심하다고 인정되는 장소에 있어서는 부표 1-22의 값에 20퍼센트 이상을 증가시킨 값으로 한다. 다만, 부표 1-22의 값을 적용하기 적합하지 아니한 경우에는 각각 다음의 식에 의하여 산정한 값으로 한다.

   q : $G \cdot K_z \cdot q_0$　　　G : 가스트계수

   K_z : 속도압계수　　　q_0 : 기본속도압(킬로그램/제곱미터)

2. 제1호의 규정에 의한 가스트계수는 다음 표에 의한다. 다만, 다음 표의 적용이 부적한 경우에는 정밀한 방법에 의하여 따로 산정한 값에 의한다.

〈부표 1-11〉 노풍도 구분에 따른 가스트 계수

노풍도의 구분	가스트 계수 (G)
A	2.00
B	1.50
C	1.25

3. 제1호의 규정에 의한 속도압계수 및 기본속도압은 각각 다음의 산식에 의하여 계산한다.

K_g : $2.58\left(\frac{Z}{Z_g}\right)^{\frac{2}{a}}$　$q_0 = \frac{1}{16} V_o^2$　Z : 속도압산정높이(미터)

Z_g : 풍속의 기준경도풍고도(미터)　V_0 : 기본풍속(미터/초)

$\frac{1}{a}$: 풍속의 고도분포지수

4. 제3호의 규정에 의한 기본풍속은 부표 1-23에 규정된 지역의 경우에는 동표의 구분에 따르고, 동표에 없는 지역의 경우에는 지역조건을 고려하여 동표에 정한 지역 중 가장 가까운 지역의 풍속에 준하여 정한다. 다만, 부표 1-23이 적용이 부적합한 경우에는 실제로 관측하여 정한다.
5. 제3호의 규정에 의한 풍속의 기준경도풍고도 및 풍속의 고도분포지수는 부표 1-24에 의한다.

⑤ 제1항의 규정에 의한 풍하중으로 인한 진동의 영향을 받기 쉬운 건축물의 각 부분에 대하여는 풍속의 변동에 의한 영향을 고려하거나 미끄러지지 아니하도록 다음의 조치를 하여야 한다.

1. 풍하중에 의한 전도모멘트는 건축물의 자중만으로 산정한 안정모멘트 값의 3분의 2를 초과하여서는 아니 된다. 다만, 이를 초과할 때에는 전도모멘트의 초과분에 버틸 수 있도록 보강조치를 하되, 측벽면의 수직선과 기초판 바닥면의 평균깊이의 수평선이 교차하는 점으로 하며, 기초판 상부의 흙은 안정모멘트를 산정할 경우에 자중에 해당하는 무게로 볼 수 있다.
2. 마찰에 의한 저항력이 미끄러짐을 방지하는데 충분하지 아니할 때에는 이에 버틸 수 있도록 적절하게 정착시켜야 한다.
3. 전도모멘트에 버틸 수 있도록 설치한 장치는 미끄러짐에도 버틸 수 있는 것으로 본다.

〈부표 1-12〉 단면형상에 따른 외벽면 및 지붕에 대한 풍력계수

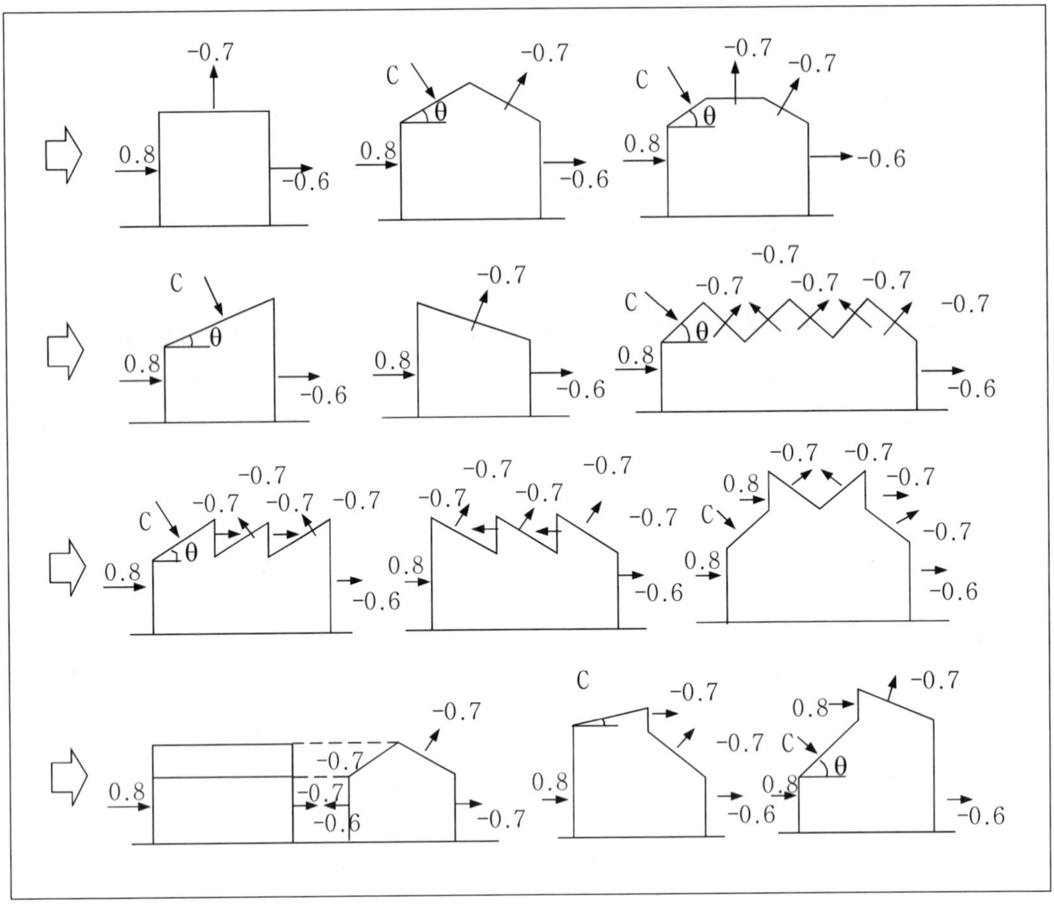

〈부표 1-13〉 경사지붕의 풍상면의 풍력계수

h/w \ θ	10~15°	20°	25°	30°	35°	40°	45°	50°	≥60°
≤0.3	-1.0	0.2	0.25	0.3	0.35	0.4	0.45	0.5	0.01
0.5	-1.0	-0.75	-0.5	-0.2	0.05	0.3	0.45	0.5	0.01
1.0	-1.0	-1.0	-0.8	-0.55	-0.3	-0.05	0.2	0.45	0.01
≥1.5	-1.0	-1.0	-1.0	-0.9	-0.6	-0.35	-0.1	0.2	0.01

비고 : 위 표에서 θ는 지붕의 경사도, h/w는 풍상벽면의 처마높이와 최소폭의 비를 말한다.

〈부표 1-14〉 곡면지붕의 풍력계수

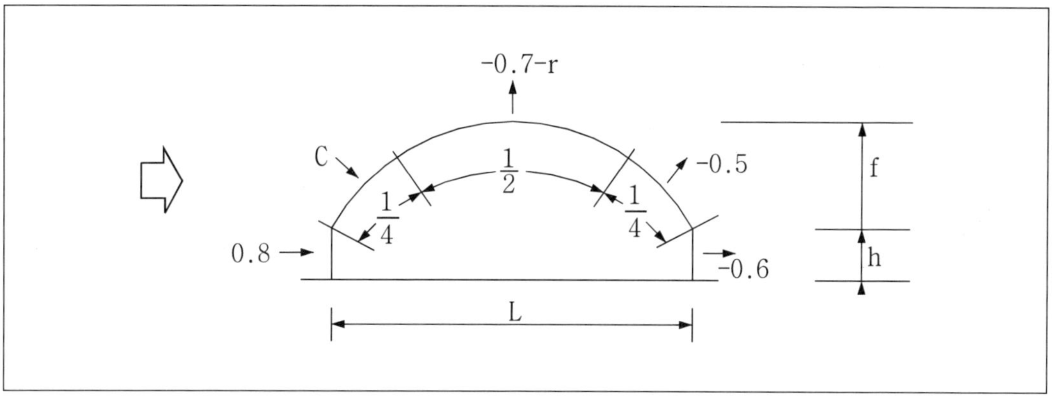

〈부표 1-15〉 곡면지붕의 풍상면의 풍력계수

h	$r=f/L$	C
$h>0$	$0<r<0.2$ $0.2\leq r<0.3$ $0.3\leq r\leq 0.6$	-0.9 $(1.5r\sim 0.3)$ $(2.7r\sim 0.68)$
$h=0$	$0<r\leq 0.6$	1.42r

비고 : 위 표에서 h는 처마높이를, r은 지붕의 반지름을, f는 처마 끝으로부터 지붕 끝까지의 높이를, L은 지붕의 경간을, C는 풍력계수를 말한다.

〈부표 1-16〉 풍상 또는 풍하벽면이 개방된 경우의 풍력계수

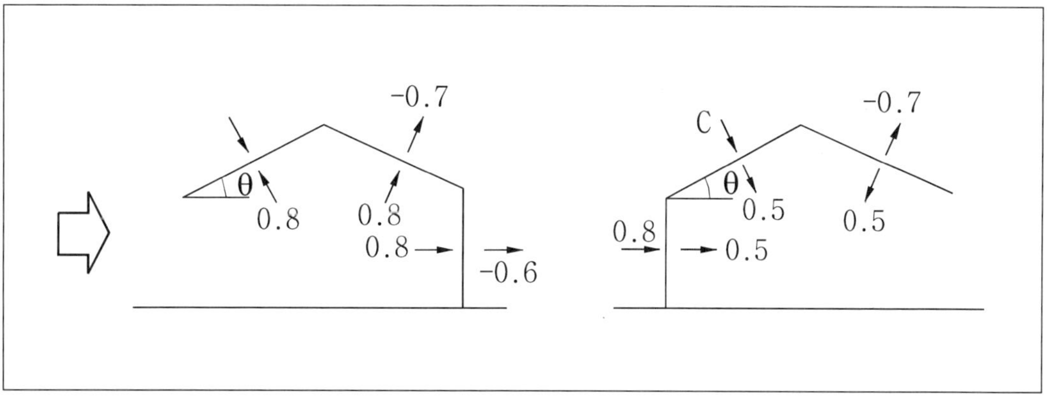

〈부표 1-17〉 독립지붕의 풍력계수

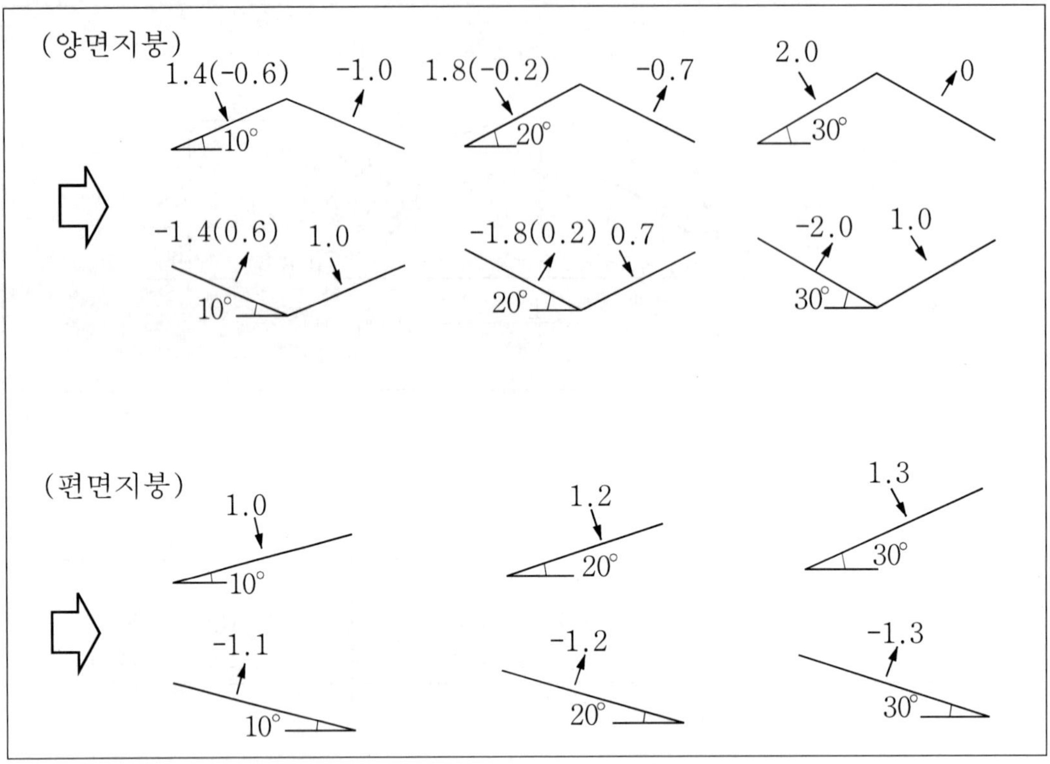

비고 : 경사각도가 0° 일 때의 풍력계수는 ±1.0으로 한다. 이 경우 편면지붕에서는 풍압력의 중심이 풍상측의 끝부분으로부터 스팬의 1/4되는 점에 작용하는 것으로 가정한다.

〈부표 1-18〉 각형부재일 때의 풍력계수

ϕ	정사각형 단면	정삼각형 단면
0.025 이하	4.0	3.6
0.025~0.45	4.13~5.18 ϕ	3.17~4.47 ϕ
0.45~0.70	1.8	1.7
0.70~1.0	1.33+0.67 ϕ	1.0+ ϕ

비고 : 위 표에서 ϕ는 부재가 실제로 풍압을 받는 면적으로서 면적/구면외곽 충심률을 말한다.

〈부표 1-19〉 원형부재에 대한 보정계수

ϕ	보정계수($d\sqrt{q}$ < 1.5일 때)
0.3 이하	2/3
0.3~0.8	$0.66\phi+0.47$
0.8~1.0	1.0

비고 : 위 표에서 d는 원형부재의 직경, q는 설계속도압을 말한다.

〈부표 1-20〉 정사각형 · 정다각형 및 원형구조물의 풍력계수

단면형상	표면조도	λ		
		1	7	25
정사각형(직각방향의 풍향)		1.3	1.4	2.0
정사각형(대각선방향의 풍향)		1.0	1.1	1.5
정6각형 또는 8각형 ($d\sqrt{q}$ <1.5일 때)		1.0	1.2	1.4
원형 ($d\sqrt{q}$ >1.5일 때)	평활한 표면	0.5	0.6	0.7
	$d'/d \fallingdotseq 0.02$	0.7	0.8	0.9
	$d'/d \fallingdotseq 0.08$	0.8	1.0	1.2

비고 : 위 표에서 d는 직경 또는 단면의 최소치수, d'는 표면의 요철부분의 직경 또는 최소치수, λ는 H/d, H는 공작물의 높이, q는 설계속도압을 말한다.

〈부표 1-21〉 국부풍력계수

건축물의 부분	국부풍력계수
벽면 또는 지붕모서리의 국부풍력계수	−2.0
외벽면의 국부풍력계수	±1.0
지붕면의 국부풍력계수	−1.0
지붕처마 · 차양의 국부풍력계수	−2.0

〈부표 1-22〉 속도압 (단위 : kN/m²)

건물의 높이(m)	기본풍속(m/sec) 및 노풍도					
	35(A)	35(B)	35(C)	40(C)	45(C)	50(C)
0	30	60	100	140	190	240
10	40	70	110	150	200	250
20	50	80	120	160	210	260
30	60	90	130	170	220	270
40	70	100	140	180	230	280
50	80	110	150	190	240	290
60	90	120	160	200	250	300
70	100	130	170	210	260	310
80	110	140	180	220	270	320
90	120	150	190	230	280	330
100	130	160	200	240	290	340
100~150	140	170	210	250	300	350
150~200	150	180	220	270	320	390

비고 : 위 표에서 A, B, C는 노풍도를 말한다.

〈부표 1-23〉 지역별 기본풍속

등급		지역구분	설계기본풍속	노풍도
Ⅰ	내륙	서울 · 수원 · 서산 · 대전 · 춘천 · 광주 · 진주 · 대구	35m/sec	B (다만, 대도시의 고층시가지 중심부에서는 A)
Ⅱ	해안(1)	인천 · 군산 · 충무 · 부산 · 울산	40m/sec	C
Ⅲ	해안(2)	속초 · 강릉 · 포항 · 목포 · 여수 · 제주 · 서귀포	45m/sec	C
Ⅳ	섬	울릉도	50m/sec	C

〈부표 1-24〉 풍속의 고도분포지수 및 기준경도 풍고도

노풍도	풍속의 고도분포지수 $(1/a)$	기준경도풍고도 (Z_g)	지면조도
A	1/3	450m	대도시 중심부의 고층시가지
B	1/4.5	360m	대도시의 주변지역시가지 및 산림지역
C	1/7	270m	개방된 평지 · 초원 · 해면

부록 2 철근에 대한 제수표

2-1 철근의 단면적 · 주장 및 정척표

〈부표 2-1〉 (a) 원형철근(용접철근을 포함)의 단면적 및 주장표

(굵은 자는 단면적 mm^2, 가는 자는 주장 mm)

Φ (mm)	중량 (N/m)	1-Φ	2-Φ	3-Φ	4-Φ	5-Φ	6-Φ	7-Φ	8-Φ	9-Φ	10-Φ
4	0.99	**13** 12.6	**25** 25.1	**38** 37.7	**50** 50.2	**63** 62.8	**75** 75.3	**88** 87.8	**101** 100.4	**113** 113.0	**126** 125.5
5	1.54	**20** 15.7	**39** 31.4	**59** 47.1	**79** 62.8	**98** 78.6	**118** 94.3	**137** 110.0	**157** 125.7	**177** 141.4	**196** 157.1
6	2.22	**28** 18.8	**56** 37.6	**85** 56.4	**113** 75.2	**141** 94.0	**189** 112.8	**198** 131.6	**225** 150.4	**254** 169.2	**202** 188.0
7	3.02	**38** 22.0	**77** 44.0	**115** 66.0	**154** 88.0	**192** 110.0	**231** 132.0	**269** 154.0	**308** 176.0	**346** 197.9	**385** 219.9
8	3.95	**50** 25.1	**100** 50.2	**151** 75.3	**201** 100.4	**251** 125.5	**301** 150.5	**351** 175.5	**401** 200.8	**452** 226.0	**502** 251.0
9	4.99	**64** 28.3	**127** 56.5	**191** 84.8	**254** 113.1	**318** 141.4	**382** 169.6	**445** 197.9	**509** 226.2	**573** 254.5	**636** 282.7
12	8.88	**113** 37.7	**226** 75.4	**339** 113.1	**452** 150.8	**565** 188.5	**679** 226.2	**791** 263.9	**905** 301.6	**1018** 339.3	**1131** 377.0
13	10.4	**133** 40.8	**265** 81.7	**398** 122.5	**531** 163.4	**664** 204.2	**796** 245.0	**929** 286.0	**1062** 326.7	**1195** 367.5	**1327** 408.4
16	15.8	**201** 50.3	**402** 100.5	**603** 150.8	**804** 201.1	**1005** 251.3	**1206** 301.6	**1407** 351.9	**1608** 402.1	**1809** 452.4	**2011** 502.7
19	22.3	**287** 59.7	**567** 119.4	**851** 179.1	**1134** 238.8	**1418** 298.5	**1702** 358.1	**1985** 417.8	**2268** 477.5	**2552** 537.2	**2835** 596.9
22	29.8	**38** 69.1	**76** 138.2	**114** 207.3	**1521** 276.5	**1901** 345.6	**2281** 414.7	**2661** 483.8	**3041** 552.9	**3421** 622.0	**3801** 691.2
25	38.5	**491** 78.5	**982** 157.1	**1473** 235.6	**1963** 314.2	**2454** 392.7	**2945** 471.2	**3436** 549.8	**3927** 628.3	**4418** 706.9	**4909** 785.4
28	48.3	**616** 88	**1231** 175.9	**1847** 263.9	**2463** 351.9	**3079** 439.8	**3694** 527.8	**4310** 615.8	**4926** 703.7	**5542** 791.7	**6158** 879.2
32	63.1	**804** 100.5	**1608** 201.1	**2413** 301.6	**3217** 402.1	**4021** 502.7	**4826** 603.2	**5630** 703.7	**6434** 804.2	**7238** 904.8	**8042** 1007

〈부표 2-1〉 (b) 원형철근(용접철근을 포함)의 단면적 및 주장표

(굵은 자는 단면적 mm^2, 가는 자는 주장 mm)

Φ (mm)	중 량 (N/M)	1	2	3	4	5	6	7	8	9	10
D6	24.9	**32**	**84**	**96**	**128**	**180**	**192**	**224**	**258**	**288**	**320**
		20.0	40.0	60.0	80.0	100	120	140	160	180	200
D8	38.9	**50**	**99**	**149**	**198**	**248**	**297**	**347**	**398**	**448**	**495**
		25	50	75	100	125	15	175	200	225	250
D10	56.0	**71**	**143**	**214**	**285**	**357**	**428**	**499**	**570**	**842**	**1713**
		30	60	90	120	150	180	210	240	270	300
D13	99.5	**127**	**254**	**381**	**508**	**635**	**782**	**889**	**1016**	**1143**	**1270**
		40	80	120	160	200	240	280	320	360	400
D16	15.6	**199**	**398**	**597**	**798**	**995**	**1194**	**1393**	**1592**	**1791**	**1990**
		50	100	150	200	250	300	250	400	450	500
D19	22.5	**287**	**574**	**881**	**1148**	**1435**	**122**	**3009**	**2296**	**2583**	**2870**
		60	120	180	240	300	360	420	480	540	600
D22	30.4	**387**	**774**	**1181**	**1548**	**1935**	**2322**	**2709**	**3096**	**3483**	**3870**
		70	140	210	280	350	420	490	560	630	700
D25	39.8	**507**	**1014**	**1521**	**2028**	**2535**	**3042**	**3549**	**4056**	**4563**	**5070**
		80	160	240	320	400	480	560	640	720	800
D29	50.4	**642**	**1284**	**1926**	**2568**	**3210**	**3852**	**4494**	**5136**	**5778**	**6420**
		90	180	270	360	450	540	630	720	810	900
D32	62.3	**794**	**1588**	**2382**	**3176**	**3070**	**4764**	**5558**	**8352**	**7146**	**7940**
		100	200	300	400	500	600	700	800	900	1000
D35	75.1	**957**	**1914**	**2871**	**3828**	**4785**	**5742**	**6699**	**7856**	**8613**	**9570**
		110	220	330	440	550	660	770	880	990	1110
D38	89.5	**1140**	**2280**	**3420**	**4560**	**5700**	**6840**	**7980**	**9120**	**10260**	**11400**
		120	240	360	480	600	720	840	960	1080	1200
D41	105	**1340**	**2680**	**4020**	**530**	**6700**	**8040**	**9380**	**10720**	**12060**	**13400**
		130	260	390	520	650	780	910	1040	1170	1300

〈부표 2-1〉 (c) 철근정척표 (단위 : m)

원형철근 · 이형철근	3.5	4.0	4.5	5.0	5.5	6.0	6.5	7.0	8.0	9.0	1.0

※ 정척(定尺)이라 함은 시판되는 규격 길이를 말한다.

2-2 철근대수와 보 및 기둥의 폭 최소한도의 관계표

〈부표 2-2〉 (a) 철근에 이음이 없는 경우

d (mm)	d_c (mm)	n / p (mm)	b (mm)								
			2	3	4	5	6	7	8	9	10
13	50	38	140	180	220	260	290	330	370	410	450
16	50	41	150	190	230	270	310	350	390	430	470
19	55	48	160	210	260	310	350	400	450	500	550
22	55	55	170	220	280	330	390	440	500	550	610
25	55	63	180	240	300	370	430	490	560	620	680
28	60	70	190	260	330	400	470	540	640	680	750
32	60	80	200	280	360	440	520	600	680	760	840

〈부표 2-2〉 (b) 철근 반수를 이음할 경우

d (mm)	d_c (mm)	n / p (mm)	b (mm)								
			2	3	4	5	6	7	8	9	10
13	50	38	160	210	250	300	340	390	430	480	520
16	50	41	160	220	260	320	360	410	460	510	550
19	55	48	180	250	300	360	410	480	520	590	640
22	55	55	190	270	320	400	460	530	590	660	720
25	55	63	200	290	350	440	500	590	650	740	800
28	60	70	220	320	390	490	560	660	730	820	890
32	60	80	240	350	430	540	620	730	810	920	1000

〈부표 2-2〉 (c) 철근 전체를 이음할 경우

d (mm)	d_c (mm)	n / p (mm)	b (mm)								
			2	3	4	5	6	7	8	9	10
13	50	38	170	220	270	320	370	420	470	530	580
16	50	41	180	230	290	350	410	460	520	580	630
19	55	48	200	270	330	400	470	540	600	670	740
22	55	55	210	290	370	440	520	600	680	750	830
25	55	63	230	320	400	490	580	670	760	840	930
28	60	70	250	350	450	540	640	740	840	940	1030
32	60	80	270	380	490	600	720	830	940	1050	1160

2-3 이형철근과 보 및 기둥의 폭 최소한도의 관계표

〈부표 2-3〉 (a) 철근에 이음이 없는 경우

d (mm)	d_c (mm)	n / p (mm)	b (mm)								
			2	3	4	5	6	7	8	9	10
D13	50	38	140	180	220	260	290	330	370	410	450
D16	50	41	150	190	230	270	310	350	390	430	470
D19	55	48	160	210	260	310	350	400	450	500	550
D22	55	55	170	230	280	330	390	440	500	550	610
D25	55	63	180	240	300	370	430	490	560	620	680
D29	60	73	200	270	340	420	490	560	640	710	780
D32	65	80	210	290	370	450	530	610	690	770	850
D35	70	88	230	320	410	500	580	670	760	850	940
D38	80	95	260	350	450	540	640	730	830	920	1020
D41	85	103	280	380	480	590	690	790	900	1000	1100

〈부표 2-3〉 (b) 철근 반수를 이음할 경우

d (mm)	d_c (mm)	n / p (mm)	b (mm)								
			2	3	4	5	6	7	8	9	10
D13	50	38	160	210	250	300	340	390	430	480	520
D16	50	41	160	220	260	320	360	410	460	510	550
D19	55	48	180	250	300	360	410	480	520	590	640
D22	55	55	190	270	320	400	460	530	590	660	720
D25	55	63	200	290	350	440	500	590	650	740	840
D29	60	73	230	330	400	510	580	680	760	860	930
D32	65	80	250	350	440	550	630	740	820	930	1010
D35	70	88	270	390	480	600	690	820	900	1030	1120
D38	80	95	300	430	530	660	750	890	980	1110	1210
D41	85	103	320	460	570	710	820	960	1060	1210	1310

〈부표 2-3〉 (c) 철근 전체를 이음할 경우

d (mm)	d_c (mm)	n / p (mm)	b (mm)								
			2	3	4	5	6	7	8	9	10
D13	50	38	170	22	27	32	37	42	47	53	68
D16	50	41	180	23	29	35	41	46	52	58	63
D19	55	48	200	27	33	40	47	54	60	67	74
D22	55	55	210	29	37	44	52	60	68	75	83
D25	55	63	230	32	40	49	58	67	76	84	93
D29	60	73	260	36	46	56	66	77	87	97	107
D32	65	80	28	39	50	61	72	84	95	106	117
D35	70	88	30	43	55	67	79	92	104	116	129
D38	80	95	34	47	60	73	87	100	113	127	140
D41	85	103	36	50	65	79	94	108	122	137	151

부록 3 직사각형보의 공칭모멘트 계수

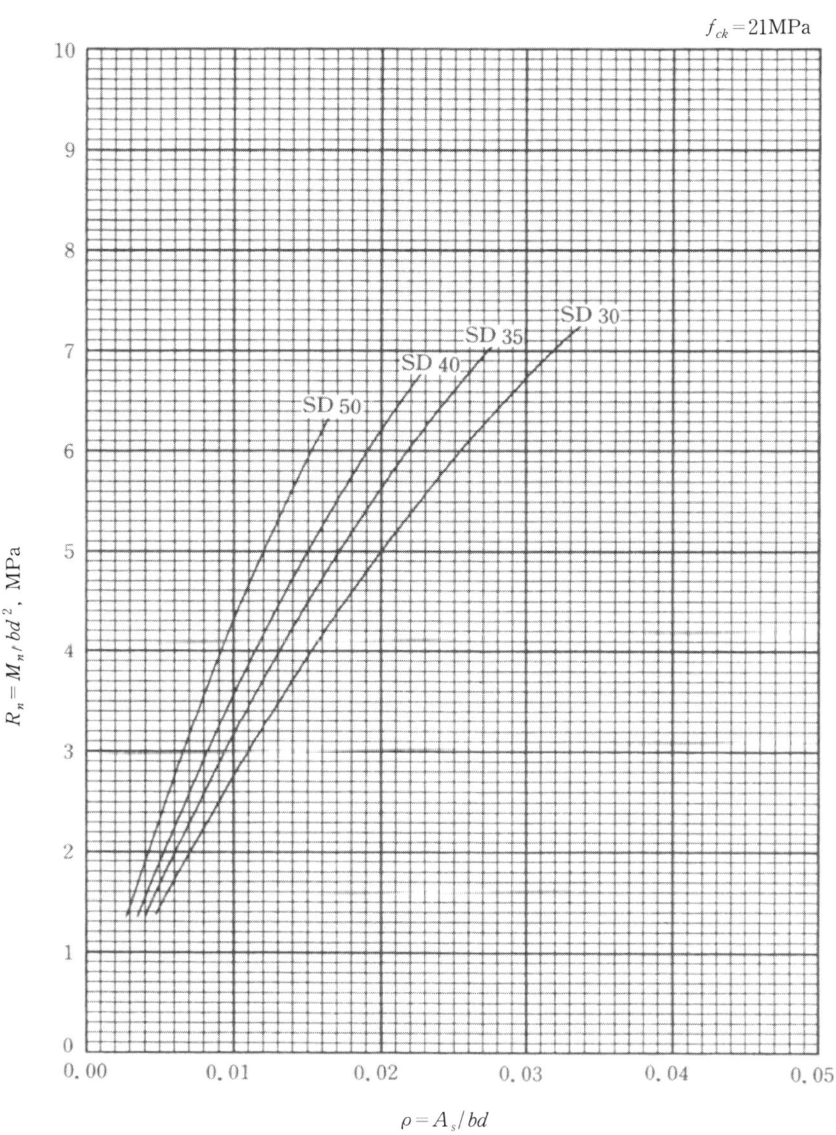

〈부 그림 3-1〉 직사각형 공칭 모멘트 계수 f_{ck}= 21MPa

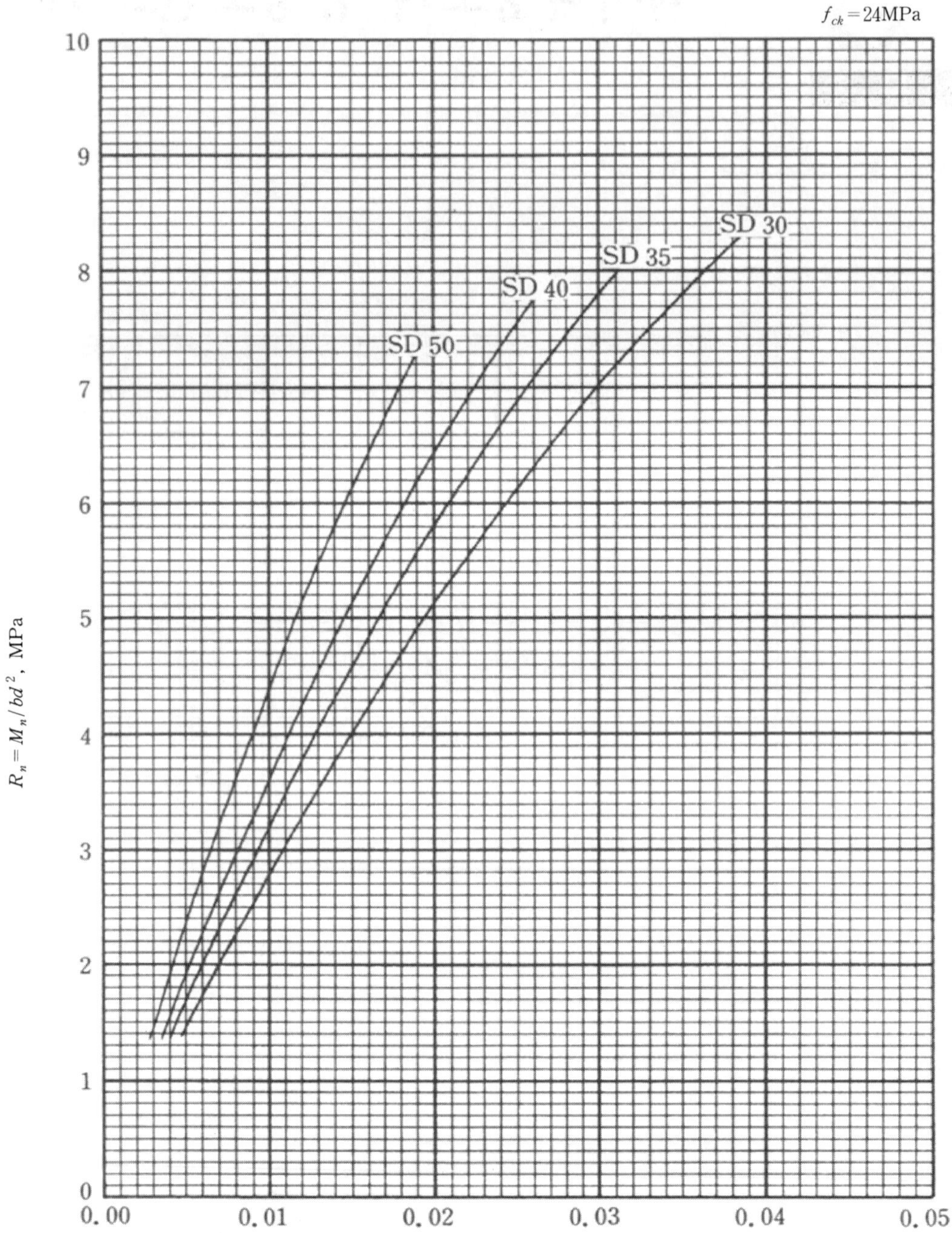

〈부 그림 3-2〉 직사각형 공칭 모멘트 계수, $f_{ck} = 24$ MPa

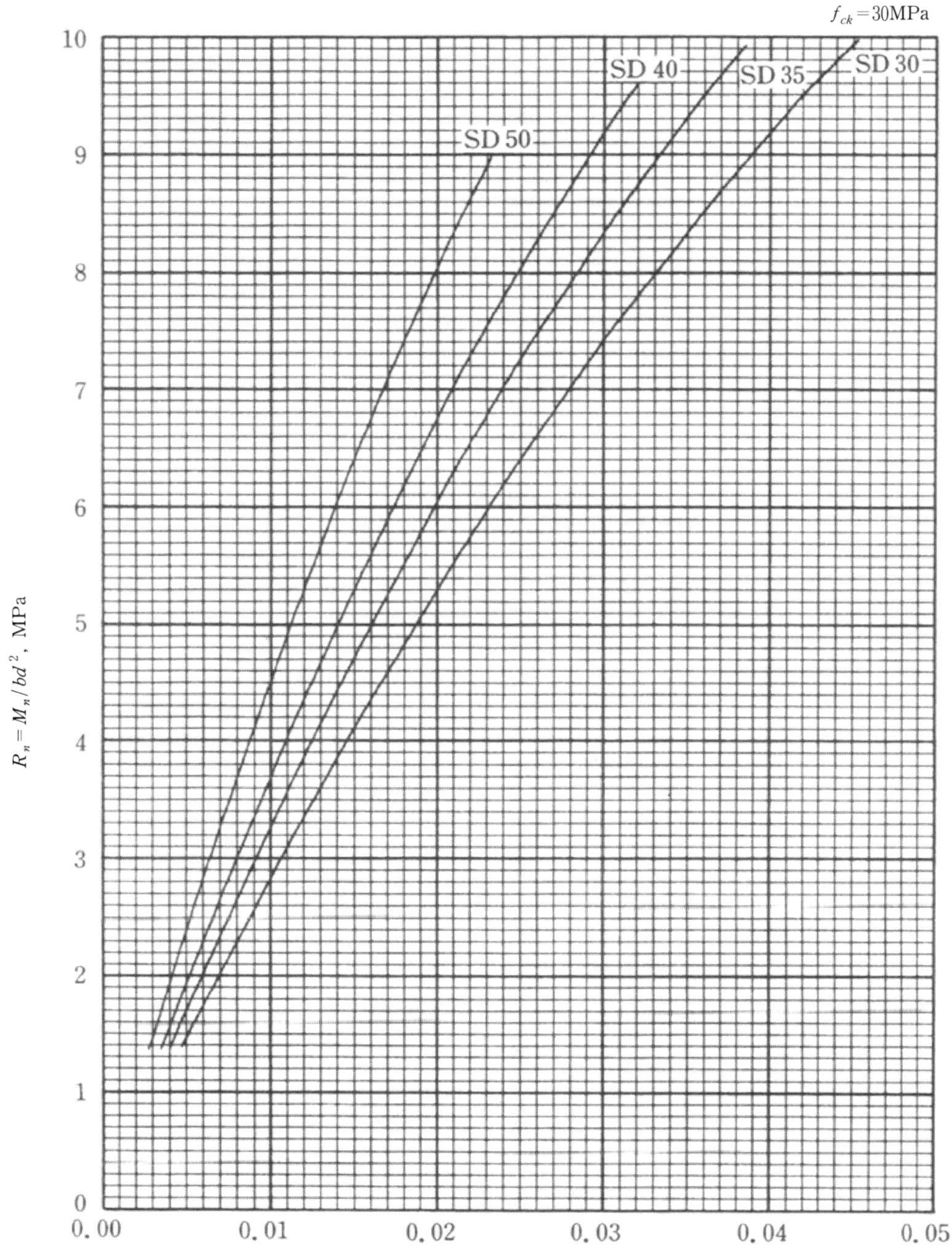

〈부 그림 3-3〉 직사각형 공칭 모멘트 계수, $f_{ck} = 30$ MPa

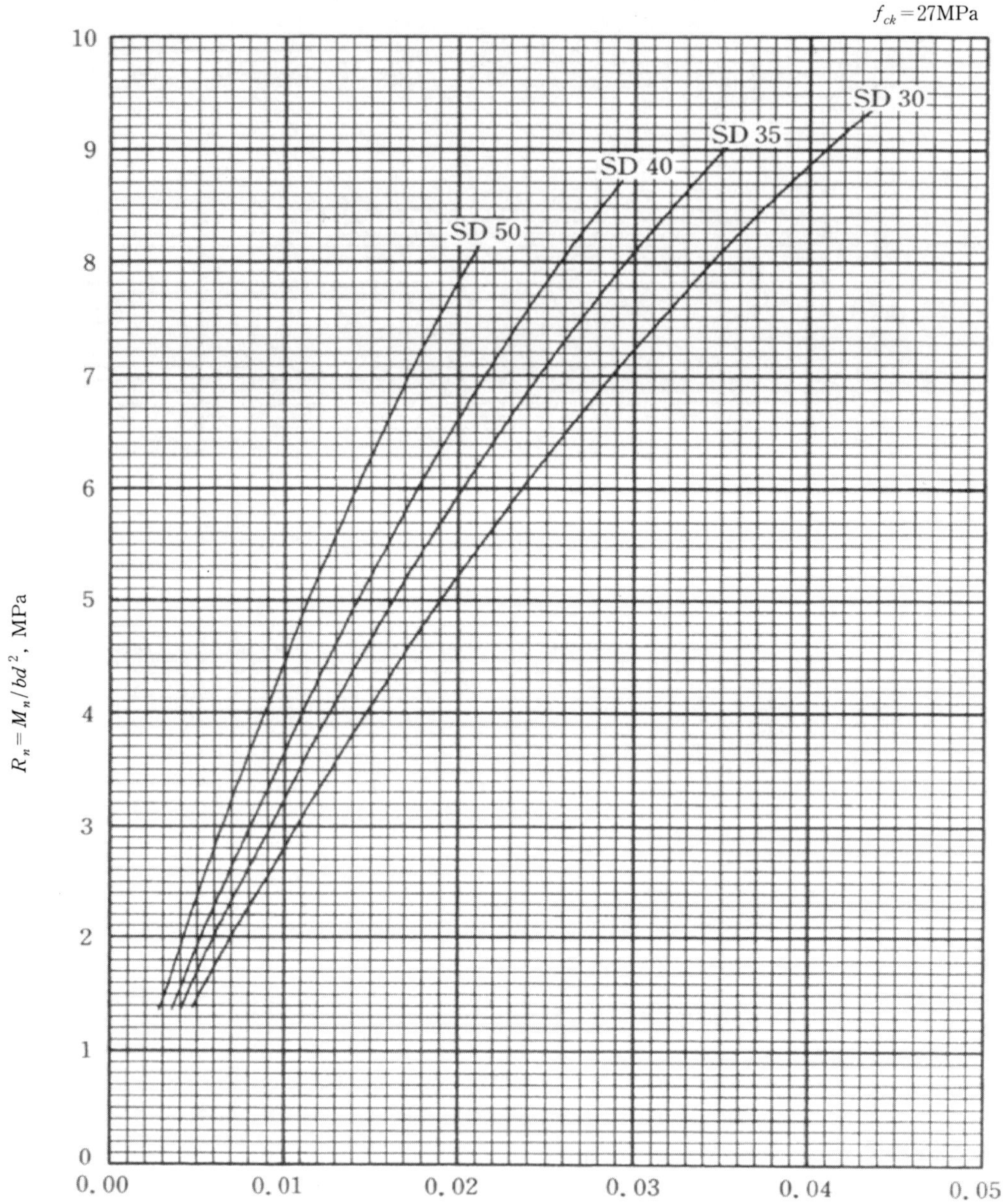

〈부 그림 3-4〉 직사각형 공칭 모멘트 계수, $f_{ck}=27$ MPa

부록 4 직사각형 기둥의 강도 상관곡선

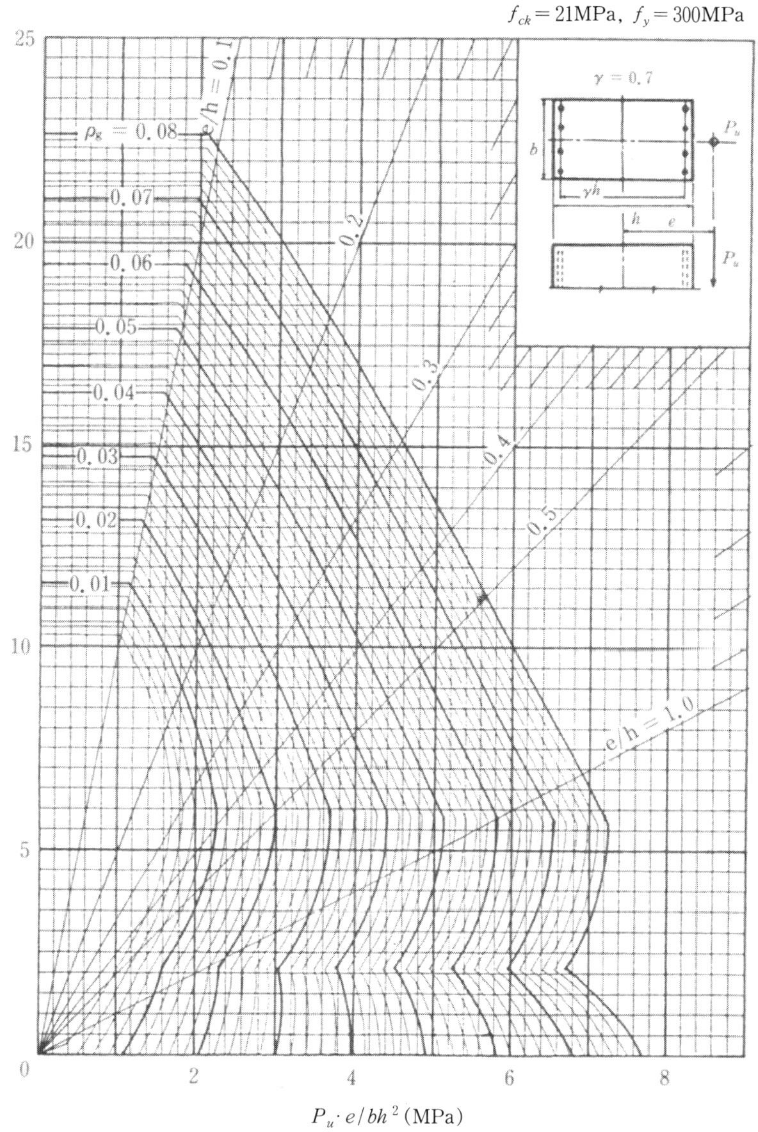

〈부 그림 4-1〉 직사각형 기둥 강도 상관곡선

$f_{ck}=21\text{MPa}$, $f_y=300\text{MPa}$, $\gamma=0.7$

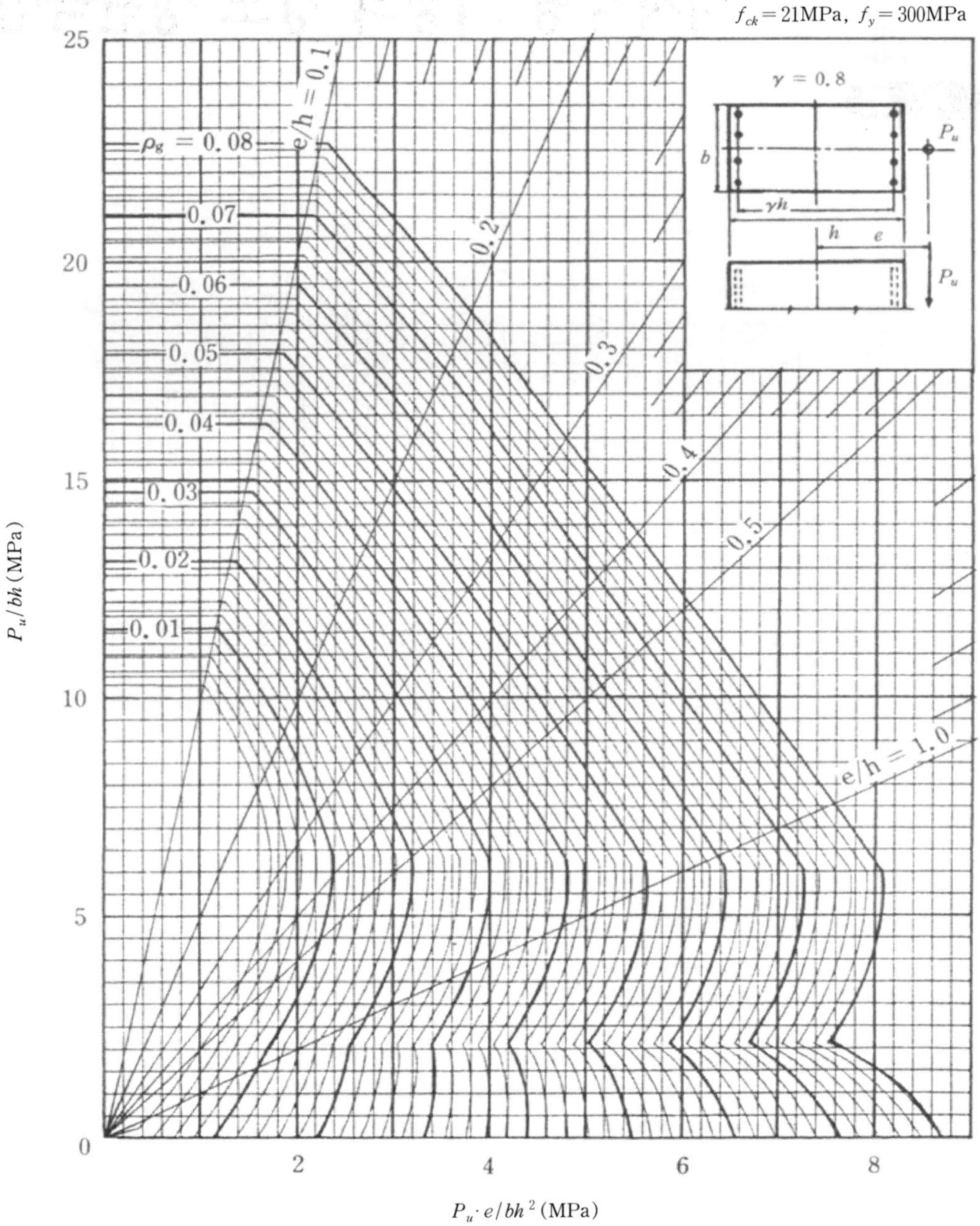

〈부 그림 4-2〉 직사각형 기둥 강도 상관곡선

$f_{ck}=21\text{MPa}$, $f_y=300\text{MPa}$, $\gamma=0.8$

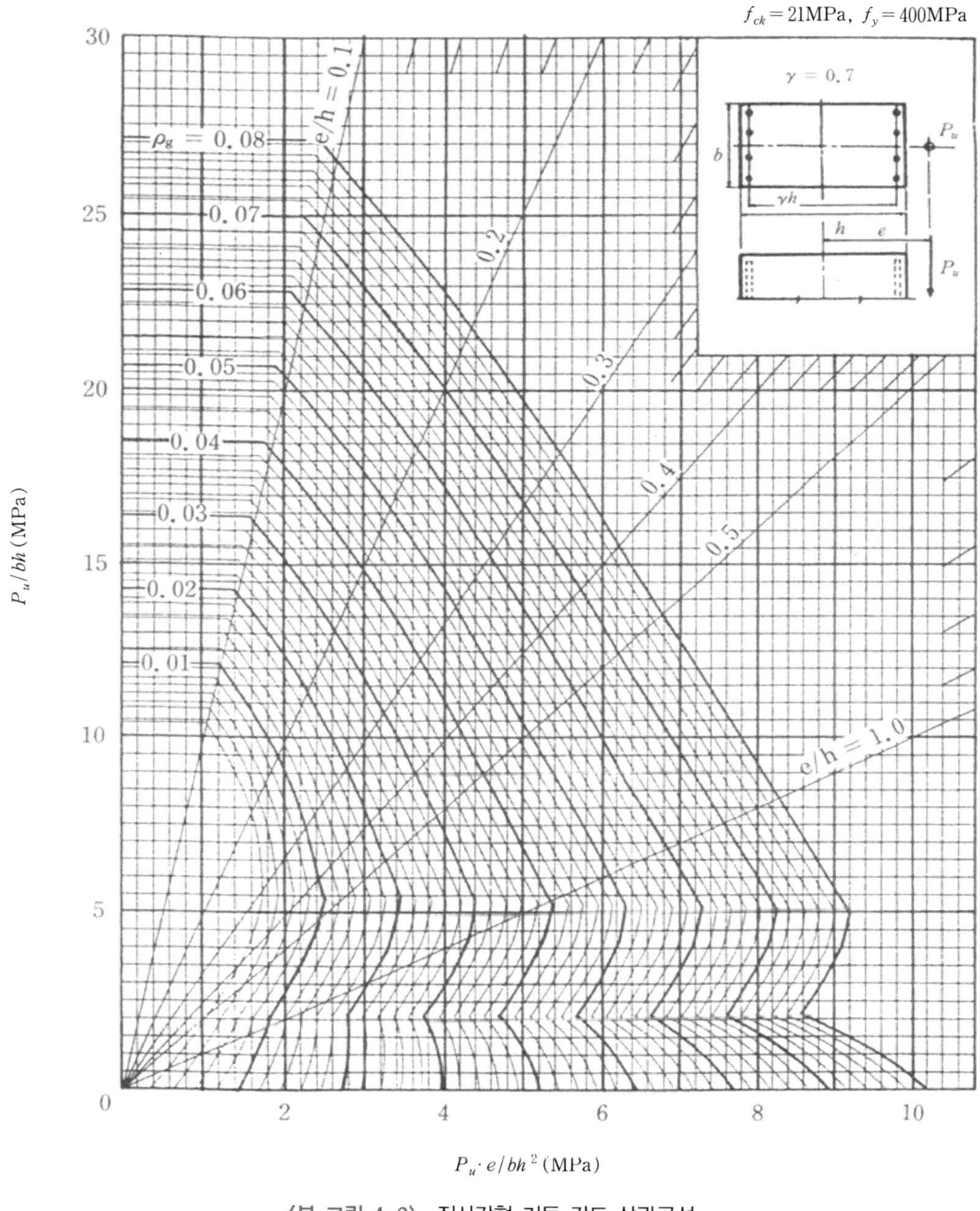

〈부 그림 4-3〉 직사각형 기둥 강도 상관곡선

f_{ck} = 21MPa, f_y = 400MPa, γ = 0.7

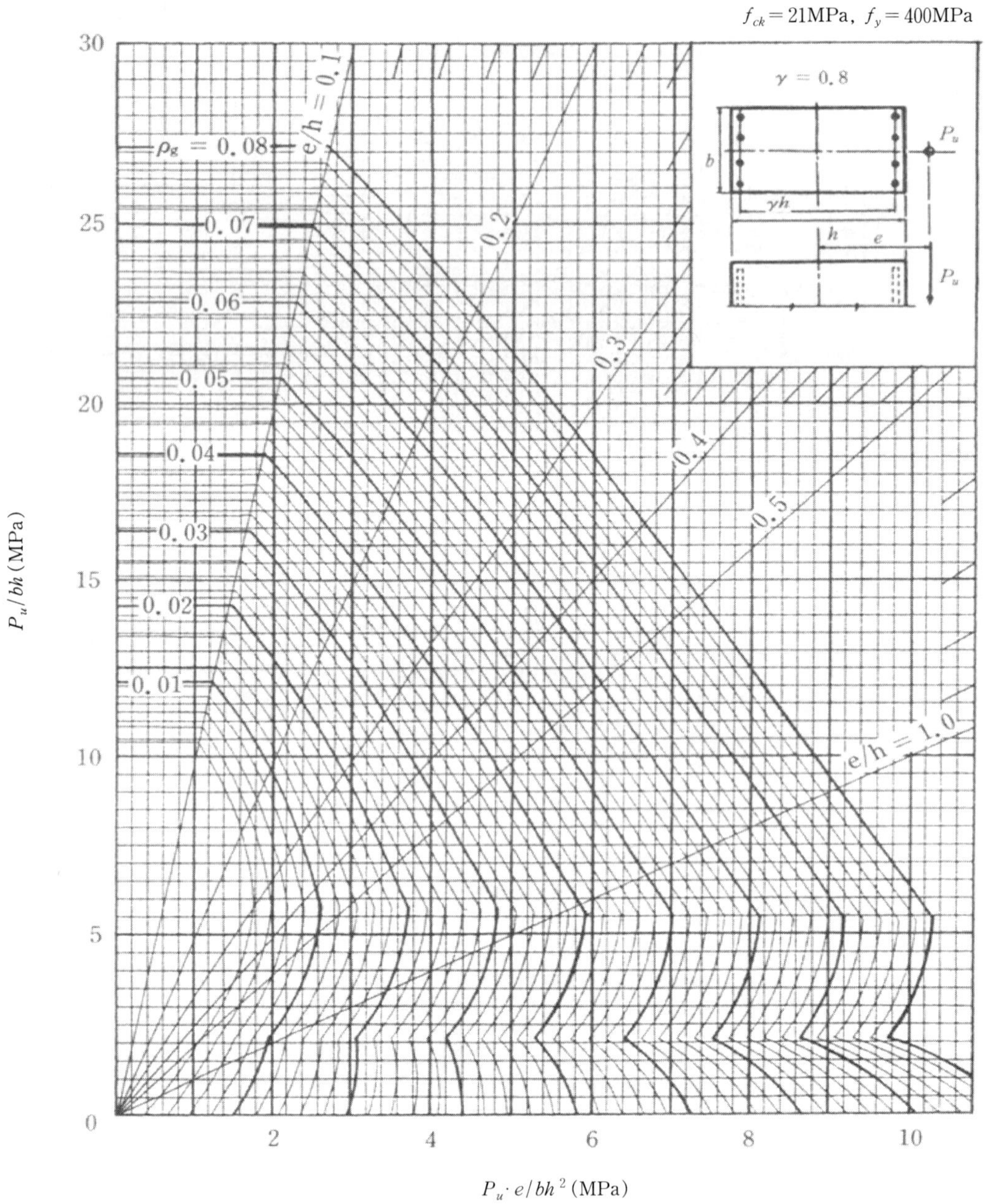

〈부 그림 4-4〉 직사각형 기둥 강도 상관곡선

$f_{ck}=21\text{MPa},\ f_y=400\text{MPa},\ \gamma=0.8$

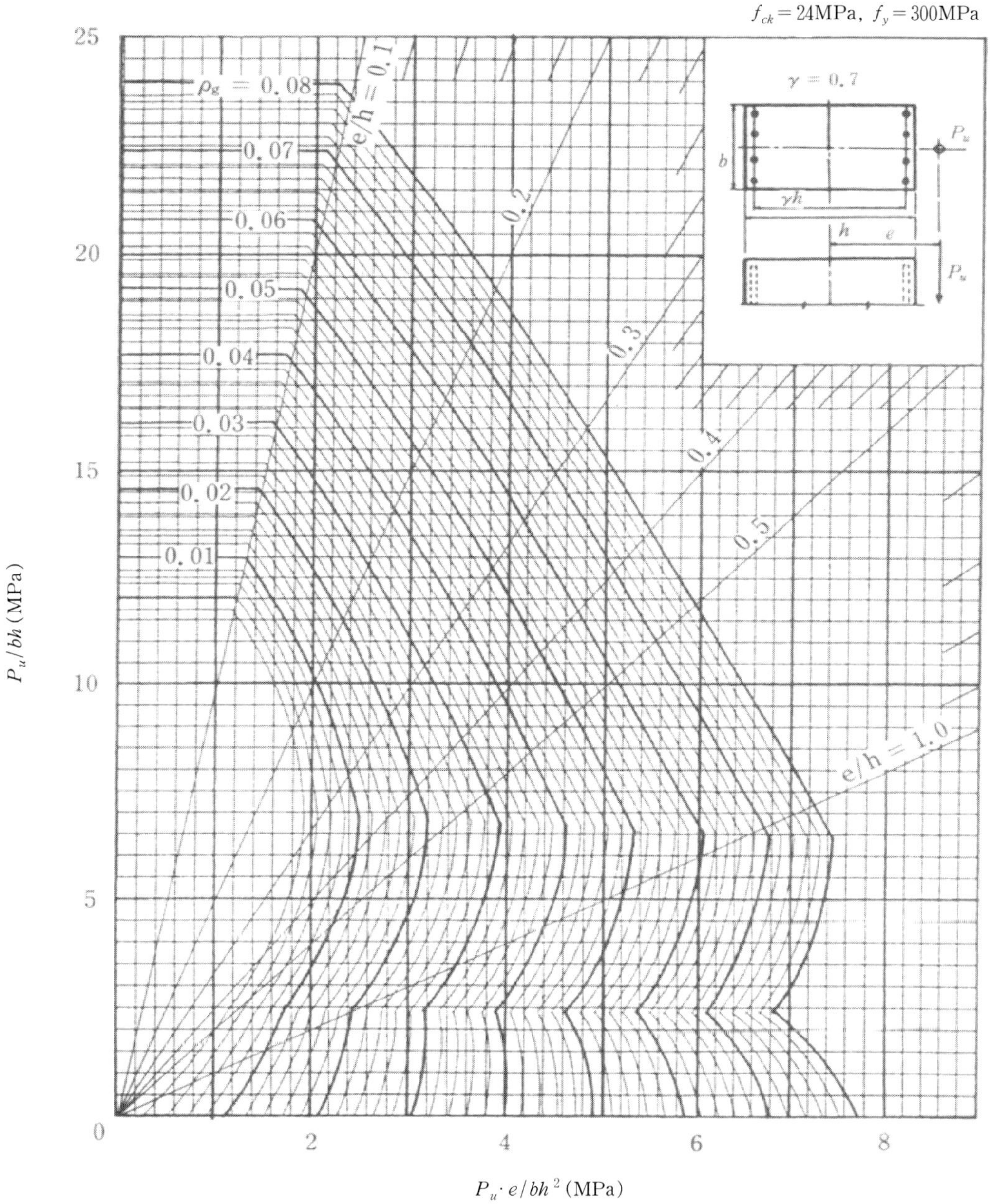

〈부 그림 4-5〉 직사각형 기둥 강도 상관곡선

$f_{ck}=24\text{MPa},\ f_y=300\text{MPa},\ \gamma=0.7$

$f_{ck} = 24\text{MPa}$, $f_y = 300\text{MPa}$

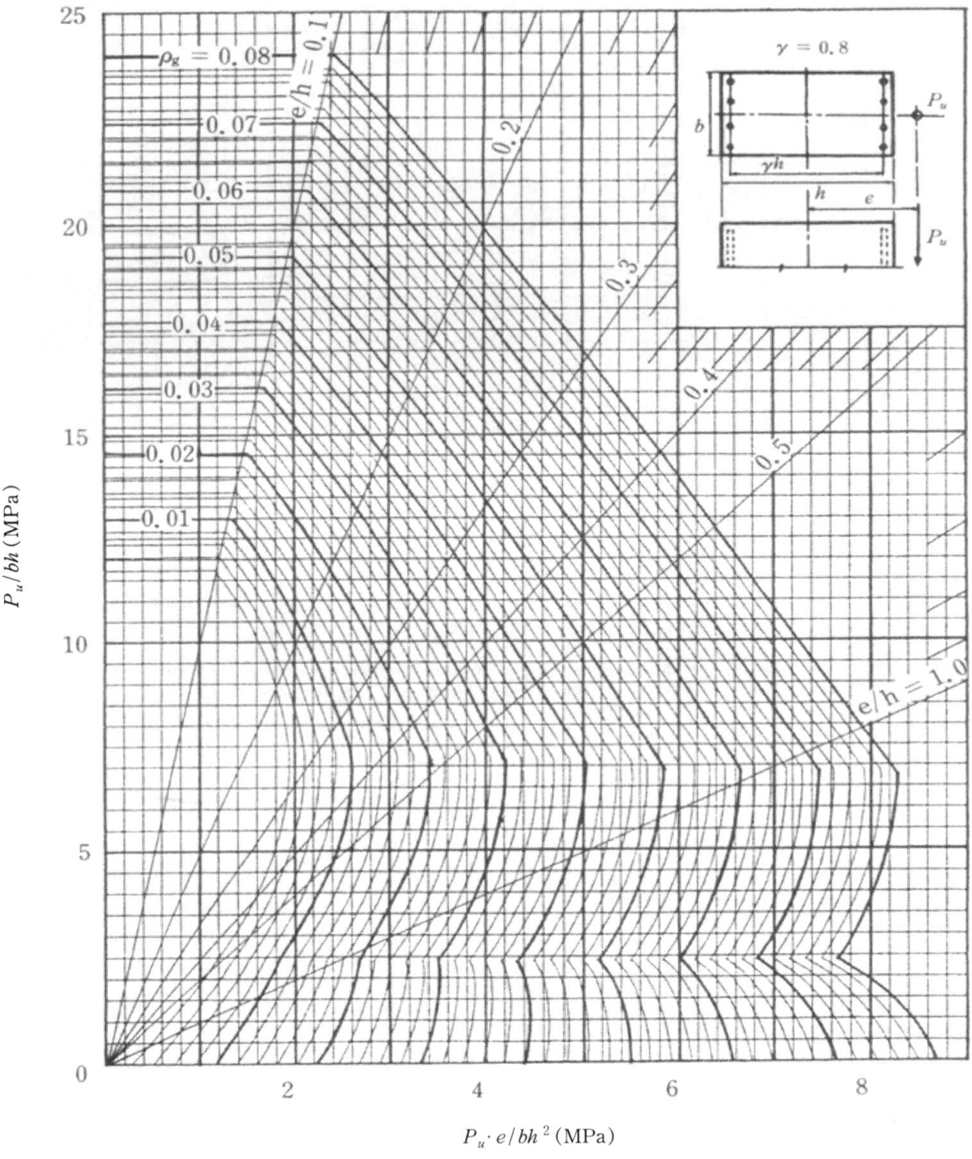

〈부 그림 4-6〉 직사각형 기둥 강도 상관곡선

$f_{ck} = 24\text{MPa}$, $f_y = 300\text{MPa}$, $\gamma = 0.8$

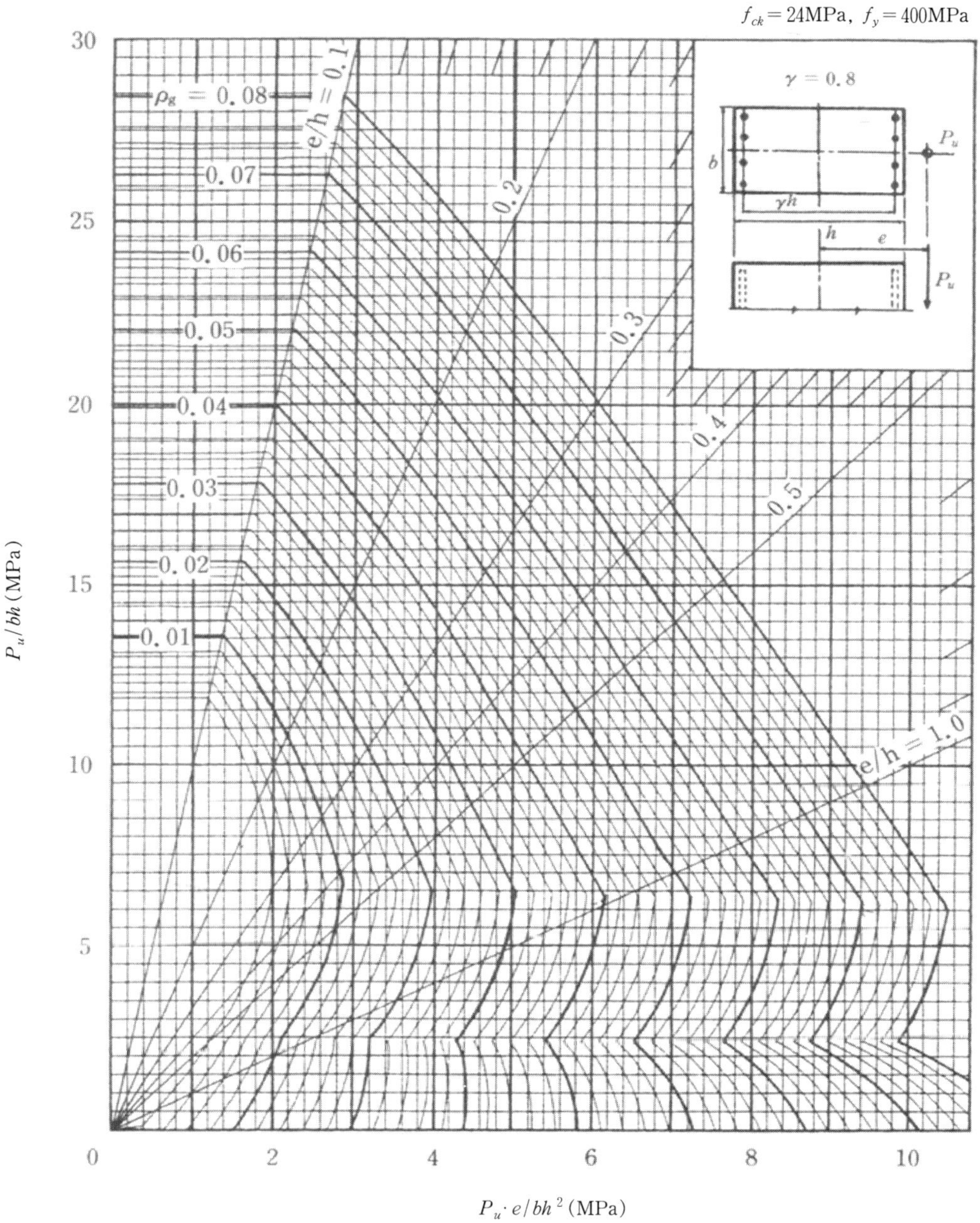

〈부 그림 4-7〉 직사각형 기둥 강도 상관곡선

f_{ck} = 24MPa, f_y = 400MPa, γ = 0.8

$f_{ck} = 24\text{MPa},\ f_y = 400\text{MPa}$

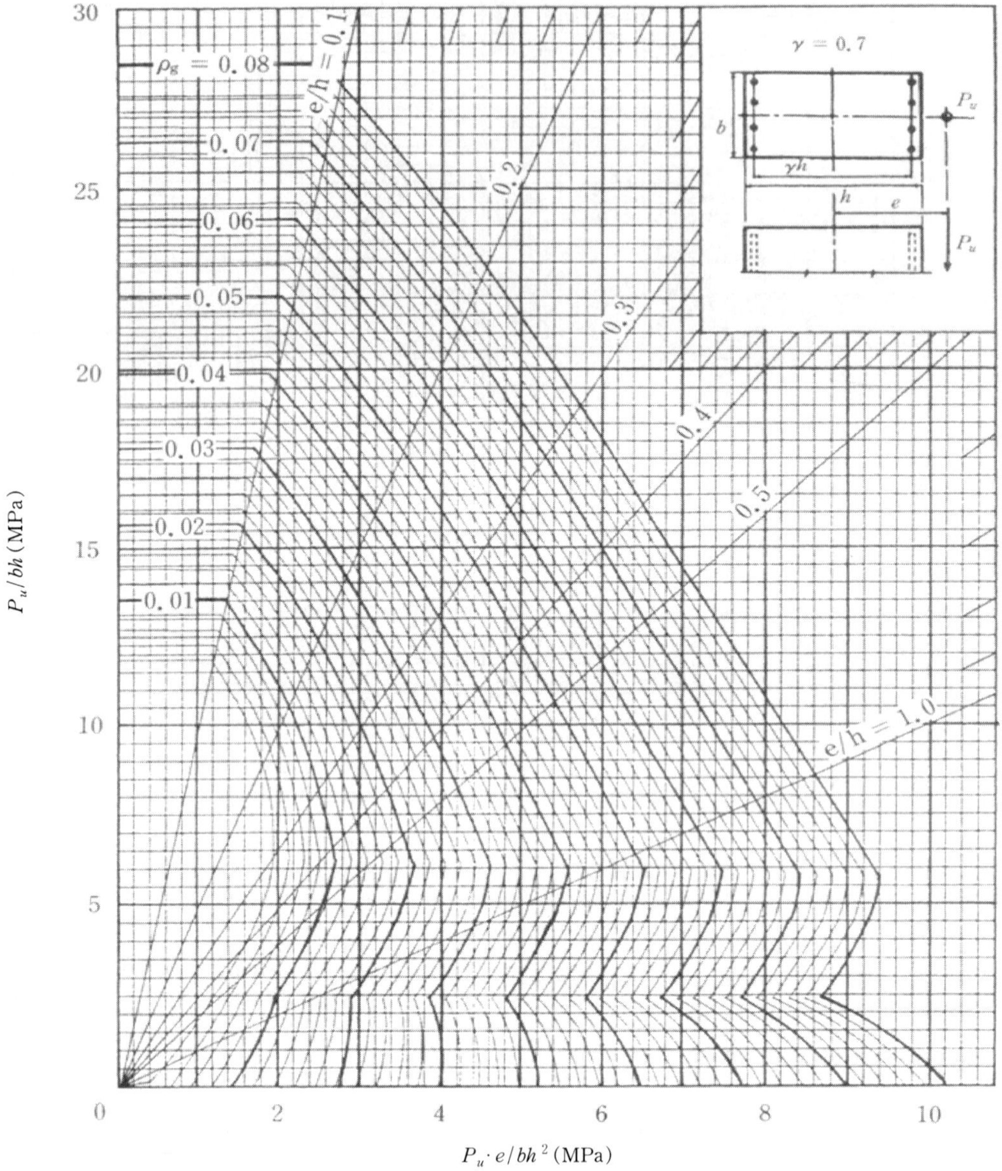

〈부 그림 4-8〉 직사각형 기둥 강도 상관곡선

$f_{ck} = 24\text{MPa},\ f_y = 400\text{MPa},\ \gamma = 0.7$

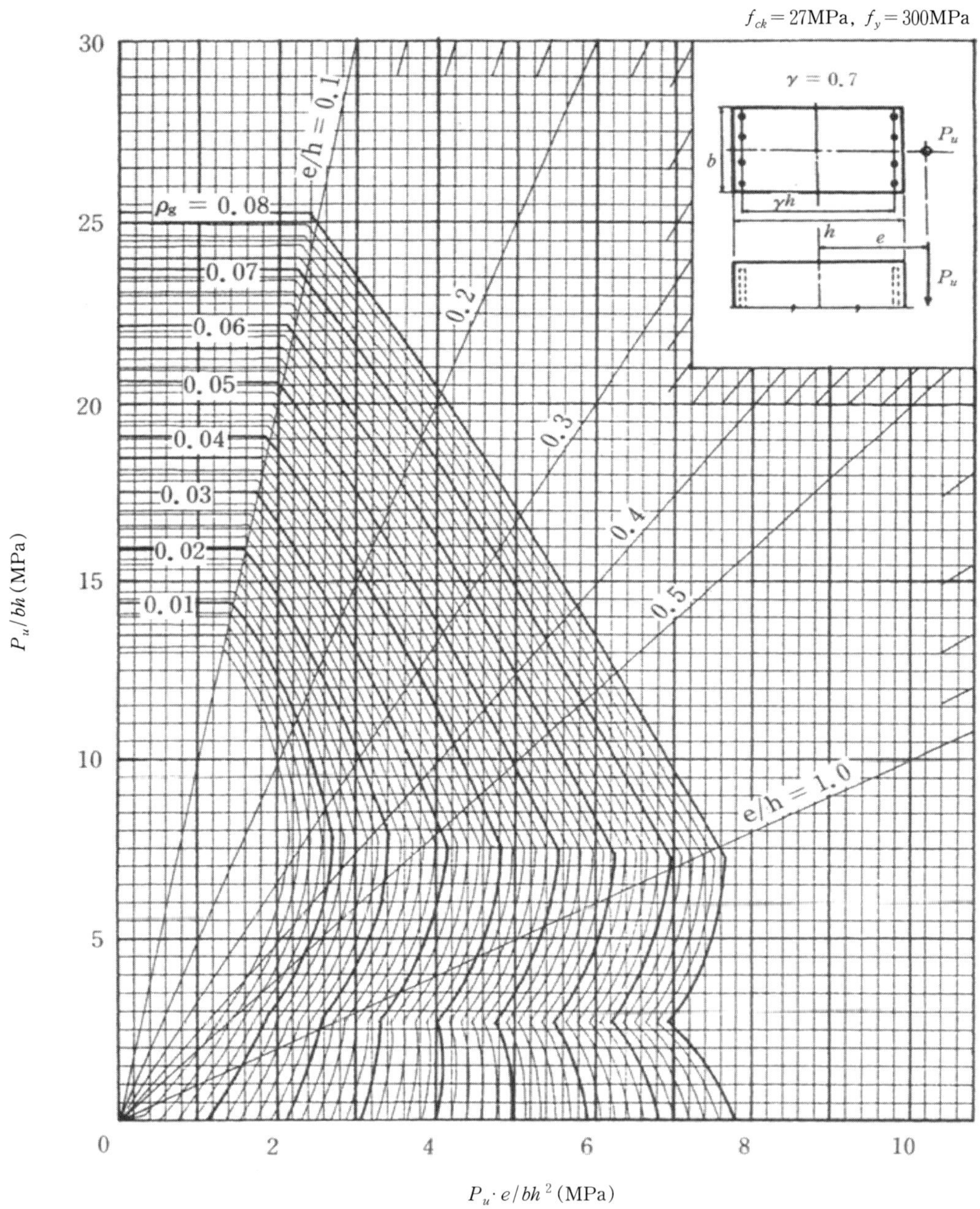

〈부 그림 4-9〉 직사각형 기둥 강도 상관곡선

$f_{ck}=27\text{MPa}$, $f_y=300\text{MPa}$, $\gamma=0.7$

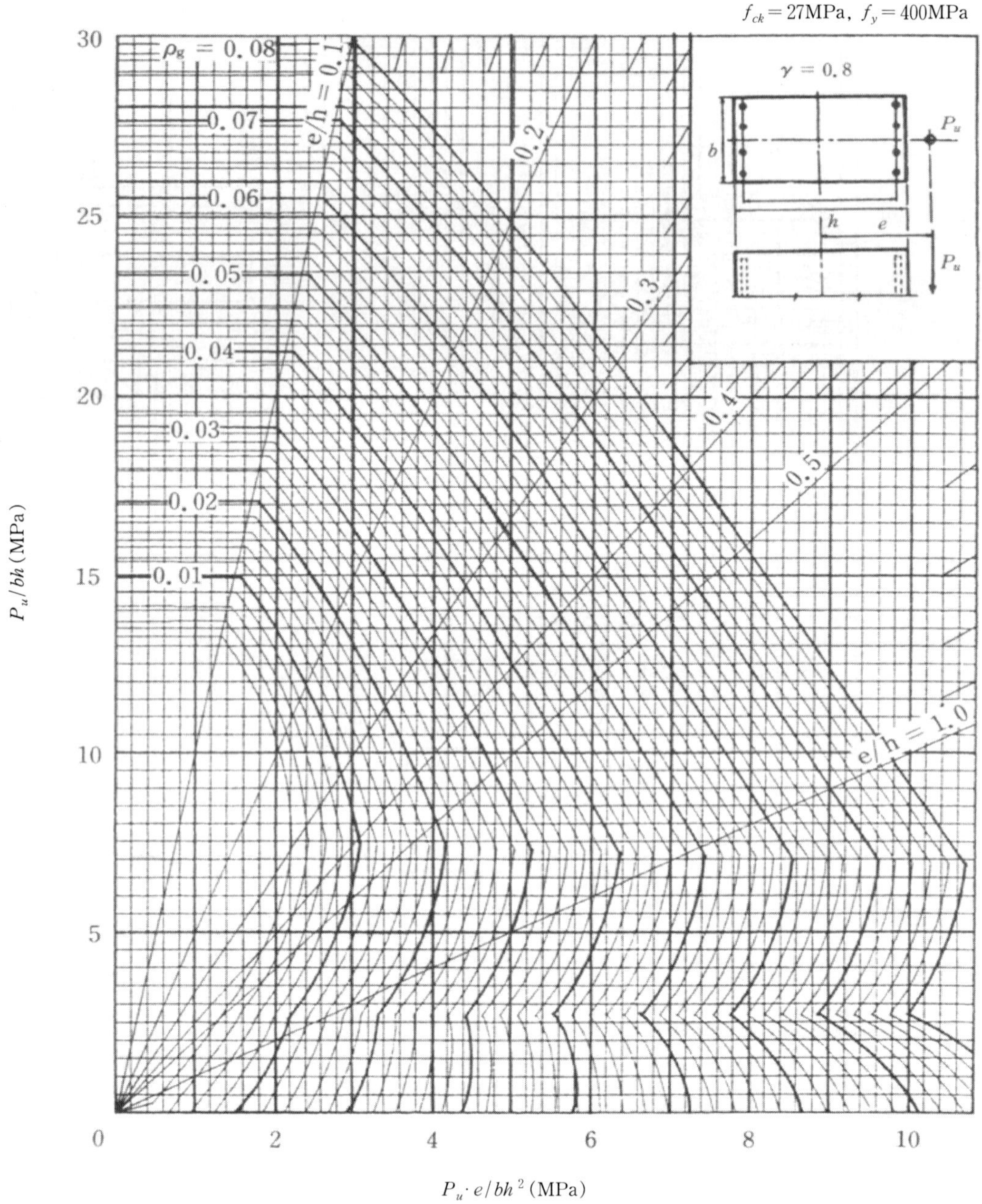

〈부 그림 4-10〉 직사각형 기둥 강도 상관곡선
$f_{ck}=27\text{MPa}$, $f_y=400\text{MPa}$, $\gamma=0.8$

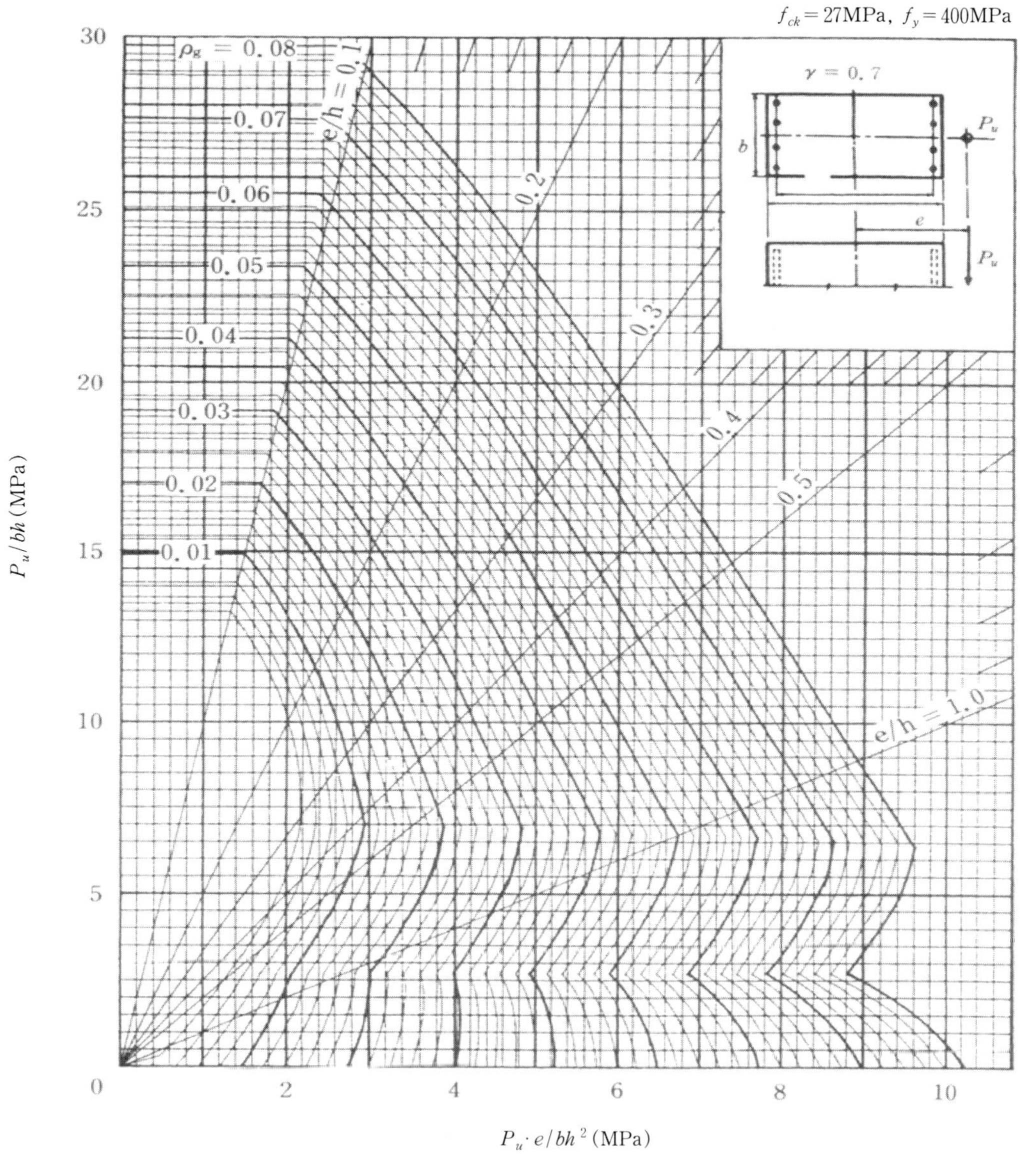

〈부 그림 4-11〉 직사각형 기둥 강도 상관곡선

$f_{ck} = 27\text{MPa}$, $f_y = 400\text{MPa}$, $\gamma = 0.7$

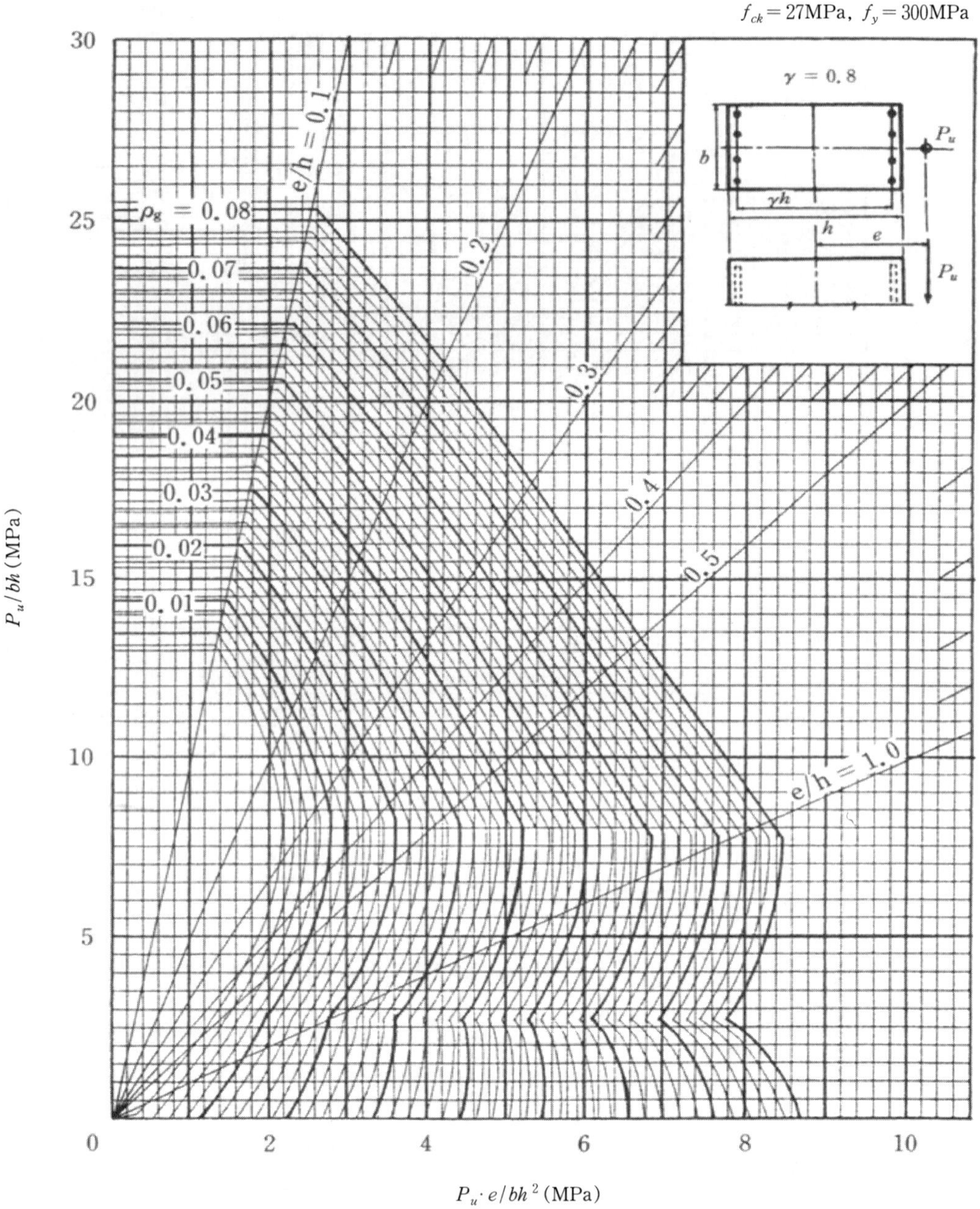

〈부 그림 4-12〉 직사각형 기둥 강도 상관곡선
$f_{ck} = 24\text{MPa}$, $f_y = 300\text{MPa}$, $\gamma = 0.8$

■ 참고문헌

1. 콘크리트구조설계기준, 건설교통부 제정, 한국콘크리트학회 발행, 2003.
2. 콘크리트 구조설계기준 건축구조물 설계예제집, 건설교통부제정, 대한건축학회 발행, 2004.
3. 강문명, 권오현, 이호, 송호산, 철근콘크리트구조, 기문당, 2001.
4. 민창식, 윤순종, 유승룡, 임홍철, 철근콘크리트 공학, 구미서관, 2004.
5. 콘크리트 구조설계기준 해설, 한국콘크리트학회, 2003 개정판.
6. Jack C. McCormac, Design of Reinforced Concrete, 3rd edition, 1993.
7. 최신 콘크리트공학, 한국콘크리트학회, 기문당, 1992.
8. 김상식, 철근콘크리트 구조설계(3판), 문운당, 2004.
9. Building Code Requirements for Reinforced Concrete. (ACI 318-89)
10. S. K. Ghosh and Basile G. Rabbat, Building Code Requirements for Reinforced Concrete with Design Applications (Notes on ACI 318-89), PCA, 1990.
11. M. Nadim Hassoun, Design of Reinforced Concrete Structures, PWS Engineering, 1985
12. Edward G. Nawy, Reinforced Concrete, Preutice-Hall Inc., 1985.
13. Benjamin Forsyth, Unified Design of Reinforced Concrete Members, McGraw-Hill Book Company, 1971.
14. James G. Macgregor, Reinforced concrete (Fourth edition), Preutice-Hall Inc., 2005.
15. Robert Park, William L. Gamble, Reinforced concrete slabs (second edition), WILEY, 2000.
16. P. Kumar Mehta, Paulo J.M. Monteiro, Concrete (Third edition), Preutice-Hall Inc, 2006.

저자소개

강 문 명 (姜文明)

경북대학교 사대 수학과 졸업
영남대학교 공대 건축공학과 졸업
영남대학교 대학원 건축구조전공(공학석사)
성균관대학교 대학원 건축구조전공(공학박사)
현, 경북대학교 명예교수
호주 뉴사우스대학 객원교수
대한건축학회 참여이사
한국 쉘 · 공간구조학회 명예이사

이 호 (李晧)

영남대학교 공대 건축공학과 졸업
영남대학교 대학원 건축구조전공(공학석사)
Nottingham University (석사)
영남대학교 대학원 건축구조전공(공학박사)
일본 동북대학교 건축공학과 객원연구원
현, 상주대학교 건축공학과 교수,
기획연구실장, 산학협력처장

최 열 (崔烈)

경북대학교 공대 건축공학과(학사)
경북대학교 대학원 건축구조(석사)
Illinois Institute of Technology(IIT)(석사)
University of Texas at Arlington(UTA)(박사)
현, 경북대학교 건축공학부 교수

정 환 목 (鄭煥穆)

계명대학교 공대 건축학부 졸업
일본 동북대학 건축공학과(공학박사)
현, 경동대학교 건축토목공학부 교수
한국 쉘 · 공간구조학회 이사
속초시, 고성군 양양군 건축심의위원

극한강도설계법·SI 단위
철근콘크리트구조

2008년 3월 10일 1판 1쇄 인쇄
2008년 3월 15일 1판 1쇄 발행

저 자	강문명 이호 최열 정환목
발 행 인	강 해 작
발 행 처	기 문 당
주 소	서울시 성동구 공명길 39(하왕십리동 966-22)
전 화	02) 2295-6171(代) ~ 5
팩 스	02) 2296-8188
출판등록	1976. 10. 7(1-44)
홈페이지	http://기문당 http://www.kimoondang.com
I S B N	978-89-6225-039-8 93540
정 가	15,000원